"十二五"职业教育国家规划教材

经全国职业教育教材审定委员会审定

高 等 代 数

余 航 主编

U0343918

科学出版社

北京

内 容 简 介

本书共 8 章，分为两部分，即线性代数和多项式理论，其中线性代数内容包括：行列式、矩阵、线性方程组、二次型、线性空间、线性变换、欧几里得空间等．每章之后有各类型和不同梯度的习题，其范围和深度有一定的弹性，书后附有部分习题参考答案与提示和运用 Mathcad 软件的 8 个高等代数实验，包括矩阵的基本运算、矩阵函数的运算、线性方程组的解、多项式、向量组的线性相关性分析、基和维数、坐标、矩阵的特征根和特征向量等．书中附有很多习题，便于自学．

本书阐述详细，力求通俗易懂，深入浅出；可作为高等师范院校本专科、高等职业院校工科类的高等代数课程教材，也可作为自学考试教材使用，还可供中等学校数学教师参考．

图书在版编目（CIP）数据

高等代数 / 余航主编. —北京：科学出版社，2015
（"十二五"职业教育国家规划教材 · 经全国职业教育教材审定委员会审定）
ISBN 978-7-03-044371-7

Ⅰ.①高⋯　Ⅱ.①余⋯　Ⅲ.①高等代数-高等职业教育-教材　Ⅳ.① O15

中国版本图书馆 CIP 数据核字（2015）第 110042 号

责任编辑：朱　敏　王　为 / 责任校对：马英菊
责任印制：吕春珉 / 封面设计：东方人华平面设计部
版式设计：金舵手世纪

科 学 出 版 社 出版
北京东黄城根北街 16 号
邮政编码：100717
http://www.sciencep.com

北京中科印刷有限公司 印刷
科学出版社发行　　各地新华书店经销

*

2015 年 10 月第 一 版　　开本：787×1092 1/16
2022 年 8 月第十次印刷　　印张：15 1/4
字数：349 000

定价：46.00 元
（如有印装质量问题，我社负责调换〈中科〉）
销售部电话 010-62136131　编辑部电话 010-62137407

本书是根据教育部颁发的《关于加强高职高专教育教材建设的若干意见》，配合高等职业教育基础课程改革建设项目的实施及中高职有效对接课程改革的需要，按照高等职业教育基础课程人才培养目标，根据"实际、实用、实效"的原则编写的一本面向师范类和工科类院校的高等代数课程教材.

本书根据高职教育教学专业人才培养目标及高等代数课程的教学规律要求确定整体编写框架，在内容的选择上遵循高职课程基础理论适度的原则，强调了代数基础知识和基本理论，适当融代数应用知识于代数理论，注重理论与应用相结合. 例如在矩阵乘法运算中，引用一个生活实例，充分展示出矩阵在实际生活当中的利用价值，体现了学有所用. 在概念引入、理论分析和例题演算等环节尽量体现直观性，叙述上由浅入深，注意结合典型实例进行分析，注意解题思路与方法的运用，并注意论述的严密与通俗，使教材具有较好的可读性与思考性，便于教学. 全书编写始终贯彻执行高等职业教育办学方针，坚持以能力为本位的教学理念，体现了基础课程与计算机应用的有效结合.

本书配套有《高等代数同步学习指导》，使初学者能快速入门，更利于培养学生自主学习能力，进而深入掌握高等代数的基本理论和方法.

本书由桂林师范高等专科学校余航担任主编，参编人员有桂林师范高等专科学校唐干武、广西师范学院周红松、广西科技大学惠静. 具体编写分工如下：第1章由唐干武、惠静编写，第2章、第3章、第4章、第7章和第8章由余航编写，第5章由周红松编写，第6章由唐干武、周红松编写，余航负责全书的框架设计和统稿工作. 在编写本书过程中，得到了相关专家、教授的大力支持和协助，在此一并表示衷心感谢！

本书建议总学时数为153学时，其中，实验学时数为16（与各章对应的实验见附录一）. 具体的学时分配建议如下.

章　次	各章标题名称	讲授学时	实验学时
第1章	行列式	18	
第2章	矩阵	18	4
第3章	线性方程组	12	2
第4章	多项式	22	2
第5章	二次型	8	2
第6章	线性空间	21	2
第7章	线性变换	22	2
第8章	欧几里得空间	16	2

由于编者水平有限，不足之处在所难免，敬请读者批评指正.

Contents

第1章

行 列 式

1.1 排 列

在学习行列式之前，我们先来讨论一下排列的性质.

定义 1.1 由 n 个数码 1，2，$\cdots$，n 构成的一个有序数组（即把这 n 个数码按一定的顺序排成一行）称为一个 **n 级排列**，记作 $i_1 i_2 \cdots i_n$.

例 1.1 当 $n = 3$ 时，1，2，3 可组成多少个有序组？

解 1，2，3 可组成：123　132　213　231　312　321　共 6 个即 3! 个有序组.

又如，2341 是一个四级排列，45321 是一个 5 级排列.

由上面可知，n 级排列的总数是 $1 \times 2 \times \cdots \times n = n!$，读作"$n$ 阶乘".

显然 $12 \cdots n$ 也是一个 n 级排列，这个排列具有自然顺序，其余的排列中，都有较大的数码排在较小的数码的前面. 如，四级排列 2341，数码 4 排在数码 1 的前面. 因此，有

定义 1.2 在一个排列里，若较大的数码排在较小的数码之前，则称这两个数码构成一个**反序**，一个排列中出现的反序总数称为这个排列的**反序数**.

n 级排列 $i_1 i_2 \cdots i_n$ 的反序数记为 $\tau(i_1 i_2 \cdots i_n)$.

例 1.2 $\tau(321) = 3$，$\tau(451362) = 8$，$\tau(523146879) = 7$，$\tau(521634) = 7$，$\tau(123456789) = 0$. $\tau(987654321) = 8 + 7 + 6 + 5 + 4 + 3 + 2 + 1 = 36$.

由上面的例题我们发现一个排列的反序数可能是偶数，也可能是奇数，由此有下面的定义.

定义 1.3 反序数为偶数的排列称为**偶排列**；反序数为奇数的排列称为**奇排列**.

例 1.3 $\tau(231) = 2$，　　231 是一个偶排列.

　　　　　$\tau(321) = 3$，　　321 是一个奇排列.

按照从小到大的自然顺序的排列 $12 \cdots n$ 称为**自然排列**，它的反序数为 0，从而它是一个偶排列.

例 1.4 求出 j，k 使 $1274j56k9$ 为偶排列.

解 例 1.4 我们观察这个 9 级排列中只少了 3 和 8 这两个数码，先把 $j = 3$，$k = 8$ 代入验得所得排列是奇排列，换成 $j = 8$，$k = 3$ 可得这个 9 级排列是偶排列，由此得，j，k 只能为 8，3.

例 1.5 求 k，h 使 5 级排列 $4k1h2$ 为奇排列，k，h 有几种取法.

解 例 1.5 这个 5 级排列中少了 3 和 5，我们分别把 $k=3,h=5$ 和 $k=5,h=3$ 这两种情形代入这个 5 级排列中，通过它们的反序数可得 k,h 只有一种取法，为 5，3.

定义 1.4 若把一个排列里某两个数码 i 和 j 的位置互换而其余数码不动，则得到一个新的排列，对于排列所施行的这种变换叫做一次对换．记为 (i,j).

例 1.6 排列 31542.

解 $31542 \xrightarrow{(5,2)} 31245 \xrightarrow{(3,2)} 21345 \xrightarrow{(1,2)} 12345.$

由此可知，任一 n 级排列 $i_1 i_2 \cdots i_n$ 经一系列对换都可以化成自然排列 $12 \cdots n$.

由此可得下面的定理：

定理 1.1 对于任意两个 n 级排列 $i_1 i_2 \cdots i_n$ 和 $j_1 j_2 \cdots j_n$，总可以经过一系列对换把 $i_1 i_2 \cdots i_n$ 化成 $j_1 j_2 \cdots j_n$.

证 因为 $i_1 i_2 \cdots i_n$ 可经一系列对换化成 $12 \cdots n$，所以只需证 $12 \cdots n$ 经一系列对换化成 $j_1 j_2 \cdots j_n$. 事实上，$j_1 j_2 \cdots j_n$ 也可经一系列对换化为 $12 \cdots n$，按照相反的次序施行这些对换，就可把 $12 \cdots n$ 化成 $j_1 j_2 \cdots j_n$.

例如：$132 \xrightarrow{(1,2)} 231$，由奇排列变成偶排列，因此，有定理 1.2.

定理 1.2 对换改变排列的奇偶性．

由此可得下面的推论：

推论 1.1 在全体 n 级排列中，若有 P 个奇排列，则至少有 P 个偶排列．

进一步可得到下面的定理：

定理 1.3 $n \geqslant 2$ 时，全体 n 级排列中，奇偶排列各占一半都是 $\dfrac{n!}{2}$.

证 设在 $n!$ 个 n 级排列中，共有 P 个奇排列，Q 个偶排列 $(P+Q=n!)$. 由上面的结论知，有 P 个奇排列，则至少有 P 个偶排列，即 $P \leqslant Q$.

又因为有 Q 个偶排列，则至少也有 Q 个奇排列．

所以 $Q \leqslant P$，由此得 $P=Q=\dfrac{n!}{2}$.

例 1.7 设 n 级排列 $i_1 i_2 \cdots i_n$ 的反序数为 k，求排列 $i_n i_{n-1} \cdots i_1$ 的反序数．

解 因为总组合数为 C_n^2 个．而

$$\tau(i_1 i_2 \cdots i_n) + \tau(i_n i_{n-1} \cdots i_1) = C_n^2$$

所以，$\tau(i_n i_{n-1} \cdots i_1) = C_n^2 - k$.

下面介绍数环和数域的概念．

我们知道在整数集中，可以进行加、减、乘的运算，而除法不是永远可以实施的，但在有理数、实数和复数范围内，不仅可以施行加、减、乘三种运算，而且还可以施行除法（只要除数不为零），除了这四个数集外，还有很多数集，在其中也可以进行加、减、乘三种运算或加、减、乘、除四种运算．我们引入下面的定义．

定义 1.5 复数集 **C** 的一个非空子集 S. 若对于 S 中任意两个数 a、b，有 $a+b$、$a-b$、ab 属于 S，那么就称 S 是一个**数环**．

例如，整数集 **Z**，有理数集 **Q**，实数集 **R** 和复数集 **C** 都是数环.

例 1.8 令 $S=\{a-bi\mid a, b\in \mathbf{Z}, i^2=-1\}$. 显然，$S$ 不是空集，对任意 $a-bi$，$c-di\in S$，有

$$(a-bi)\pm(c-di)=(a\pm c)-(b\pm d)i\in S,$$
$$(a-bi)(c-di)=(ac-bd)-(bc+ad)i\in S.$$

所以 S 是一个数环.

现在引入数域的概念.

定义 1.6 设 P 是一个数环. 若

(1) P 中有一个不等于零的数；

(2) 若 $a, b\in P$，且 $a\neq 0$，则 $\dfrac{b}{a}\in P$.

那么就称 P 是一个数域.

例如，有理数集 **Q**，实数集 **R** 和复数集 **C** 都是数域. 然而整数环 **Z** 不是数域.

定理 1.4 有理数域 **Q** 是最小的数域.

证 设任意数域 P. 那么，P 中有一个不等于 0 的数 a，则 $1=\dfrac{a}{a}\in P$. 根据定义 1.5，$1+1=2$，$2+1=3$，$\cdots$，$(n-1)+1=n$，$\cdots$，全在 P 中，即全体正整数都属于 P. 又因为 $0\in P$，所以再由定义 1.5，$0-n=-n$ 也在 P 中，即含有全体负整数. 因而 P 含有全体整数. 因为任何一个有理数都可以表示成两个整数的商，由定义 1.6，P 也含有任意两个整数的商（分母不为 0），因而 P 含有一切有理数.

1.2 n 级行列式

下面我们给出 n 级行列式的定义，从这一节开始，所说的数都是指某一固定数域 P 中的数，所说的行列式也都是数域 P 上的行列式.

任意取 n^2 个数 $a_{ij}(i=1, 2, \cdots, n; j=1, 2, \cdots, n)$，排成以下形式：

$$\begin{matrix} a_{11} & a_{12} & \cdots & a_{1n} \\ a_{21} & a_{22} & \cdots & a_{2n} \\ \vdots & \vdots & & \vdots \\ a_{n1} & a_{n2} & \cdots & a_{nn} \end{matrix} \qquad (1.1)$$

那么位于式（1.1）的不同的行与不同的列上的 n 个元素的乘积可以写成下面的形式：

$$a_{1j_1}a_{2j_2}\cdots a_{nj_n} \qquad (1.2)$$

下标 $j_1j_2\cdots j_n$ 是 $1, 2, \cdots, n$ 的一个排列. 反之，对 n 个数码的任意一个排列，也能得到这样的一个乘积. 因此，一切位于式（1.1）的不同的行与不同的列上的 n 个元素的乘积一共有 $n!$ 个.

下面给出 n 级行列式的定义.

定义 1.7 n 级行列式

$$\begin{vmatrix} a_{11} & a_{12} & \cdots & a_{1n} \\ a_{21} & a_{22} & \cdots & a_{2n} \\ \vdots & \vdots & & \vdots \\ a_{n1} & a_{n2} & \cdots & a_{nn} \end{vmatrix}$$

等于所有取自不同行不同列上的 n 个元素的乘积 $a_{1j_1}a_{2j_2}\cdots a_{nj_n}$ 的代数和（共 $n!$ 项）．项 $a_{1j_1}a_{2j_2}\cdots a_{nj_n}$ 符号为 $(-1)^{\tau(j_1 j_2 \cdots j_n)}$，即当 $j_1 j_2 \cdots j_n$ 是偶排列时，这一项的符号为正，当 $j_1 j_2 \cdots j_n$ 是奇排列时，这一项的符号为负．这一定义可写成

$$D_n = \begin{vmatrix} a_{11} & a_{12} & \cdots & a_{1n} \\ a_{21} & a_{22} & \cdots & a_{2n} \\ \vdots & \vdots & & \vdots \\ a_{n1} & a_{n2} & \cdots & a_{nn} \end{vmatrix} = \sum_{j_1 j_2 \cdots j_n} (-1)^{\tau(j_1 j_2 \cdots j_3)} a_{1j_1} a_{2j_2} \cdots a_{nj_n},$$

这里 $\displaystyle\sum_{j_1 j_2 \cdots j_n}$ 表示对所有 n 级排列求和.

我们看一个四级行列式

$$D = \begin{vmatrix} 0 & c & e & 0 \\ b & 0 & 0 & g \\ 0 & d & f & 0 \\ a & 0 & 0 & h \end{vmatrix},$$

由定义可知，D 是一个 $4! = 24$ 项的代数和，每项可写为 $a_{1j_1}a_{2j_2}a_{3j_3}a_{4j_4}$，而除了 $cbfh$，$cgfa$，$ebdh$，$egda$ 这四项外，其余的项至少含有一个因子 0，因而均等于 0．不为 0 的这四项对应的排列依次是 2134，2431，3124，3421．其中，第二个排列和第三个排列是偶排列，第一个排列和第四个排列是奇排列．因此

$$D = -cbfh + cgfa + ebdh - egda$$

由行列式的定义，我们可以得出：

二级行列式

$$\begin{vmatrix} a_{11} & a_{12} \\ a_{21} & a_{22} \end{vmatrix} = a_{11}a_{22} - a_{12}a_{21},$$

三级行列式

$$\begin{vmatrix} a_{11} & a_{12} & a_{13} \\ a_{21} & a_{22} & a_{23} \\ a_{31} & a_{32} & a_{33} \end{vmatrix}$$

$$= a_{11}a_{22}a_{33} + a_{12}a_{23}a_{31} + a_{13}a_{21}a_{32} - a_{12}a_{21}a_{33} - a_{11}a_{23}a_{32} - a_{13}a_{22}a_{31}.$$

它们有一个共同的特点：**主对角线**（从左上角到右下角这条对角线）上元素的乘积符号为正，**次对角线**（从右上角到左下角这条对角线）上元素的乘积符号为负．

我们来研究 6 级行列式中的一项 $a_{25}a_{56}a_{34}a_{42}a_{13}a_{61}$ 的符号．它的行是 6 级排列 253416，列是 6 级排列 564231，那么

$$253416 \xrightarrow{(1,5)} 213456 \xrightarrow{(1,2)} 123456,$$

相应的列有：$564231 \xrightarrow{(3,6)} 534261 \xrightarrow{(3,5)} 354261.$

由定理 1.2，我们知道 $\tau(253416) + \tau(564231)$ 与 $\tau(123456) + \tau(354261)$ 的奇偶性相同. 由此可以得下面的。

引理 1.1 从 n 级行列式的第 $i_1, i_2, \cdots, i_n$ 行和第 $j_1, j_2, \cdots, j_n$ 列取出元素作乘积

$$a_{i_1 j_1} a_{i_2 j_2} \cdots a_{i_n j_n}, \tag{1.3}$$

这里 $i_1 i_2 \cdots i_n$ 和 $j_1 j_2 \cdots j_n$ 都是 $1, 2, \cdots, n$ 的一个排列. 式（1.3）的符号 $(-1)^{s+t}$，$s = \tau(i_1 i_2 \cdots i_n)$，$t = \tau(j_1 j_2 \cdots j_n)$.

设

$$D = \begin{vmatrix} a_{11} & a_{12} & \cdots & a_{1n} \\ a_{21} & a_{22} & \cdots & a_{2n} \\ \vdots & \vdots & & \vdots \\ a_{n1} & a_{n2} & \cdots & a_{nn} \end{vmatrix},$$

如果把 D 的每行变为相应的列，就得到一个新的行列式

$$D' = \begin{vmatrix} a_{11} & a_{21} & \cdots & a_{n1} \\ a_{12} & a_{22} & \cdots & a_{n2} \\ \vdots & \vdots & & \vdots \\ a_{1n} & a_{2n} & \cdots & a_{nn} \end{vmatrix},$$

D' **叫做 D 的转置行列式.**

设 n 级行列式 D 的任意一项 $a_{1k_1} a_{2k_2} \cdots a_{nk_n}$. 这一项的元素位于 D 的不同的行和不同的列，那么也位于 D 的转置行列式 D' 的不同的行和不同的列，因而也是 D' 的一项. 由引理 1.1，这一项在 D 里和在 D' 里的符号都是 $(-1)^{\tau(k_1 k_2 \cdots k_n)}$. 反过来，$D'$ 的任意一项也是 D 的一项，并且 D 中不同的两项显然也是 D' 中不同的两项. 因为 D 与 D' 的项数都是 $n!$，所以 D 与 D' 是带有相同符号的相同项的代数和，即 $D = D'$. 于是有

命题 1.1 行列式与它的转置行列式相等.

例 1.9 计算行列式 $D = \begin{vmatrix} a_{11} & a_{12} & a_{13} & a_{14} \\ 0 & a_{22} & a_{23} & a_{24} \\ 0 & 0 & a_{33} & a_{34} \\ 0 & 0 & 0 & a_{44} \end{vmatrix}.$

解 根据行列式定义，四级行列式 D 的一般项是 $a_{1j_1} a_{2j_2} a_{3j_3} a_{4j_4}$. 由 D 的特点可知 j_1 只能取 1，2，3，4. j_2 可取 2，3，4. j_3 可取 3，4. j_4 只能取 4，由此可知 $D = a_{11} a_{22} a_{33} a_{44}$.

像上面这种形式的行列式称为**上三角形行列式**，它等于主对角线上元素的乘积.

同样，行列式 $\begin{vmatrix} a_{11} & 0 & 0 & 0 \\ a_{21} & a_{22} & 0 & 0 \\ a_{31} & a_{32} & a_{33} & 0 \\ a_{41} & a_{42} & a_{43} & a_{44} \end{vmatrix}$ 称为**下三角形行列式**，我们也很容易验证，下

三角形行列式也等于主对角线上元素的乘积.

由此可得出**三角形行列式**（包括上三角形行列式和下三角形行列式）等于主对角形上元素的乘积.

三角形行列式的特殊情形是
$$\begin{vmatrix} a_{11} & 0 & 0 & 0 \\ 0 & a_{22} & 0 & 0 \\ 0 & 0 & a_{33} & 0 \\ 0 & 0 & 0 & a_{44} \end{vmatrix}$$
，像这样主对角线以外的元素全为零的行列式称为**对角形行列式**. 而对角形行列式的值也等于主对角线上元素的乘积.

1.3 n 级行列式的性质

行列式的计算是一个重要的问题，而直接从定义来计算行列式几乎是不可能的事. 因此，我们有必要进一步讨论行列式的性质. 利用这些性质可以化简行列式的计算.

性质 1.1　交换一个行列式的两行（或两列），行列式改变符号.

证　设给定行列式

$$D = \begin{vmatrix} a_{11} & a_{12} & \cdots & a_{1n} \\ \vdots & \vdots & & \vdots \\ a_{i1} & a_{i2} & \cdots & a_{in} \\ \vdots & \vdots & & \vdots \\ a_{j1} & a_{j2} & \cdots & a_{jn} \\ \vdots & \vdots & & \vdots \\ a_{n1} & a_{n2} & \cdots & a_{nn} \end{vmatrix} \begin{matrix} \\ \\ (第 i 行) \\ \\ (第 j 行) \\ \\ \\ \end{matrix},$$

交换 D 的第 i 行与第 j 行得

$$D_1 = \begin{vmatrix} a_{11} & a_{12} & \cdots & a_{1n} \\ \vdots & \vdots & & \vdots \\ a_{j1} & a_{j2} & \cdots & a_{jn} \\ \vdots & \vdots & & \vdots \\ a_{i1} & a_{i2} & \cdots & a_{in} \\ \vdots & \vdots & & \vdots \\ a_{n1} & a_{n2} & \cdots & a_{nn} \end{vmatrix} \begin{matrix} \\ \\ (第 i 行) \\ \\ (第 j 行) \\ \\ \\ \end{matrix},$$

D 的每一项可以写成

$$a_{1k_1} \cdots a_{ik_i} \cdots a_{jk_j} \cdots a_{nk_n}, \tag{1.4}$$

而这一项的元素位于 D_1 的不同的行和不同的列，所以它也是 D_1 的一项. 反过来，D_1 的每一项也是 D 的项，并且 D 的不同项对应着 D_1 的不同项. 因此，D 与 D_1 含有相同的项.

项 $a_{1k_1} \cdots a_{ik_i} \cdots a_{jk_j} \cdots a_{nk_n}$ 在 D 中的符号是 $(-1)^{\tau(k_1 k_2 \cdots k_i \cdots k_j \cdots k_n)}$. 然而在 D_1 中，原行列式的第 i 行变成第 j 行，第 j 行变成第 i 行，而列的次序并没有改变. 所以由引理 1.1，并

注意到 $\tau(1\cdots j\cdots i\cdots n)$ 是一奇数,式 (1.4) 在 D_1 中的符号是 $(-1)^{\tau(1\cdots j\cdots i\cdots n)+\tau(k_1 k_2\cdots k_n)}=(-1)^{\tau(k_1 k_2\cdots k_n)+1}$. 因此式 (1.4) 在 D 和 D_1 中的符号相反. 所以,D 与 D_1 的符号相反.

交换行列式两列的情形,可以利用命题 1.1 归结到交换两行的情形.

推论 1.2 如果一个行列式有两行(列)完全相同,那么这个行列式等于零.

性质 1.2 把一个行列式的某一行(列)的所有元素同乘以某一个数 k,等于以数 k 乘这个行列式.

证 设把行列式 D 的第 i 行的元素 $a_{i1},a_{i2},\cdots,a_{in}$ 乘以 k 而得到行列式 D_1. 那么 D_1 的第 i 行的元素是 ka_{i1},ka_{i2},$\cdots$,ka_{in}.

D 的每一项可以写作

$$a_{1j_1}a_{2j_2}\cdots a_{ij_i}\cdots a_{nj_n}. \tag{1.5}$$

D_1 中对应的项可以写作

$$a_{1j_1}a_{2j_2}\cdots(ka_{ij_i})\cdots a_{nj_n}=ka_{1j_1}a_{2j_2}\cdots a_{ij_i}\cdots a_{nj_n}. \tag{1.6}$$

式 (1.5) 在 D 中的符号与式 (1.6) 在 D_1 中的符号都是 $(-1)^{\tau(j_1 j_2\cdots j_n)}$. 因此,$D_1=kD$.

推论 1.3 一个行列式中某一行(列)所有元素的公因子可以提到行列式符号的外边.

推论 1.4 如果一个行列式中有一行(列)的元素全部是零,那么这个行列式等于零.

推论 1.5 如果一个行列式有两行(列)的对应元素成比例,那么这个行列式等于零. (证明留给读者)

性质 1.3 设行列式 D 的第 i 行的所有元素都可以表成两项的和

$$D=\begin{vmatrix} a_{11} & a_{12} & \cdots & a_{1n} \\ \vdots & \vdots & & \vdots \\ b_{i1}+c_{i1} & b_{i2}+c_{i2} & \cdots & b_{in}+c_{in} \\ \vdots & \vdots & & \vdots \\ a_{n1} & a_{n2} & \cdots & a_{nn} \end{vmatrix}.$$

那么 D 等于两个行列式 D_1 与 D_2 的和,其中 D_1 的第 i 行的元素是 $b_{i_1},b_{i_2},\cdots,b_{i_n}$,$D_2$ 的第 i 行的元素是 $c_{i_1},c_{i_2},\cdots,c_{i_n}$,而 D_1 与 D_2 的其他各行都和 D 的一样.

同样的性质对于列来说也成立.

证 D 的每一项可以写成

$$a_{1j_1}a_{2j_2}\cdots(b_{ij_i}+c_{ij_i})\cdots a_{nj_n}$$

的形式,它的符号是 $(-1)^{\tau(j_1 j_2\cdots j_n)}$. 去掉括弧,得

$$a_{1j_1}a_{2j_2}\cdots(b_{ij_i}+c_{ij_i})\cdots a_{nj_n}=a_{1j_1}a_{2j_2}\cdots b_{ij_i}\cdots a_{nj_n}+a_{1j_1}a_{2j_2}\cdots c_{ij_i}\cdots a_{nj_n}.$$

但一切项 $a_{1j_1}a_{2j_2}\cdots b_{ij_i}\cdots a_{nj_n}$ 附以原有符号后的和等于行列式

$$D_1=\begin{vmatrix} a_{11} & a_{12} & \cdots & a_{1n} \\ \vdots & \vdots & & \vdots \\ b_{i1} & b_{i2} & \cdots & b_{in} \\ \vdots & \vdots & & \vdots \\ a_{n1} & a_{n2} & \cdots & a_{nn} \end{vmatrix}.$$

一切项 $a_{1j_1} a_{2j_2} \cdots c_{ij_i} \cdots a_{nj_n}$ 附以原有符号后的和等于行列式

$$D_2 = \begin{vmatrix} a_{11} & a_{12} & \cdots & a_{1n} \\ \vdots & \vdots & & \vdots \\ c_{i1} & c_{i2} & \cdots & c_{in} \\ \vdots & \vdots & & \vdots \\ a_{n1} & a_{n2} & \cdots & a_{nn} \end{vmatrix},$$

因此

$$D = D_1 + D_2.$$

显然可以推广到第 i 行（列）的元素是 m 项的和的情形（$m \geqslant 2$）.

性质 1.4 把行列式的某一行（列）的元素乘以同一数后加到另一行（列）的对应元素上，行列式不变.

证 设给定行列式

$$D = \begin{vmatrix} a_{11} & a_{12} & \cdots & a_{1n} \\ \vdots & \vdots & & \vdots \\ a_{i1} & a_{i2} & \cdots & a_{in} \\ \vdots & \vdots & & \vdots \\ a_{j1} & a_{j2} & \cdots & a_{jn} \\ \vdots & \vdots & & \vdots \\ a_{n1} & a_{n2} & \cdots & a_{nn} \end{vmatrix},$$

把 D 的第 j 行的元素乘以同一数 k 后，加到第 i 行（$i \neq j$）的对应元素上，我们得到行列式

$$D_1 = \begin{vmatrix} a_{11} & a_{12} & \cdots & a_{1n} \\ \vdots & \vdots & & \vdots \\ a_{i1}+ka_{j1} & a_{i2}+ka_{j2} & \cdots & a_{in}+ka_{jn} \\ \vdots & \vdots & & \vdots \\ a_{j1} & a_{j2} & \cdots & a_{jn} \\ \vdots & \vdots & & \vdots \\ a_{n1} & a_{n2} & \cdots & a_{nn} \end{vmatrix}.$$

由性质 1.3 知

$$D_1 = D + D_2,$$

此处

$$D_2 = \begin{vmatrix} a_{11} & a_{12} & \cdots & a_{1n} \\ \vdots & \vdots & & \vdots \\ ka_{j1} & ka_{j2} & \cdots & ka_{jn} \\ \vdots & \vdots & & \vdots \\ a_{j1} & a_{j2} & \cdots & a_{jn} \\ \vdots & \vdots & & \vdots \\ a_{n1} & a_{n2} & \cdots & a_{nn} \end{vmatrix}.$$

D_2 的第 i 行与第 j 行成比例；由推论 1.5，$D_2=0$. 所以，$D_1=D$.

例 1.10 计算行列式

$$D = \begin{vmatrix} 1+a_1 & 3+a_1 & 4+a_1 \\ 1+a_2 & 3+a_2 & 4+a_2 \\ 1+a_3 & 3+a_3 & 4+a_3 \end{vmatrix}.$$

根据性质 1.4，把 D 的第一列的元素同乘以 -1 后加到第二列和第三列的对应元素上，得

$$D = \begin{vmatrix} 1+a_1 & 2 & 3 \\ 1+a_2 & 2 & 3 \\ 1+a_3 & 2 & 3 \end{vmatrix},$$

这个行列式有两列成比例，所以根据推论 1.5，$D=0$.

为了简便计算，我们用如下符号来表示：

用 $n\times(i)+(j)$ 表示第 i 行（列）乘以 n 加到第 j 行（列），写在等式上方表示作行变换，写在等式下方表示作列变换；

用 $((i),(j))$ 表示交换 i,j 两行（列），写在等式上方表示作行变换，写在等式下方表示作列变换.

例 1.11 计算 n 级行列式

$$D = \begin{vmatrix} x & a & a & \cdots & a \\ a & x & a & \cdots & a \\ a & a & x & \cdots & a \\ \vdots & \vdots & \vdots & & \vdots \\ a & a & a & \cdots & x \end{vmatrix}.$$

解 我们看到，D 的每一行的元素的和都是 $x+(n-1)a$，则

$$D \xlongequal[\substack{1\times(2)+(1) \\ \vdots \\ 1\times(n)+(1)}]{} \begin{vmatrix} x+(n-1)a & a & a & \cdots & a \\ x+(n-1)a & x & a & \cdots & a \\ x+(n-1)a & a & x & \cdots & a \\ \vdots & \vdots & \vdots & & \vdots \\ x+(n-1)a & a & a & \cdots & x \end{vmatrix} \underline{\underline{\text{第一列提取公因子 } x+(n-1)a}}$$

$$[x+(n-1)a] \begin{vmatrix} 1 & a & a & \cdots & a \\ 1 & x & a & \cdots & a \\ 1 & a & x & \cdots & a \\ \vdots & \vdots & \vdots & & \vdots \\ 1 & a & a & \cdots & x \end{vmatrix} \underline{\underline{\substack{-a\times(1)+(2) \\ \vdots \\ -a\times(1)+(n)}}}$$

$$[x+(n-1)a]\begin{vmatrix} 1 & 0 & 0 & \cdots & 0 \\ 1 & x-a & 0 & \cdots & 0 \\ 1 & 0 & x-a & \cdots & 0 \\ \vdots & \vdots & \vdots & & \vdots \\ 1 & 0 & 0 & \cdots & x-a \end{vmatrix} = [x+(n-1)a](x-a)^{n-1}.$$

如例 1.11 中，通过行列式性质把行列式化为三角形行列式的方法称为**三角形法**.

例 1.12 证明

$$D_5 = \begin{vmatrix} 0 & a_1 & a_2 & a_3 & a_4 \\ -a_1 & 0 & b_1 & b_2 & b_3 \\ -a_2 & -b_1 & 0 & c_1 & c_2 \\ -a_3 & -b_2 & -c_1 & 0 & d \\ -a_4 & -b_3 & -c_2 & -d & 0 \end{vmatrix} = 0.$$

证 由

$$D_5 = D_5' = \begin{vmatrix} 0 & -a_1 & -a_2 & -a_3 & -a_4 \\ a_1 & 0 & -b_1 & -b_2 & -b_3 \\ a_2 & b_1 & 0 & -c_1 & -c_2 \\ a_3 & b_2 & c_1 & 0 & -d \\ a_4 & b_3 & c_2 & d & 0 \end{vmatrix}$$

$$\xrightarrow{\text{每一行提取公因子}(-1)} (-1)^5 \begin{vmatrix} 0 & a_1 & a_2 & a_3 & a_4 \\ -a_1 & 0 & b_1 & b_2 & b_3 \\ -a_2 & -b_1 & 0 & c_1 & c_2 \\ -a_3 & -b_2 & -c_1 & 0 & d \\ -a_4 & -b_3 & -c_2 & -d & 0 \end{vmatrix} = (-1)^5 D_5 = -D_5.$$

由此，$2D_5=0$，得证 $D_5=0$.

上述符合 $a_{ij}=-a_{ji}$，$a_{ii}=0$（i，$j=1$，2，$\cdots$，n）的行列式称为**反对称行列式**. 如例 1.12. 而符合 $a_{ij}=a_{ji}$（i，$j=1$，2，$\cdots$，n）的行列式称为**对称行列式**. 如例 1.11.

由例 1.12 可得出命题 1.2.

命题 1.2 奇数级反对称行列式等于 0.

例 1.13 计算行列式

$$D_3 = \begin{vmatrix} 1000 & 427 & 327 \\ 2000 & 543 & 443 \\ 1000 & 721 & 621 \end{vmatrix}.$$

解 $D_3 = \begin{vmatrix} 1000 & 427 & 327 \\ 2000 & 543 & 443 \\ 1000 & 721 & 621 \end{vmatrix} \xrightarrow{-1\times(3)+(2)} \begin{vmatrix} 1000 & 100 & 327 \\ 2000 & 100 & 443 \\ 1000 & 100 & 621 \end{vmatrix}$

$$\underline{\underline{\text{分别提出第一列和第二列的公因子}}} \quad 10^3 \cdot 10^2 \begin{vmatrix} 1 & 1 & 327 \\ 2 & 1 & 443 \\ 1 & 1 & 621 \end{vmatrix}$$

$$\underline{\underline{\begin{matrix} -1 \times (1) + (2) \\ -1 \times (1) + (3) \end{matrix}}} \quad 10^3 \cdot 10^2 \begin{vmatrix} 1 & 1 & 327 \\ 1 & 0 & 116 \\ 0 & 0 & 294 \end{vmatrix} = -294 \times 10^5.$$

1.4 行列式按一行（列）展开·拉普拉斯定理

前面我们学习了根据行列式的性质来计算行列式的方法. 现在我们来学习另外一种计算行列式的方法：降级法.

定义 1.8 在 n（$n > 1$）级行列式

$$D = \begin{vmatrix} a_{11} & \cdots & a_{1j} & \cdots & a_{1n} \\ \vdots & & \vdots & & \vdots \\ a_{i1} & \cdots & a_{ij} & \cdots & a_{in} \\ \vdots & & \vdots & & \vdots \\ a_{n1} & \cdots & a_{nj} & \cdots & a_{nn} \end{vmatrix}$$

中划去元素 a_{ij} 所在的第 i 行与第 j 列，剩下的 $(n-1)^2$ 个元素按原来的排法构成一个 $n-1$ 级的行列式

$$\begin{vmatrix} a_{11} & \cdots & a_{1,j-1} & a_{1,j+1} & \cdots & a_{1n} \\ \vdots & & \vdots & \vdots & & \vdots \\ a_{i-1,1} & \cdots & a_{i-1,j-1} & a_{i-1,j+1} & \cdots & a_{i-1,n} \\ a_{i+1,1} & \cdots & a_{i+1,j-1} & a_{i+1,j+1} & \cdots & a_{i+1,n} \\ \vdots & & \vdots & \vdots & & \vdots \\ a_{n1} & \cdots & a_{n,j-1} & a_{n,j+1} & \cdots & a_{nn} \end{vmatrix}$$

称为**元素 a_{ij} 的余子式**，记为 M_{ij}.

定义 1.9 n 级行列式 D 的元素 a_{ij} 的余子式 M_{ij} 附以符号 $(-1)^{i+j}$ 后，叫做元素 a_{ij} 的代数余子式. 用符号 A_{ij} 来表示，则：

$$A_{ij} = (-1)^{i+j} M_{ij}.$$

例如，四级行列式 D 的元素 a_{32} 的代数余子式是

$$A_{32} = (-1)^{3+2} M_{32} = -M_{32} = -\begin{vmatrix} a_{11} & a_{13} & a_{14} \\ a_{21} & a_{23} & a_{24} \\ a_{41} & a_{43} & a_{44} \end{vmatrix}.$$

例 1.14 在行列式 $D = \begin{vmatrix} 1 & -1 & 3 & 2 \\ 0 & 1 & 1 & 3 \\ 2 & 1 & 1 & -1 \\ -1 & 2 & 1 & 0 \end{vmatrix}$ 中，求 $M_{11}, M_{23}, A_{11}, A_{23}$.

解
$$M_{11} = \begin{vmatrix} 1 & 1 & 3 \\ 1 & 1 & -1 \\ 2 & 1 & 0 \end{vmatrix} = 3-2-6+1 = -4;$$

$$A_{11} = (-1)^{1+1} M_{11} = -4;$$

$$M_{23} = \begin{vmatrix} 1 & -1 & 2 \\ 2 & 1 & -1 \\ -1 & 2 & 0 \end{vmatrix} = 8-1+2+2 = 11;$$

$$A_{23} = (-1)^{2+3} M_{23} = -M_{23} = -11.$$

引理 1.2 若在一个 n 级行列式 $D = \begin{vmatrix} a_{11} & \cdots & a_{1j} & \cdots & a_{1n} \\ \vdots & \vdots & \vdots & & \vdots \\ a_{i1} & \cdots & a_{ij} & \cdots & a_{in} \\ \vdots & \vdots & \vdots & & \vdots \\ a_{n1} & \cdots & a_{nj} & \cdots & a_{nn} \end{vmatrix}$ 中，第 i 行（或第 j

列）的元素除 a_{ij} 外都是零，那么这个行列式 D 等于 a_{ij} 与它的代数余子式 A_{ij} 的乘积：$D = a_{ij} A_{ij}$.

例 1.15 $D = \begin{vmatrix} 1 & 2 & 3 & 4 \\ 0 & 5 & 0 & 0 \\ -4 & 2 & 1 & 9 \\ 3 & 2 & 0 & 1 \end{vmatrix}$.

解 $D = 5 A_{22} = 5(-1)^{2+2} \begin{vmatrix} 1 & 3 & 4 \\ -4 & 1 & 9 \\ 3 & 0 & 1 \end{vmatrix} = 410.$

通过学习引理 1.2，我们可以运用行列式的性质把行列式化为某一行（列）的元素只有一个不为 0，其余全为 0，再运用引理 1.2 来得到行列式的值.

例 1.16 计算行列式

$$D = \begin{vmatrix} 3 & 4 & -1 & 2 \\ -5 & 7 & 3 & -4 \\ 2 & 0 & 1 & -1 \\ 1 & 5 & 3 & -3 \end{vmatrix}.$$

解

$$D \xlongequal[\substack{-2\times(3)+(1) \\ 1\times(3)+(4)}]{} \begin{vmatrix} 5 & 4 & -1 & 1 \\ -11 & 7 & 3 & -1 \\ 0 & 0 & 1 & 0 \\ -5 & 5 & 3 & 0 \end{vmatrix} = 1\times(-1)^{3+3} \begin{vmatrix} 5 & 4 & 1 \\ -11 & 7 & -1 \\ -5 & 5 & 0 \end{vmatrix} = 25.$$

我们把引理 1.2 进行推广，而得到行列式的一种最常用的解题方法.

定理 1.5 n 级行列式 D 等于它任意一行（列）的所有元素与它们的对应代数余子式的乘积的和. 即行列式 D 有依行或依列的展开式：

$$D = a_{i1}A_{i1} + a_{i2}A_{i2} + \cdots + a_{in}A_{in} (i = 1, 2, \cdots, n),$$
$$D = a_{1j}A_{1j} + a_{2j}A_{2j} + \cdots + a_{nj}A_{nj} (j = 1, 2, \cdots, n).$$

下面定理 1.6 跟定理 1.5 平行.

定理 1.6 行列式

$$D = \begin{vmatrix} a_{11} & a_{12} & \cdots & a_{1n} \\ \vdots & \vdots & & \vdots \\ a_{i1} & a_{i2} & \cdots & a_{in} \\ \vdots & \vdots & & \vdots \\ a_{j1} & a_{j2} & \cdots & a_{jn} \\ \vdots & \vdots & & \vdots \\ a_{n1} & a_{n2} & \cdots & a_{nn} \end{vmatrix}$$

的某一行（列）的元素与另外一行（列）的对应元素的代数余子式的乘积的和等于零.

换句话说：

$$a_{i1}A_{j1} + a_{i2}A_{j2} + \cdots + a_{in}A_{jn} = 0 (i \neq j),$$
$$a_{1s}A_{1t} + a_{2s}A_{2t} + \cdots + a_{ns}A_{nt} = 0 (s \neq t).$$

计算行列式时，一般在把行列式按某行（列）展开时，首先利用行列式的性质把行列式的某行（列）化为 0 元素出现比较多的行（列），再用定理 1.5 来计算就比较简单了.

例 1.17 计算 n 级行列式

$$D = \begin{vmatrix} x & y & 0 & \cdots & 0 & 0 \\ 0 & x & y & \cdots & 0 & 0 \\ \vdots & \vdots & \vdots & & \vdots & \vdots \\ 0 & 0 & 0 & \cdots & x & y \\ y & 0 & 0 & \cdots & 0 & x \end{vmatrix}.$$

解 把行列式按第 1 列展开得

$$D = x\begin{vmatrix} x & y & 0 & \cdots & 0 & 0 \\ 0 & x & y & \cdots & 0 & 0 \\ \vdots & \vdots & \vdots & & \vdots & \vdots \\ 0 & 0 & 0 & \cdots & x & y \\ 0 & 0 & 0 & \cdots & 0 & x \end{vmatrix}_{(n-1)} + y(-1)^{n+1}\begin{vmatrix} y & 0 & \cdots & 0 & 0 \\ x & y & \cdots & 0 & 0 \\ \vdots & \vdots & & \vdots & \vdots \\ 0 & 0 & \cdots & y & 0 \\ 0 & 0 & \cdots & x & y \end{vmatrix}_{(n-1)}$$

$$= x \cdot x^{n-1} + y(-1)^{n+1} \cdot y^{n-1}$$
$$= x^n + y^n(-1)^{n+1}.$$

我们把例 1.17 这种方法称为**降级法**和**三角形法**.

例 1.18 计算 n 级行列式

$$D_n = \begin{vmatrix} a & -1 & 0 & \cdots & 0 & 0 \\ 0 & a & -1 & \cdots & 0 & 0 \\ 0 & 0 & a & \cdots & 0 & 0 \\ \vdots & \vdots & \vdots & & \vdots & \vdots \\ 0 & 0 & 0 & \cdots & a & -1 \\ b_n & b_{n-1} & b_{n-2} & \cdots & b_2 & a+b_1 \end{vmatrix}.$$

解 按第一列展开，得

$$D_n = a \begin{vmatrix} a & -1 & 0 & \cdots & 0 & 0 \\ 0 & a & -1 & \cdots & 0 & 0 \\ 0 & 0 & a & \cdots & 0 & 0 \\ \vdots & \vdots & \vdots & & \vdots & \vdots \\ 0 & 0 & 0 & \cdots & a & -1 \\ b_{n-1} & b_{n-2} & b_{n-3} & \cdots & b_2 & a+b_1 \end{vmatrix} + (-1)^{n+1} b_n \begin{vmatrix} -1 & 0 & \cdots & 0 & 0 \\ a & -1 & \cdots & 0 & 0 \\ 0 & a & \cdots & 0 & 0 \\ \vdots & \vdots & & \vdots & \vdots \\ 0 & 0 & \cdots & a & -1 \end{vmatrix},$$

这里的第一个 $n-1$ 级行列式和 D_n 有相同的形式，把它记作 D_{n-1}；第二个 $n-1$ 级行列式等于 $(-1)^{n-1}$，所以

$$D_n = aD_{n-1} + b_n.$$

这个式子对于任何 $n(\geqslant 2)$ 都成立. 因此有

$$\begin{aligned} D_n &= aD_{n-1} + b_n \\ &= a(aD_{n-2} + b_{n-1}) + b_n \\ &= a^2 D_{n-2} + b_{n-1}a + b_n \\ &\quad \vdots \\ &= a^{n-1} D_1 + b_2 a^{n-2} + \cdots + b_{n-1}a + b_n. \end{aligned}$$

而 $D_1 = |a+b_1| = a+b_1$，所以

$$D_n = a^{n-1} D_1 + b_2 a^{n-2} + \cdots + b_{n-1}a + b_n = a^n + b_1 a^{n-1} + b_2 a^{n-2} + \cdots + b_{n-1}a + b_n.$$

这种计算行列式的方法，我们称为**递推法**.

例 1.19 计算行列式

$$D_n = \begin{vmatrix} 1 & 1 & \cdots & 1 \\ a_1 & a_2 & \cdots & a_n \\ a_1^2 & a_2^2 & \cdots & a_n^2 \\ \vdots & \vdots & & \vdots \\ a_1^{n-1} & a_2^{n-1} & \cdots & a_n^{n-1} \end{vmatrix}$$

这个行列式叫做一个 n 级范德蒙行列式.

解 从 D_n 的最后一行开始，依次将前一行的 $(-1)a_1$ 倍加到后一行上，得

$$D_n = \begin{vmatrix} 1 & 1 & \cdots & 1 \\ 0 & a_2-a_1 & \cdots & a_n-a_1 \\ 0 & a_2(a_2-a_1) & \cdots & a_n(a_n-a_1) \\ \vdots & \vdots & & \vdots \\ 0 & a_2^{n-2}(a_2-a_1) & \cdots & a_n^{n-2}(a_2-a_1) \end{vmatrix}$$

$$\underline{\underline{\text{依第 1 列展开}}} \begin{vmatrix} a_2-a_1 & a_3-a_1 & \cdots & a_n-a_1 \\ a_2(a_2-a_1) & a_3(a_3-a_1) & \cdots & a_n(a_n-a_1) \\ \vdots & \vdots & & \vdots \\ a_2^{n-2}(a_2-a_1) & a_3^{n-2}(a_3-a_1) & \cdots & a_n^{n-2}(a_n-a_1) \end{vmatrix}$$

$$= (a_2-a_1)(a_3-a_1)\cdots(a_n-a_1) \begin{vmatrix} 1 & 1 & \cdots & 1 \\ a_2 & a_3 & \cdots & a_n \\ a_2^2 & a_3^2 & \cdots & a_n^2 \\ \vdots & \vdots & & \vdots \\ a_2^{n-2} & a_3^{n-2} & \cdots & a_n^{n-2} \end{vmatrix},$$

最后一个因子是一个 $n-1$ 级的范德蒙行列式,用 D_{n-1} 表示:
$$D_n = (a_2-a_1)(a_3-a_1)\cdots(a_n-a_1)D_{n-1}.$$
同样可得
$$D_{n-1} = (a_3-a_2)(a_4-a_2)\cdots(a_n-a_2)D_{n-2}.$$
这里 D_{n-2} 是一个 $n-2$ 级的范德蒙行列式. 如此继续下去,得
$$D_n = \prod_{1 \leqslant i < j \leqslant n} (a_j - a_i) = (a_2-a_1)(a_3-a_1)\cdots(a_n-a_1)$$
$$\cdot (a_3-a_2)(a_4-a_2)\cdots(a_n-a_2) \cdot \cdots \cdot (a_n-a_{n-1}).$$

例 1.20　计算行列式 $D = \begin{vmatrix} 1 & 2 & 4 & 8 \\ 1 & 3 & 9 & 27 \\ 1 & 1 & 1 & 1 \\ 1 & 4 & 16 & 64 \end{vmatrix}$.

解　$D = D' = \begin{vmatrix} 1 & 1 & 1 & 1 \\ 2 & 3 & 1 & 4 \\ 4 & 9 & 1 & 16 \\ 8 & 27 & 1 & 64 \end{vmatrix} = (3-2)(1-2)(4-2)(1-3)(4-3)(4-1).$

例 1.21　计算 n 级行列式
$$D_n = \begin{vmatrix} 1 & 1 & \cdots & 1 \\ a_1^2 & a_2^2 & \cdots & a_n^2 \\ a_1^3 & a_2^3 & \cdots & a_n^3 \\ \vdots & \vdots & & \vdots \\ a_1^{n-1} & a_2^{n-1} & \cdots & a_n^{n-1} \\ a_1^n & a_2^n & \cdots & a_n^n \end{vmatrix}.$$

本题中的行列式 D_n 与范德蒙行列式很相似，但是仔细看却很有差别，下面我们用**加边法**来解.

解 在 D_n 中增加一行一列，得范德蒙行列式

$$D_{n+1} = \begin{vmatrix} 1 & 1 & \cdots & 1 & 1 \\ a_1 & a_2 & \cdots & a_n & x \\ a_1^2 & a_2^2 & \cdots & a_n^2 & x^2 \\ a_1^3 & a_2^3 & \cdots & a_n^3 & x^3 \\ \vdots & \vdots & & \vdots & \vdots \\ a_1^n & a_2^n & \cdots & a_n^n & x^n \end{vmatrix} = (x-a_1)(x-a_2)\cdots(x-a_n) \prod_{1 \leqslant i < j \leqslant n}(a_j - a_i).$$

而行列式 D_n 是行列式 D_{n+1} 中元素 x 的余子式，即 $D_n = M_{2n+1}$，A_{2n-1} 是 D_{n+1} 表达式中 x 的系数，所以有

$$(-1)^{2+n+1} D_n = (-1)^{n-1}\left[(a_2 a_3 \cdots a_n) + (a_1 a_3 \cdots a_n) + (a_1 a_2 \cdots a_{n-1})\right] \prod_{1 \leqslant i < j \leqslant n}(a_j - a_i),$$

即

$$D_n = \left[(a_2 a_3 \cdots a_n) + (a_1 a_3 \cdots a_n) + (a_1 a_2 \cdots a_{n-1})\right] \prod_{1 \leqslant i < j \leqslant n}(a_j - a_i).$$

下面我们来介绍一下拉普拉斯定理.

定义 1.10 在一个 n 级行列式 D 中任意取定 k 行和 k 列，位于这些行列相交处的 k^2 个元素按照原来的次序组成一个 k 级行列式 M 叫做行列式 D 的一个 k **级子式**. 在 D 中去掉这个 k 级子式 M 剩下的元素按原来的次序组成的 $n-k$ 级行列式 $\overline{M}$ 叫做**这个 k 级子式 M 的余子式**. 对余子式 $\overline{M}$ 附以符号 $(-1)^{(M\text{的行指标之和})+(M\text{的列指标之和})}$ 后就是 M 的代数余子式 A.

例如，在四级行列式

$$D = \begin{vmatrix} a_{11} & a_{12} & a_{13} & a_{14} \\ a_{21} & a_{22} & a_{23} & a_{24} \\ a_{31} & a_{32} & a_{33} & a_{34} \\ a_{41} & a_{42} & a_{43} & a_{44} \end{vmatrix} \text{中,}$$

取定第二行和第三行，第一列和第四列，那么位于这些行列的相交处的元素就构成 D 的一个二级子式

$$M = \begin{vmatrix} a_{21} & a_{24} \\ a_{31} & a_{34} \end{vmatrix},$$

那么余子式

$$M' = \begin{vmatrix} a_{12} & a_{13} \\ a_{42} & a_{43} \end{vmatrix},$$

代数余子式

$$A = (-1)^{(2+3+(1+4))} \overline{M} = \overline{M}.$$

引理 1.3 行列式 D 的任一个子式 M 与它的代数余子式 A 的乘积中的每一项都是行列式 D 的展开式中的一项，而且符号也一致.

定理 1.7（拉普拉斯定理） 设在行列式 D 中任意取定了 k（$1 \leqslant k \leqslant n-1$）个行，由这 k 行元素所组成的一切 k 级子式与它们的代数余子式的乘积的和等于行列式 D.

证 设 D 中取定 k 行后得到的子式为 $M_1,M_2,\cdots,M_t$，它们的代数余子式分别为 $A_1,A_2,\cdots,A_t$，定理要求证明

$$D = M_1 A_1 + M_2 A_2 + \cdots + M_t A_t.$$

根据引理 1.3，$M_i A_i$ 中每一项都是 D 中一项而且符号相同，而且 $M_i A_i$ 和 $M_j A_j$（$i \neq j$）无公共项，因此为了证明定理，只要证明等式两边项数相等就可以了. 显然等式左边共有 $n!$ 项，为了计算右边的项数，首先来求出 t，根据子式的取法知道

$$t = C_n^k = \frac{n!}{k!(n-k)!}.$$

因为 M_i 中共有 $k!$ 项，A_i 中共有 $(n-k)!$ 项，所以右边共有

$$t \cdot k! \cdot (n-k)! = n!$$

项，定理得证.

例 1.22 在行列式

$$D = \begin{vmatrix} 1 & 2 & 1 & 4 \\ 0 & -1 & 2 & 1 \\ 1 & 0 & 1 & 3 \\ 0 & 1 & 3 & 1 \end{vmatrix}$$

中取定第一、二行，得到六个子式

$$M_1 = \begin{vmatrix} 1 & 2 \\ 0 & -1 \end{vmatrix},\quad M_2 = \begin{vmatrix} 1 & 1 \\ 0 & 2 \end{vmatrix},\quad M_3 = \begin{vmatrix} 1 & 4 \\ 0 & 1 \end{vmatrix},$$

$$M_4 = \begin{vmatrix} 2 & 1 \\ -1 & 2 \end{vmatrix},\quad M_5 = \begin{vmatrix} 2 & 4 \\ -1 & 1 \end{vmatrix},\quad M_6 = \begin{vmatrix} 1 & 4 \\ 2 & 1 \end{vmatrix}.$$

它们对应的代数余子式为

$$A_1 = (-1)^{(1+2)+(1+2)}\ \overline{M_1} = \overline{M_1},\quad A_2 = (-1)^{(1+2)+(1+3)}\ \overline{M_2} = -\overline{M_2},$$

$$A_3 = (-1)^{(1+2)+(1+4)}\ \overline{M_3} = \overline{M_3},\quad A_4 = (-1)^{(1+2)+(2+3)}\ \overline{M_4} = \overline{M_4},$$

$$A_5 = (-1)^{(1+2)+(2+4)}\ \overline{M_5} = -\overline{M_5},\ A_6 = (-1)^{(1+2)+(3+4)}\ \overline{M_6} = \overline{M_6}.$$

根据拉普拉斯定理，

$$D = M_1 A_1 + M_2 A_2 + \cdots M_6 A_6$$

$$= \begin{vmatrix} 1 & 2 \\ 0 & -1 \end{vmatrix} \cdot \begin{vmatrix} 1 & 3 \\ 3 & 1 \end{vmatrix} - \begin{vmatrix} 1 & 1 \\ 0 & 2 \end{vmatrix}\begin{vmatrix} 0 & 3 \\ 1 & 1 \end{vmatrix} + \begin{vmatrix} 1 & 4 \\ 0 & 1 \end{vmatrix}\begin{vmatrix} 0 & 1 \\ 1 & 3 \end{vmatrix}$$

$$+ \begin{vmatrix} 2 & 1 \\ -1 & 2 \end{vmatrix}\begin{vmatrix} 1 & 3 \\ 0 & 1 \end{vmatrix} - \begin{vmatrix} 2 & 4 \\ -1 & 1 \end{vmatrix}\begin{vmatrix} 1 & 1 \\ 0 & 3 \end{vmatrix} + \begin{vmatrix} 1 & 4 \\ 2 & 1 \end{vmatrix}\begin{vmatrix} 1 & 0 \\ 0 & 1 \end{vmatrix}$$

$$= (-1) \times (-8) - 2 \times (-3) + 1 \times (-1) + 5 \times 1 - 6 \times 3 + (-7) \times 1$$

$$= 8 + 6 - 1 + 5 - 18 - 7 = -7.$$

从这个例子来看，利用拉普拉斯定理来计算行列式一般是不方便的. 此定理主要是在

理论方面应用.

1.5 克拉默规则

现在应用行列式解决线性方程组的问题，只考虑方程个数与未知量的个数相等的情形. 设给定了一个 n 元（含有 n 个未知量 n 个方程）的线性方程组

$$\begin{cases} a_{11}x_1 + a_{12}x_2 + \cdots + a_{1n}x_n = b_1 \\ a_{21}x_1 + a_{22}x_2 + \cdots + a_{2n}x_n = b_2 \\ \vdots \\ a_{n1}x_1 + a_{n2}x_2 + \cdots + a_{nn}x_n = b_n \end{cases}, \tag{1.7}$$

利用式（1.7）的系数可以构成一个 n 级行列式

$$D = \begin{vmatrix} a_{11} & a_{12} & \cdots & a_{1n} \\ a_{21} & a_{22} & \cdots & a_{2n} \\ \vdots & \vdots & & \vdots \\ a_{n1} & a_{n2} & \cdots & a_{nn} \end{vmatrix},$$

这个行列式叫做方程组（1.7）的**系数行列式**.

定理 1.8 （克拉默（Cramer）规则） 一个 n 元线性方程组当它的系数行列式 $D \neq 0$ 时，有且仅有一个解

$$x_1 = \frac{D_1}{D}, x_2 = \frac{D_2}{D}, \cdots, x_n = \frac{D_n}{D}. \tag{1.8}$$

此处 D_j 是把系数行列式 D 的第 j 列的元素换以方程组的常数项 $b_1, b_2, \cdots, b_n$ 而得到的 n 级行列式.

例 1.23 解线性方程组

$$\begin{cases} x_1 - 3x_2 + 2x_3 + 5x_4 = -4 \\ 3x_1 + 2x_2 - x_3 - 6x_4 = -1 \\ -2x_1 - 5x_2 + x_3 + 7x_4 = -5 \\ -x_1 + 8x_2 - 2x_3 + 3x_4 = 1 \end{cases}.$$

这个方程组的行列式

$$D = \begin{vmatrix} 1 & -3 & 2 & 5 \\ 3 & 2 & -1 & -6 \\ -2 & -5 & 1 & 7 \\ -1 & 8 & -2 & 3 \end{vmatrix} = -246.$$

因为 $D \neq 0$，我们可以应用克拉默规则，再计算以下的行列式

$$D_1 = \begin{vmatrix} -4 & -3 & 2 & 5 \\ -1 & 2 & -1 & -6 \\ -5 & -5 & 1 & 7 \\ 1 & 8 & -2 & 3 \end{vmatrix} = 492,$$

$$D_2 = \begin{vmatrix} 1 & -4 & 2 & 5 \\ 3 & -1 & -1 & -6 \\ -2 & -5 & 1 & 7 \\ -1 & 1 & -2 & 3 \end{vmatrix} = -246,$$

$$D_3 = \begin{vmatrix} 1 & -3 & -4 & 5 \\ 3 & 2 & -1 & -6 \\ -2 & -5 & -5 & 7 \\ -1 & 8 & 1 & 3 \end{vmatrix} = -738,$$

$$D_4 = \begin{vmatrix} 1 & -3 & 2 & -4 \\ 3 & 2 & -1 & -1 \\ -2 & -5 & 1 & -5 \\ -1 & 8 & -2 & 1 \end{vmatrix} = 246.$$

由克拉默规则，得方程组的解是

$$x_1 = -2, \quad x_2 = 1, \quad x_3 = 3, \quad x_4 = -1.$$

用克拉默规则解线性方程组只在 $D \neq 0$ 时才能应用.

n 元线性方程组

$$\begin{cases} a_{11}x_1 + a_{12}x_2 + \cdots + a_{1n}x_n = 0 \\ a_{21}x_1 + a_{22}x_2 + \cdots + a_{2n}x_n = 0 \\ \quad\quad\quad\quad \vdots \\ a_{n1}x_1 + a_{n2}x_2 + \cdots + a_{nn}x_n = 0 \end{cases} \tag{1.9}$$

称为**齐次线性方程组**. 它总有解 $x_1 = x_2 = \cdots = x_n = 0$，这个解称为**零解**，如果还有其他解，称为**非零解**.

若齐次线性方程组（1.9）的系数行列式 $D \neq 0$，由克拉默法则知，它有唯一解，即零解.

由此，可得下面的推论.

推论 1.6　齐次线性方程组（1.9）的系数行列式 $D \neq 0$ 时，它只有零解. 或者说，若齐次线性方程组（1.9）有非零解，则它的系数行列式 $D = 0$.

例 1.24　解齐次线性方程组

$$\begin{cases} 2x_1 - x_2 + 3x_3 + 2x_4 = 0 \\ 3x_1 - x_2 + 3x_3 + 2x_4 = 0 \\ 3x_1 - x_2 - x_3 + 2x_4 = 0 \\ 3x_1 - x_2 + 3x_3 - x_4 = 0 \end{cases}.$$

解　因为系数行列式 $\begin{vmatrix} 2 & -1 & 3 & 2 \\ 3 & -1 & 3 & 2 \\ 3 & -1 & -1 & 2 \\ 3 & -1 & 3 & -1 \end{vmatrix} = 70 \neq 0,$

所以由推论 1.6 知，它只有零解.

例 1.25 当 λ 取何值时，齐次线性方程组 $\begin{cases} 3\lambda x_1 + 4x_2 = 0 \\ 3x_1 + \lambda x_2 = 0 \end{cases}$ 有非零解？

解 若方程组有非零解，则系数行列式 $\begin{vmatrix} 3\lambda & 4 \\ 3 & \lambda \end{vmatrix} = 0$ ，由此，可得 $3\lambda^2 - 12 = 0$.

解得 $\lambda = \pm 2$.

习 题 1

1. 决定以下 9 级排列的反序数，从而决定它们的奇偶性.

(1) 341782596；

(2) 517689324；

(3) 987654321；

(4) $n(n-1)\cdots 21$.

2. 写出把排列 12435 变成排列 52341 的那些对换.

3. 决定排列 $2n$，1，$2n-1$，2，$\cdots$，$n+1$，n 的反序数，并讨论它的奇偶性.

4. 在 6 级行列式中，$a_{36}a_{45}a_{51}a_{63}a_{22}a_{14}$，$a_{23}a_{31}a_{42}a_{56}a_{14}a_{65}$ 这两项应带有什么符号？

5. 证明：若一个 n 级行列式 D 中非零元素少于 n 个，则 $D = 0$.

6. 由行列式定义证明

$$\begin{vmatrix} a_1 & a_2 & a_3 & a_4 & a_5 \\ b_1 & b_2 & b_3 & b_4 & b_5 \\ c_1 & c_2 & 0 & 0 & 0 \\ d_1 & d_2 & 0 & 0 & 0 \\ e_1 & e_2 & 0 & 0 & 0 \end{vmatrix} = 0.$$

7. 由行列式定义计算 $f(x) = \begin{vmatrix} 2x & x & 1 & 2 \\ 1 & x & 1 & -1 \\ 3 & 2 & x & 1 \\ 1 & 1 & 1 & x \end{vmatrix}$ 中 x^4 与 x^3 的系数，并说明理由.

8. 由 $\begin{vmatrix} 1 & 1 & \cdots & 1 \\ 1 & 1 & \cdots & 1 \\ \vdots & \vdots & & \vdots \\ 1 & 1 & \cdots & 1 \end{vmatrix} = 0$，证明：奇偶排列各半.

9. 用行列式性质计算下面行列式.

(1) $\begin{vmatrix} 1 & -2 & 5 & 0 \\ -2 & 3 & -8 & -1 \\ 3 & 1 & -2 & 4 \\ \dfrac{1}{2} & 2 & 1 & -\dfrac{5}{2} \end{vmatrix}$；

(2) $\begin{vmatrix} x & 1 & 1 & 1 \\ 1 & x & 1 & 1 \\ 1 & 1 & x & 1 \\ 1 & 1 & 1 & x \end{vmatrix}$；

(3) $\begin{vmatrix} 1 & 2 & 3 & 4 \\ 2 & 3 & 4 & 1 \\ 3 & 4 & 1 & 2 \\ 4 & 1 & 2 & 3 \end{vmatrix}$;

(4) $\begin{vmatrix} a^2 & (a+1)^2 & (a+2)^2 & (a+3)^2 \\ b^2 & (b+1)^2 & (b+2)^2 & (b+3)^2 \\ c^2 & (c+1)^2 & (c+2)^2 & (c+3)^2 \\ d^2 & (d+1)^2 & (d+2)^2 & (d+3)^2 \end{vmatrix}$.

10. 证明：$\begin{vmatrix} b+c & c+a & a+b \\ b_1+c_1 & c_1+a_1 & a_1+b_1 \\ b_2+c_2 & c_2+a_2 & a_2+b_2 \end{vmatrix} = 2 \begin{vmatrix} a & b & c \\ a_1 & b_1 & c_1 \\ a_2 & b_2 & c_2 \end{vmatrix}$.

11. 算出下列行列式的全部代数余子式.

(1) $\begin{vmatrix} 1 & 2 & 3 & 5 \\ 0 & -1 & 1 & 2 \\ 0 & 0 & 2 & 6 \\ 0 & 0 & 0 & 3 \end{vmatrix}$;

(2) $\begin{vmatrix} 4 & -1 & 1 \\ 2 & 2 & 3 \\ 0 & 1 & 4 \end{vmatrix}$.

12. 计算下列行列式.

(1) $\begin{vmatrix} x & y & x+y \\ y & x+y & x \\ x+y & x & y \end{vmatrix}$;

(2) $\begin{vmatrix} 1+x & 1 & 1 & 1 \\ 1 & 1-x & 1 & 1 \\ 1 & 1 & 1+y & 1 \\ 1 & 1 & 1 & 1-y \end{vmatrix}$.

13. 计算下列 n 级行列式.

(1) $\begin{vmatrix} a_1-b_1 & a_1-b_2 & \cdots & a_1-b_n \\ a_2-b_1 & a_2-b_2 & \cdots & a_2-b_n \\ \vdots & \vdots & & \vdots \\ a_n-b_1 & a_n-b_2 & \cdots & a_n-b_n \end{vmatrix}$;

(2) $\begin{vmatrix} x_1-m & x_2 & \cdots & x_n \\ x_1 & x_2-m & \cdots & x_n \\ \vdots & \vdots & & \vdots \\ x_1 & x_2 & \cdots & x_n-m \end{vmatrix}$;

(3) $\begin{vmatrix} 1 & 2 & 2 & \cdots & 2 \\ 2 & 2 & 2 & \cdots & 2 \\ 2 & 2 & 3 & \cdots & 2 \\ \vdots & \vdots & \vdots & & \vdots \\ 2 & 2 & 2 & \cdots & n \end{vmatrix}$;

(4) $\begin{vmatrix} a_0 & -1 & 0 & \cdots & 0 & 0 \\ a_1 & x & -1 & \cdots & 0 & 0 \\ \vdots & \vdots & \vdots & & \vdots & \vdots \\ a_{n-2} & 0 & 0 & \cdots & x & -1 \\ a_{n-1} & 0 & 0 & \cdots & 0 & x \end{vmatrix}$;

(5) $\begin{vmatrix} 1-a_1 & a_2 & 0 & \cdots & 0 & 0 \\ -1 & 1-a_2 & a_3 & \cdots & 0 & 0 \\ 0 & -1 & 1-a_3 & \cdots & 0 & 0 \\ \vdots & \vdots & \vdots & & \vdots & \vdots \\ 0 & 0 & 0 & \cdots & 1-a_{n-1} & a_n \\ 0 & 0 & 0 & \cdots & -1 & 1-a_n \end{vmatrix}$.

14. 利用拉普拉斯定理计算下面的行列式.

$$(1) \begin{vmatrix} 0 & 1 & 2 & -1 & 4 \\ 2 & 0 & 1 & 2 & 1 \\ -1 & 3 & 5 & 1 & 2 \\ 3 & 3 & 1 & 2 & 1 \\ 2 & 1 & 0 & 3 & 5 \end{vmatrix}; \qquad (2) \begin{vmatrix} 1 & \frac{1}{2} & 0 & 1 & -1 \\ 2 & 0 & -1 & 1 & 2 \\ 3 & 2 & 1 & \frac{1}{2} & 0 \\ 1 & -1 & 0 & 1 & 2 \\ 2 & 1 & 3 & 0 & \frac{1}{2} \end{vmatrix}.$$

15. 用克拉默法则解线性方程组.

$$(1) \begin{cases} x_1 + x_2 + 2x_3 + 3x_4 = 1 \\ 3x_1 - x_2 - x_3 - 2x_4 = -4 \\ 2x_1 + 3x_2 - x_3 - x_4 = -6 \\ x_1 + 2x_2 + 3x_3 - x_4 = -4 \end{cases}; \qquad (2) \begin{cases} x_1 + x_2 + x_3 + x_4 = 0 \\ x_2 + x_3 + x_4 + x_5 = 0 \\ x_1 + 2x_2 + 3x_3 = 2 \\ x_2 + 2x_3 + 3x_4 = -2 \\ x_3 + 2x_4 + 3x_5 = 2 \end{cases}.$$

16. 设 $f(x) = c_0 + c_1 x + \cdots + c_n x^n$. 用线性方程组的理论证明: 若是 $f(x)$ 有 $n+1$ 个不同的根, 那么 $f(x) \equiv 0$.

第 2 章

矩　阵

2.1　矩阵的概念及其基本运算

下面我们引进矩阵的概念.

定义 2.1　设 P 是一个数域，用 P 的元素 a_{ij} 作成的一个 m 行 n 列的表

$$A = \begin{pmatrix} a_{11} & a_{12} & \cdots & a_{1n} \\ a_{21} & a_{22} & \cdots & a_{2n} \\ \vdots & \vdots & & \vdots \\ a_{m1} & a_{m2} & \cdots & a_{mn} \end{pmatrix}$$

叫做 P 上一个 **m 行 n 列矩阵**.

一个 m 行 n 列矩阵可简记为一个 **$m \times n$ 矩阵**，数 $a_{ij}, i = 1, 2 \cdots, m, j = 1, 2 \cdots, n$，称为矩阵 A 的元素，i 称为元素 a_{ij} 的行指标，j 称为列指标.

以后我们用大写的拉丁字母 A，B，$\cdots$，或者 (a_{ij})，(b_{ij})，$\cdots$来代表矩阵.

有时，为了指明所讨论的矩阵的级数，可以把 $m \times n$ 矩阵写成 A_{mn}，B_{mn}，$\cdots$，或者 $(a_{ij})_{mn}$，$(b_{ij})_{mn}$，$\cdots$. $n \times n$ 矩阵 $\begin{pmatrix} a_{11} & a_{12} & \cdots & a_{1n} \\ a_{21} & a_{22} & \cdots & a_{2n} \\ \vdots & \vdots & & \vdots \\ a_{n1} & a_{n2} & \cdots & a_{nn} \end{pmatrix}$ 也称 **n 级方阵**.

定义一个 n 级行列式

$$\begin{vmatrix} a_{11} & a_{12} & \cdots & a_{1n} \\ a_{21} & a_{22} & \cdots & a_{2n} \\ \vdots & \vdots & \vdots & \vdots \\ a_{n1} & a_{n2} & \cdots & a_{nn} \end{vmatrix},$$

称为**矩阵 A 的行列式**，记作 $|A|$.

注意：矩阵和行列式虽然形式上有些类似，但有完全不同的意义. 一个行列式是一些数的代数和，而一个矩阵仅仅是一个表；行列式的行数与列数相同，而矩阵对此不作任何限制.

把主对角线上（从左上角到右下角的对角线）上的元素都是 1，而其他元素都是 0 的 n 级方阵

$$\begin{pmatrix} 1 & 0 & \cdots & 0 \\ 0 & 1 & \cdots & 0 \\ \vdots & \vdots & & \vdots \\ 0 & 0 & \cdots & 1 \end{pmatrix}$$

叫做 **n 级单位矩阵**，记作 E_n，有时简记作 E.

而矩阵的运算可以认为是矩阵之间最基本的关系. 下面要定义的运算是矩阵的相等、加法、乘法、矩阵与数的乘法以及矩阵的转置.

为了确定起见，我们取定一个数域 P，以下讨论的矩阵全是由数域 P 中的数组成的.

1. 矩阵的相等

P 上两个矩阵是相等的当且仅当它们有相同的行数和列数，并且对应位置上的元素都相等. 即

$$A_{mn} = B_{mn} \Leftrightarrow a_{ij} = b_{ij} \quad i = 1, 2, \cdots, m; j = 1, 2, \cdots, n.$$

2. 加法

定义 2.2 设 $A = (a_{ij})_{sn} = \begin{pmatrix} a_{11} & a_{12} & \cdots & a_{1n} \\ a_{21} & a_{22} & \cdots & a_{2n} \\ \vdots & \vdots & & \vdots \\ a_{s1} & a_{s2} & \cdots & a_{sn} \end{pmatrix}, B = (b_{ij})_{sn} = \begin{pmatrix} b_{11} & b_{12} & \cdots & b_{1n} \\ b_{21} & b_{22} & \cdots & b_{2n} \\ \vdots & \vdots & & \vdots \\ b_{s1} & b_{s2} & \cdots & b_{sn} \end{pmatrix}$

是两个 $s \times n$ 矩阵，则矩阵

$$C = (c_{ij})_{sn} = (a_{ij} + b_{ij})_{sn}$$

$$= \begin{pmatrix} a_{11} + b_{11} & a_{12} + b_{12} & \cdots & a_{1n} + b_{1n} \\ a_{21} + b_{21} & a_{22} + b_{22} & \cdots & a_{2n} + b_{2n} \\ \vdots & \vdots & & \vdots \\ a_{s1} + b_{s1} & a_{s2} + b_{s2} & \cdots & a_{sn} + b_{sn} \end{pmatrix}.$$

称为 **A 和 B 的和**，记为 $C = A + B$.

例如：$A = \begin{pmatrix} 1 & 2 & -2 & -4 \\ 3 & 0 & 1 & 4 \\ 2 & -3 & 2 & 3 \end{pmatrix}, B = \begin{pmatrix} 3 & 7 & 2 & 4 \\ 0 & 1 & -2 & 3 \\ 2 & -5 & 1 & -4 \end{pmatrix}.$

则

$$A + B = \begin{pmatrix} 4 & 9 & 0 & 0 \\ 3 & 1 & -1 & 7 \\ 4 & -8 & 3 & -1 \end{pmatrix}.$$

矩阵的加法就是矩阵对应的元素相加. 相加的矩阵必须要有相同的行数和列数. 由于矩阵的加法归结为它们的元素的加法，也就是数的加法，所以，不难验证，

它有

结合律： $A+(B+C)=(A+B)+C.$

交换律： $A+B=B+A.$

元素全为零的矩阵称为**零矩阵**，记为 O_{sn}，可简单的记为 $O.$ 显然，有 $A+O=A.$

矩阵

$$(-a_{ij})_{sn}=\begin{pmatrix} -a_{11} & -a_{12} & \cdots & -a_{1n} \\ -a_{21} & -a_{22} & \cdots & -a_{2n} \\ \vdots & \vdots & & \vdots \\ -a_{s1} & -a_{s2} & \cdots & -a_{sn} \end{pmatrix},$$

称为矩阵 A 的负矩阵，记为 $-A.$

显然有 $A+(-A)=O.$

矩阵的**减法**定义为

$$A-B=A+(-B).$$

则有

$$A+B=C \Leftrightarrow A=C-B.$$

3. 数量乘法

定义 2.3 数域 P 的数 a 与 P 上一个 $m \times n$ 矩阵 $A=(a_{ij})$ 的乘积 aA 指的是 $m \times n$ 矩阵 $(aa_{ij}).$

例如：$A=\begin{pmatrix} 2 & 1 & 0 \\ 3 & 4 & -3 \end{pmatrix}$，则 $4A=\begin{pmatrix} 8 & 4 & 0 \\ 12 & 16 & -12 \end{pmatrix}.$

用数 k 乘以一个矩阵 A，指用 k 去乘矩阵 A 的每一个元素.

注意： 一个数乘一个矩阵与一个数乘一个行列式是不同的.

不难验证，数量乘法适合以下的规律：

$$a(A+B)=aA+aB;$$
$$(a+b)A=aA+bA;$$
$$a(bA)=abA;$$
$$1A=A;$$
$$a(AB)=(aA)B=A(aB).$$

矩阵加法与矩阵的数量乘法统称为**矩阵的线性运算**.

4. 乘法

定义 2.4 数域 P 上的 $m \times n$ 矩阵 $A=(a_{ij})$ 与 $n \times p$ 矩阵 $B=(b_{ij})$ 的乘积 AB 指的是这样的一个 $m \times p$ 矩阵 $C=(c_{ij}).$ 其中

$$c_{ij}=a_{i1}b_{1j}+a_{i2}b_{2j}+\cdots+a_{in}b_{nj}=\sum_{k=1}^{n}a_{ik}b_{kj}.$$

注意： 两个矩阵只有当第一个矩阵的列数等于第二个矩阵的行数时才能相乘.

我们看一个例子:

$$\begin{pmatrix} -2 & 4 \\ 1 & -2 \end{pmatrix}\begin{pmatrix} 2 & 4 \\ -3 & -6 \end{pmatrix} = \begin{pmatrix} -2\cdot2+4\cdot(-3) & -2\cdot4+4\cdot(-6) \\ 1\cdot2+(-2)\cdot(-3) & 1\cdot4+(-2)\cdot(-6) \end{pmatrix}$$
$$= \begin{pmatrix} -16 & -32 \\ 8 & 16 \end{pmatrix}.$$

矩阵乘法的运算规律:

对于数的乘法成立的运算规律, 对于矩阵的乘法说并不都成立. 值得一提的是以下两点.

两个非零矩阵的乘积可能是零矩阵, 即 $AB=O$ 时, 未必有 $A=O$ 或 $B=O$. 例如:

$$\begin{pmatrix} 1 & -1 \\ -1 & 1 \\ 1 & -1 \end{pmatrix}\begin{pmatrix} 3 & 1 \\ 3 & 1 \end{pmatrix} = \begin{pmatrix} 0 & 0 \\ 0 & 0 \\ 0 & 0 \end{pmatrix} = O.$$

矩阵的乘法不满足交换律. 首先, 当 $m \neq p$ 时 $A_{mn}B_{np}$ 有意义, 但 $B_{np}A_{mn}$ 没有意义. 其次, $A_{mn}B_{nm}$ 和 $B_{nm}A_{mn}$ 虽然有意义, 但是当 $m \neq n$ 时, $A_{mn}B_{nm}$ 是 m 级矩阵, 而 $B_{nm}A_{mn}$ 是 n 级矩阵, 它们不相等. 最后, $A_{nn}B_{nn}$ 和 $B_{nn}A_{nn}$ 虽然都是 n 级矩阵, 但它们也未必相等. 例如:

$$\begin{pmatrix} 2 & 1 \\ -1 & 1 \end{pmatrix}\begin{pmatrix} 2 & -3 \\ 3 & 0 \end{pmatrix} = \begin{pmatrix} 7 & -6 \\ 1 & 3 \end{pmatrix}.$$
$$\begin{pmatrix} 2 & -3 \\ 3 & 0 \end{pmatrix}\begin{pmatrix} 2 & 1 \\ -1 & 1 \end{pmatrix} = \begin{pmatrix} 7 & -1 \\ 6 & 3 \end{pmatrix}.$$

但是显然对于 n **级单位矩阵 E_n** 有

$$E_n A_{np} = A_{np}; \quad A_{np}E_p = A_{np}.$$

矩阵乘法满足结合律:

$$(AB)C = A(BC).$$

矩阵的乘法和加法满足分配律:

$$A(B+C) = AB + AC;$$
$$(B+C)A = BA + CA.$$

这两个式子的验证比较简单, 由于矩阵的乘法不满足交换律, 所以这两个式子并不能互推.

由矩阵的乘法, 我们还可以定义**矩阵的方幂.**

设 A 是一 n 级方阵, 定义:

$$A^1 = A$$
$$A^2 = AA, A^3 = A^2A, \cdots, A^k = A^{k-1}A$$

换句话说, A^k 就是 k 个 A 连乘. 由乘法的结合律, 不难证明

$$A^kA^l = A^{k+l}$$
$$(A^k)^l = A^{kl},$$

这里 k, l 是任意正整数. 因为矩阵乘法不满足交换律, 所以 $(AB)^k$ 与 A^kB^k 一般不相等.

5. 转置

定义 2.5 设 $m \times n$ 矩阵

$$A = \begin{pmatrix} a_{11} & a_{12} & \cdots & a_{1n} \\ a_{21} & a_{22} & \cdots & a_{2n} \\ \vdots & \vdots & & \vdots \\ a_{m1} & a_{m2} & \cdots & a_{mn} \end{pmatrix},$$

把 A 的行变为列所得到的 $n \times m$ 矩阵

$$A' = \begin{pmatrix} a_{11} & a_{21} & \cdots & a_{m1} \\ a_{12} & a_{22} & \cdots & a_{m2} \\ \vdots & \vdots & & \vdots \\ a_{1n} & a_{2n} & \cdots & a_{mn} \end{pmatrix}$$

称为矩阵 A 的转置.

由定义 2.5 可以知道每个矩阵 A 的转置矩阵是由 A 所唯一确定的且满足以下规律:

(1) $(A')' = A$.

(2) $(A+B)' = A' + B'$.

(3) $(AB)' = B'A'$.

(4) $(aA)' = aA'$.

推广: $(A_1 + A_2 + \cdots A_n)' = A_1' + A_2' + \cdots + A_n'$,

$\qquad (A_1 A_2 \cdots A_n)' = A_n' A_{n-1}' \cdots A_1'$.

例 2.1 设 $A = (1, -1, 2)$, $B = \begin{pmatrix} 2 & -1 & 0 \\ 1 & 1 & 3 \\ 4 & 2 & 1 \end{pmatrix}$, 求 AB, $B'A'$.

解 $AB = (1, -1, 2) \begin{pmatrix} 2 & -1 & 0 \\ 1 & 1 & 3 \\ 4 & 2 & 1 \end{pmatrix} = (9, 2, -1)$.

由

$$A' = \begin{pmatrix} 1 \\ -1 \\ 2 \end{pmatrix}, B' = \begin{pmatrix} 2 & 1 & 4 \\ -1 & 1 & 2 \\ 0 & 3 & 1 \end{pmatrix},$$

所以, 有

$$B'A' = \begin{pmatrix} 2 & 1 & 4 \\ -1 & 1 & 2 \\ 0 & 3 & 1 \end{pmatrix} \begin{pmatrix} 1 \\ -1 \\ 2 \end{pmatrix} = \begin{pmatrix} 9 \\ 2 \\ -1 \end{pmatrix} = (AB)'.$$

6. 对称矩阵与反对称矩阵

n 级矩阵 A 称为对称的, 如果 $A' = A$ (或矩阵 A 中元素满足 $a_{ij} = a_{ji}$).

n 级矩阵 A 称为反对称的，如果 $A' = -A$（或矩阵 A 中元素满足 $a_{ij} = -a_{ji}$，$a_{ii} = 0$）. 我们很容易得到：

（1）两个 n 级（反）对称矩阵的和仍是（反）对称矩阵.

（2）两个 n 级（反）对称矩阵的积不一定是（反）对称矩阵.

（3）若 n 级矩阵 A 是（反）对称矩阵，则 kA 仍是（反）对称矩阵.

（4）n 级（反）对称矩阵 A 的转置仍是（反）对称矩阵.

7. 三角形矩阵

主对角线以下（上）的元素全为零的方阵称为**上（下）三角形矩阵**.

显然，上（下）三角形矩阵的和，数乘，乘积，转置仍是上（下）三角形矩阵.

8. 对角形矩阵

只有主对角线上的元素不全为零，而其余元素全为零的方阵

$$\begin{bmatrix} a_1 & & & \\ & a_2 & & \\ & & \ddots & \\ & & & a_n \end{bmatrix}$$

称为**对角形矩阵**.

易知，对角形矩阵的和、数乘、乘积、转置仍是对角形矩阵.

例 2.2 令 E_{ij} 是第 i 行第 j 列的元素是 1 而其余元素都是零的 n 级矩阵，求 $E_{ij}E_{kl}$.

解
$$E_{ij}E_{kl} = \begin{bmatrix} 0 & 0 & \cdots & 0 & \cdots & 0 \\ \vdots & \vdots & & \vdots & & \vdots \\ 0 & 0 & \cdots & 1 & \cdots & 0 \\ \vdots & \vdots & & \vdots & & \vdots \\ 0 & 0 & \cdots & 0 & \cdots & 0 \end{bmatrix}\text{(第}i\text{行)} \quad \begin{bmatrix} 0 & 0 & \cdots & 0 & \cdots & 0 \\ \vdots & \vdots & & \vdots & & \vdots \\ 0 & 0 & \cdots & 1 & \cdots & 0 \\ \vdots & \vdots & & \vdots & & \vdots \\ 0 & 0 & \cdots & 0 & \cdots & 0 \end{bmatrix}\text{(第}k\text{行)}$$

（第 j 列）　　　　　　　　　　　　（第 l 列）

$$= \begin{cases} E_{il} & j = k \\ O & j \neq k \end{cases}.$$

例 2.3 求满足以下条件的所有 n 级矩阵 A.

（1）$AE_{ij} = E_{ij}A$，$\quad i,j = 1,2,\cdots,n$.

（2）$AB = BA$.

解 因为 E_{ij} 是第 i 行第 j 列的元素是 1 而其余元素都是零的 n 级矩阵. 设

$$A = \begin{bmatrix} a_{11} & a_{12} & \cdots & a_{1n} \\ a_{21} & a_{22} & \cdots & a_{2n} \\ \vdots & \vdots & & \vdots \\ a_{n1} & a_{n2} & \cdots & a_{nn} \end{bmatrix}.$$

则

$$
\begin{pmatrix}
a_{11} & a_{12} & \cdots & a_{1n} \\
\vdots & \vdots & & \vdots \\
a_{i1} & a_{i2} & \cdots & a_{in} \\
\vdots & \vdots & & \vdots \\
a_{n1} & a_{n2} & \cdots & a_{nn}
\end{pmatrix}
\begin{pmatrix}
0 & 0 & \cdots & 0 & \cdots & 0 \\
\vdots & \vdots & & \vdots & & \vdots \\
0 & 0 & \cdots & 1 & \cdots & 0 \\
\vdots & \vdots & & \vdots & & \vdots \\
0 & 0 & \cdots & 0 & \cdots & 0
\end{pmatrix}
\text{(第 } i \text{ 行)} =
\begin{pmatrix}
0 & 0 & \cdots & a_{1i} & \cdots & 0 \\
\vdots & \vdots & & \vdots & & \vdots \\
0 & 0 & \cdots & a_{ii} & \cdots & 0 \\
\vdots & \vdots & & \vdots & & \vdots \\
0 & 0 & \cdots & a_{ni} & \cdots & 0
\end{pmatrix}
\text{(第 } i \text{ 行)}.
$$

(第 j 列)　　　　　　　　　　　　　　　　(第 j 列)

而

$$
\begin{pmatrix}
0 & 0 & \cdots & 0 & \cdots & 0 \\
\vdots & \vdots & & \vdots & & \vdots \\
0 & 0 & \cdots & 1 & \cdots & 0 \\
\vdots & \vdots & & \vdots & & \vdots \\
0 & 0 & \cdots & 0 & \cdots & 0
\end{pmatrix}
\text{(第 } i \text{ 行)}
\begin{pmatrix}
a_{11} & a_{12} & \cdots & a_{1n} \\
\vdots & \vdots & & \vdots \\
a_{i1} & a_{i2} & \cdots & a_{in} \\
\vdots & \vdots & & \vdots \\
a_{n1} & a_{n2} & \cdots & a_{nn}
\end{pmatrix}
=
\begin{pmatrix}
0 & 0 & \cdots & 0 & \cdots & 0 \\
\vdots & \vdots & & \vdots & & \vdots \\
a_{j1} & a_{j2} & \cdots & a_{jj} & \cdots & a_{jn} \\
\vdots & \vdots & & \vdots & & \vdots \\
0 & 0 & \cdots & 0 & \cdots & 0
\end{pmatrix}
\text{(第 } i \text{ 行)}.
$$

(第 j 列)　　　　　　　　　　　　　　　　(第 j 列)

所以，当 $i = j$ 时，$a_{ii} = a_{jj} = a$.

当 $i \neq j$ 时 $a_{ij} = 0$. 得

$$
A = \begin{pmatrix}
a & 0 & \cdots & 0 \\
0 & a & \cdots & 0 \\
\vdots & \vdots & & \vdots \\
0 & 0 & \cdots & a
\end{pmatrix} = aE,
$$

而对任意矩阵 B，都有

$$
AB = (aE)B = B(aE) = BA.
$$

例 2.4 证明：对任意 n 级矩阵 A 和 B 都有 $AB - BA \neq E$.

证 由 $AB - BA$ 主对角线上元素为

$$
\sum_{k=1}^{n} a_{ik}b_{ki} - \sum_{k=1}^{n} b_{ik}a_{ki} , \quad i = 1, 2, \cdots, n.
$$

得 $AB - BA$ 主对角线上元素和为

$$
\sum_{i=1}^{n} \left(\sum_{k=1}^{n} a_{ik}b_{ki} - \sum_{k=1}^{n} b_{ik}a_{ki} \right) = 0.
$$

而 E 的主对角线上元素和为 $n \neq 0$.

$$
AB - BA \neq E.
$$

下面来介绍一下矩阵在生活中的应用.

例 2.5 某公司生产的 A，B，C 三种产品的原料成本、人工成本、管理与其他成本如下表所示（单位：元）：

成本 \ 费用 \ 产品	A	B	C
原料	0.10	0.30	0.15
人工	0.30	0.40	0.25
管理与其他	0.10	0.20	0.15

每种产品在每个季度生产的数量如下表所示（单位：千克）：

产品 \ 数量 \ 季节	春季	夏季	秋季	冬季
A	4000	4000	4500	4500
B	2200	2000	2600	2400
C	6000	5800	6200	6000

现用一张表格展示出在每一季度中每一类成本的成本值.

解 用矩阵方法来解。单位产品的成本矩阵为

$$M = \begin{pmatrix} 0.10 & 0.30 & 0.15 \\ 0.30 & 0.40 & 0.25 \\ 0.10 & 0.20 & 0.15 \end{pmatrix};$$

每个季度的产量矩阵为

$$P = \begin{pmatrix} 4000 & 4000 & 4500 & 4500 \\ 2200 & 2000 & 2600 & 2400 \\ 6000 & 5800 & 6200 & 6000 \end{pmatrix},$$

则

$$MP = \begin{pmatrix} 1960 & 1870 & 2160 & 2070 \\ 3580 & 3450 & 3940 & 3810 \\ 1740 & 1670 & 1900 & 1830 \end{pmatrix}$$

中第一行的元素表示四个季度中每一季度原料的总成本；第二行和第三行的元素分别表示四个季度中第一季度人工总成本和管理的总成本. 每一类成本的年度总成本可由矩阵的每一行元素相加得到；每一列元素相加即可得到每一季度的总成本. 即

成本 \ 费用/元 \ 季节	春季	夏季	秋季	冬季	全年
原料	1960	1870	2160	2160	8060
人工	3580	3450	3940	3940	14780
管理与其他	1740	1670	1900	1900	7140
总计	7280	6990	8000	7710	29980

就是所求表格.

2.2　矩　阵　的　秩

本节所研究的矩阵的秩的概念与第一章行列式理论有着紧密的联系.

定义 2.6　在一个 $s \times t$ 矩阵 A 中，任取 k 行 k 列（$k \leqslant s$，$k \leqslant t$），位于这些行列交点处的 k^2 个元素按原来的次序所组成的 k 级行列式称为矩阵 A 的一个 k 级子式.

例如，设

$$A = \begin{bmatrix} 3 & 2 & 1 & 1 \\ 1 & 2 & -3 & 2 \\ 4 & 4 & -2 & 2 \end{bmatrix},$$

在 A 中取第 1、3 两行和第 2、4 两列，得到 A 的一个 2 级子式 $\begin{vmatrix} 2 & 1 \\ 4 & 2 \end{vmatrix}$．若 A 是一个 $m \times n$ 矩阵，则 A 有 $C_m^k C_n^k$ 个 k 级子式.

定义 2.7　一个矩阵中不等于零的子式的最大级数称为这个矩阵的秩，若一个矩阵没有不等于零的子式，就认为这个矩阵的秩是零（只有零矩阵的秩才等于 0）.

由定义我们知道一个矩阵的秩既不能超过这个矩阵的行数也不能超过它的列的个数，一个矩阵 A 的秩用**秩(A)** 或 **rank$A$** 表示.

若秩（A）$= r$，则 A 至少有一 r 级子式不等于零，并且由 r 是 A 的不等于零的子式的最大级数，知 A 的所有级数大于 r 的子式全等于零，特别，A 的所有 $r+1$ 级子式全等于零. 反之，如果 A 有一个 r 级子式不等于零而所有 $r+1$ 级子式全等于零，那么利用行列式的按行按列展开式必可推出 A 的所有级数大于 $r+1$ 的子式（若有的话）全等于零，A 的不等于零的子式的最大级数就是 r，即秩(A)$= $ rank$A = r$.

由此可得定义 2.8.

定义 2.8　如果矩阵 A 有 r 级子式不等于零，而所有 $r+1$ 级（若有的话）全等于零，则说秩(A)$= r$.

例 2.6　设 $A = \begin{bmatrix} 1 & 1 & 1 & 1 \\ 1 & 2 & 3 & 4 \\ 2 & 3 & 4 & 5 \end{bmatrix}$，求秩($A$).

解　A 有一个二级子式 $\begin{vmatrix} 1 & 1 \\ 1 & 2 \end{vmatrix} = 1$. 而 A 的 4 个 3 级子式全等于零，得，秩(A)$=2$.

例 2.7　求矩阵 $A = \begin{bmatrix} a & 1 & 1 & 1 \\ 1 & a & 1 & 1 \\ 1 & 1 & a & 1 \\ 1 & 1 & 1 & a \end{bmatrix}$ 的秩.

解　由 $|A| = (a+3)(a-1)^3$ 知：当 $a \neq 1, -3$ 时，$|A| \neq 0$，秩（A）$=4$；

当 $a=1$ 时, $A=\begin{pmatrix} 1 & 1 & 1 & 1 \\ 1 & 1 & 1 & 1 \\ 1 & 1 & 1 & 1 \\ 1 & 1 & 1 & 1 \end{pmatrix}$, 秩 $(A)=1$;

当 $a=-3$ 时, $A=\begin{pmatrix} -3 & 1 & 1 & 1 \\ 1 & -3 & 1 & 1 \\ 1 & 1 & -3 & 1 \\ 1 & 1 & 1 & -3 \end{pmatrix}$, 秩 $(A)=3$.

例 2.8　λ、μ 取何值时 $A=\begin{pmatrix} \lambda & 1 & 2 & -3 & 2 \\ \lambda^2 & -3 & 2 & 1 & -1 \\ \lambda^3 & -1 & 2 & -1 & \mu \end{pmatrix}$ 的秩是一个偶数?

解　由 $\begin{vmatrix} \lambda & 1 & 2 \\ \lambda^2 & -3 & 2 \\ \lambda^3 & -1 & 2 \end{vmatrix}=0$, 得 $\lambda=0$, $\lambda=1$, $\lambda=-\dfrac{1}{2}$;

由 $\begin{vmatrix} 2 & -3 & 2 \\ 2 & 1 & -1 \\ 2 & -1 & \mu \end{vmatrix}=0$, 得 $\mu=\dfrac{1}{2}$, 这时秩为 2.

例 2.9　设 $A=\begin{pmatrix} 2 & 0 & -1 & 3 & 5 & 2 \\ 0 & 5 & 4 & 1 & 2 & 0 \\ 0 & 0 & 0 & 7 & 0 & 1 \\ 0 & 0 & 0 & 0 & 0 & 0 \\ 0 & 0 & 0 & 0 & 0 & 0 \end{pmatrix}$, 求秩 (A) .

解　因为 $D_3=\begin{vmatrix} 2 & 0 & 3 \\ 0 & 5 & 1 \\ 0 & 0 & 7 \end{vmatrix}=70\neq 0$.

而 A 的所有 4 级子式都等于零. 所以, 秩 $(A)=3$.

例 2.9 的矩阵 A 有如下特点:

(1) 零行 (元素全为零的行) 全位于矩阵的下方;

(2) 各个非零行 (元素不全为零的行) 的第一个非零元素 (简称首非零元) 的列指标随着行指标的递增而严格增大, 满足以上条件的矩阵称为**阶梯形矩阵**.

结论: 阶梯形矩阵的秩等于其非零行的行数.

由上面结论可知, 一个阶梯形矩阵的秩很容易得出, 那么我们能否把一个矩阵尽可能化为阶梯形矩阵呢, 下面我们就来研究这个问题.

先来学习矩阵的初等变换.

定义 2.9　矩阵的行 (列) 初等变换指的是对一个矩阵施行的下列变换:

(1) 交换矩阵的两行 (列).

(2) 用一个不等于零的数乘矩阵的某一行 (列), 即用一个不等于零的数乘矩阵的某一行（列）的每一个元素.

（3）用某一数乘矩阵的某一行（列）后加到另一行（列），即某一数乘矩阵的某一行（列）的每一元素后加到另一行（列）的对应元素上.

定理 2.1　设 A 是一个 m 行 n 列矩阵：

$$A = \begin{pmatrix} a_{11} & a_{12} & \cdots & a_{1n} \\ a_{21} & a_{22} & \cdots & a_{2n} \\ \vdots & \vdots & & \vdots \\ a_{m1} & a_{m2} & \cdots & a_{mn} \end{pmatrix}.$$

通过行初等变换和第一种列初等变换能把 A 化为以下形式：

$$\begin{pmatrix} 1 & * & * & \cdots & * & * & \cdots & * \\ 0 & 1 & * & \cdots & * & * & \cdots & * \\ \vdots & \vdots & \vdots & & \vdots & \vdots & \vdots & \vdots \\ 0 & 0 & 0 & \cdots & 1 & * & \cdots & * \\ 0 & \cdots & \cdots & \cdots & \cdots & \cdots & \cdots & 0 \\ \vdots & \vdots & \vdots & & \vdots & \vdots & \vdots & \vdots \\ 0 & \cdots & \cdots & \cdots & \cdots & \cdots & \cdots & 0 \end{pmatrix}, \tag{2.1}$$

进而化为以下形式：

$$\begin{pmatrix} 1 & 0 & 0 & \cdots & 0 & c_{1,r+1} & \cdots & c_{1n} \\ 0 & 1 & 0 & \cdots & 0 & c_{2,r+2} & \cdots & c_{2n} \\ \vdots & \vdots & \vdots & & \vdots & \vdots & \vdots & \vdots \\ 0 & 0 & 0 & \cdots & 1 & c_{r,r+1} & \cdots & c_{m} \\ 0 & \cdots & \cdots & \cdots & \cdots & \cdots & \cdots & 0 \\ \vdots & \vdots & \vdots & & \vdots & \vdots & \vdots & \vdots \\ 0 & \cdots & \cdots & \cdots & \cdots & \cdots & \cdots & 0 \end{pmatrix}, \tag{2.2}$$

这里 $r \geqslant 0, r \leqslant m, r \leqslant n$，$*$ 表示矩阵的元素，但不同位置的 $*$ 表示的元素未必相同. 矩阵（2.2）称为**简化阶梯形矩阵.**

证明略。

而矩阵（2.1）是阶梯形矩阵，所以，由定理 2.1 可知，**任一矩阵都可通过初等变换化为阶梯形矩阵.**

我们可以用行列式当中的表示方法来表示矩阵的初等变换，如下：

$$A = \begin{pmatrix} 1 & 1 & 3 \\ 1 & -4 & -2 \\ 2 & 7 & 11 \end{pmatrix} \xrightarrow[-2 \times (1)+(3)]{-1 \times (1)+(2)} \begin{pmatrix} 1 & 1 & 3 \\ 0 & -5 & -5 \\ 0 & 5 & 5 \end{pmatrix} \xrightarrow{1 \times (2)+(3)} \begin{pmatrix} 1 & 1 & 3 \\ 0 & -5 & -5 \\ 0 & 0 & 0 \end{pmatrix} = B.$$

显然，秩（B）$=2$，而秩（A）$=2$. 所以，秩（A）$=$秩（B）.

由此可得下面的定理.

定理 2.2 初等变换不改变矩阵的秩.

这样可得矩阵的秩的第二种求法：**初等变换法**. 在求一个矩阵 A 的秩时，就可把 A 经初等变换化为一个阶梯形矩阵，这个阶梯形矩阵的非零行的行数就是秩 (A).

例 2.10 求矩阵 $A = \begin{pmatrix} 3 & 1 & -1 & -2 & 2 \\ 1 & -5 & 2 & 1 & -1 \\ 2 & 6 & -3 & -3 & 3 \\ -1 & -11 & 5 & 4 & -4 \end{pmatrix}$ 的秩.

解 由

$$A \xrightarrow{[(1),(2)]} \begin{pmatrix} 1 & -5 & 2 & 1 & -1 \\ 3 & 1 & -1 & -2 & 2 \\ 2 & 6 & -3 & -3 & 3 \\ -1 & -11 & 5 & 4 & -4 \end{pmatrix} \xrightarrow[\substack{-2 \times (1)+(3) \\ +1 \times (1)+(4)}]{-3 \times (1)+(2)} \begin{pmatrix} 1 & -5 & 2 & 1 & -1 \\ 0 & 16 & -7 & -5 & 5 \\ 0 & 16 & -7 & -5 & 5 \\ 0 & -16 & 7 & 5 & -5 \end{pmatrix}$$

$$\xrightarrow[\substack{1 \times (2)+(4)}]{-1 \times (2)+(3)} \begin{pmatrix} 1 & -5 & 2 & 1 & -1 \\ 0 & 16 & -7 & -5 & 5 \\ 0 & 0 & 0 & 0 & 0 \\ 0 & 0 & 0 & 0 & 0 \end{pmatrix} = B，知秩 (B) = 2，所以秩 (A) = 2.$$

2.3 可逆矩阵 矩阵乘积的行列式

1. 可逆矩阵的定义

在 2.1 节我们看到，矩阵与复数相仿，有加、减、乘三种运算. 矩阵的乘法是否也和复数一样有逆运算呢？这一节所讨论的矩阵，如不特别说明，都是 $n \times n$ 矩阵.

定义 2.10 n 级方阵 A 称为可逆的，如果有 n 级方阵 B，使得

$$AB = BA = E,$$

称 A 为一个**可逆矩阵**（或**非奇异矩阵**），而 B 叫做 A 的**逆矩阵**.

若是矩阵 A 可逆，那么 A 的逆矩阵由 A 唯一决定.

事实上，假设 B_1，B_2 都是 A 的逆矩阵，就有

$$AB_1 = B_1A = E，AB_2 = B_2A = E.$$

那么 $B_1 = B_1E = B_1(AB_2) = (B_1A)B_2 = EB_2 = B_2$.

我们把一个可逆矩阵 A 的唯一的逆矩阵用 A^{-1} 来表示.

2. 可逆矩阵的性质

由可逆矩阵的定义可知，**单位矩阵是一个可逆矩阵**，由 $E \times E = E$，得 $E^{-1} = E$. **可逆矩阵 A 的逆矩阵 A^{-1} 也可逆**，并且

$$(A^{-1})^{-1} = A.$$

这由算式

$$AA^{-1} = A^{-1}A = E.$$

可以直接推出.

两个可逆矩阵 A 和 B 的乘积 AB 也可逆，并且

$$(AB)^{-1} = B^{-1}A^{-1}.$$

这是因为

$$(AB)(B^{-1}A^{-1}) = (B^{-1}A^{-1})(AB) = E.$$

一般，m 个可逆矩阵 $A_1, A_2, \cdots, A_n$ 的乘积 $A_1A_2\cdots A_n$ 也可逆，并且

$$(A_1A_2\cdots A_n)^{-1} = A_n^{-1}\cdots A_2^{-1}A_1^{-1}.$$

可逆矩阵 A 的转置 A' 也可逆，并且

$$(A')^{-1} = (A^{-1})'.$$

这是因为由等式

$$AA^{-1} = A^{-1}A = E.$$

得

$$(AA^{-1})' = (A^{-1})'A' = E' = (A^{-1}A)' = A'(A^{-1})' = E.$$

若 k 为非零常数，则 $(kA)^{-1} = k^{-1}A^{-1}$.

这是因为 $(kA)(k^{-1}A^{-1}) = (k \cdot k^{-1})(AA^{-1}) = 1E = E$.

$$(k^{-1}A^{-1})(kA) = (k^{-1} \cdot k)A^{-1}A = 1E = E.$$

例 2.11 设 A、B、C 都是 n 级矩阵，且 A 可逆，证明

(1) 若 $AB = BA$，则 $A^{-1}B = BA^{-1}$.

(2) 若 $AB = AC$，则 $B = C$.

证 (1) 由 $AB = BA$，$AA^{-1} = E$. 得

$$A^{-1}B = A^{-1}BE = A^{-1}BAA^{-1} = A^{-1}ABA^{-1} = EBA^{-1} = BA^{-1}.$$

(2) 由 A 可逆，有 A^{-1}，又由 $AB = AC$. 得

$$A^{-1}(AB) = A^{-1}(AC)，即 B = C.$$

3. 可逆矩阵的判定

任一个 n 级矩阵未必可逆. 例如：$A = \begin{pmatrix} a_{11} & a_{12} \\ 0 & 0 \end{pmatrix}$，而 B 是任意一个 2 级矩阵，那

么 $AB = \begin{pmatrix} * & * \\ 0 & 0 \end{pmatrix} \neq E$，则 A 不是可逆矩阵.

那么一个矩阵在什么条件下可逆呢？首先我们来得到初等矩阵的定义.

定义 2.11 由单位矩阵经过一次初等变换而得到的矩阵称为初等矩阵.

$$E_n \xrightarrow{((i),(j))} \begin{bmatrix} 1 & & & & & & & \\ & \ddots & & & & & & \\ & & 1 & & & & & \\ & & & 0 & \cdots & 1 & & \\ & & & & 1 & & & \\ & & & \vdots & \ddots & \vdots & & \\ & & & & & 1 & & \\ & & & 1 & \cdots & 0 & & \\ & & & & & & 1 & \\ & & & & & & & \ddots \\ & & & & & & & & 1 \end{bmatrix} \begin{matrix} \\ \\ (第i行) \\ \\ \\ \\ \\ (第j行) \\ \\ \\ \end{matrix} = P_{ij} \xleftarrow{((i),(j))} E_n.$$

$$E_n \xrightarrow{k(i)} \begin{bmatrix} 1 & & & & & \\ & \ddots & & & & \\ & & 1 & & & \\ & & & k & & \\ & & & & 1 & \\ & & & & & \ddots \\ & & & & & & 1 \end{bmatrix} (第i行) = D_i(k) \xleftarrow{k(i)} E_n.$$

$$E_n \xrightarrow{k \times (j)+(i)} \begin{bmatrix} 1 & & & & & & & \\ & \ddots & & & & & & \\ & & 1 & & & & & \\ & & & 1 & \cdots & k & & \\ & & & & 1 & & & \\ & & & & \ddots & \vdots & & \\ & & & & & 1 & & \\ & & & & & & 1 & \\ & & & & & & & 1 \\ & & & & & & & & \ddots \\ & & & & & & & & & 1 \end{bmatrix} \begin{matrix} \\ \\ (第i行) \\ \\ \\ \\ \\ (第j行) \\ \\ \end{matrix} = T_{ij}(k) \xleftarrow{k \times (i)+(j)} E_n.$$

初等矩阵都是可逆的，并且它们的逆矩阵仍是初等矩阵.

$$P_{ij}^{-1} = P_{ij}, \, D_i(k)^{-1} = D_i\left(\frac{1}{k}\right), \, T_{ij}(k)^{-1} = T_{ij}(-k).$$

初等矩阵的转置仍为初等矩阵.

$$P'_{ij} = P_{ij}, \quad D'_i(k) = D_i(k), \quad T'_{ij}(k) = T_{ji}(k).$$

下面我们来看看这种情形.

以一个三级方阵来看. 令

$$A = \begin{pmatrix} a_{11} & a_{12} & a_{13} \\ a_{21} & a_{22} & a_{23} \\ a_{31} & a_{32} & a_{33} \end{pmatrix},$$

$$A \xrightarrow{[(2),(3)]} \begin{pmatrix} a_{11} & a_{12} & a_{13} \\ a_{31} & a_{32} & a_{33} \\ a_{21} & a_{22} & a_{23} \end{pmatrix} = \begin{pmatrix} 1 & 0 & 0 \\ 0 & 0 & 1 \\ 0 & 1 & 0 \end{pmatrix} \begin{pmatrix} a_{11} & a_{12} & a_{13} \\ a_{21} & a_{22} & a_{23} \\ a_{31} & a_{32} & a_{33} \end{pmatrix} = P_{23}A,$$

$$A \xrightarrow[{[(2),(3)]}]{} \begin{pmatrix} a_{11} & a_{13} & a_{12} \\ a_{21} & a_{23} & a_{22} \\ a_{31} & a_{33} & a_{32} \end{pmatrix} = \begin{pmatrix} a_{11} & a_{12} & a_{13} \\ a_{21} & a_{22} & a_{23} \\ a_{31} & a_{32} & a_{33} \end{pmatrix} \begin{pmatrix} 1 & 0 & 0 \\ 0 & 0 & 1 \\ 0 & 1 & 0 \end{pmatrix} = AP_{23}.$$

即对矩阵 A 实行定义 2.9 第（1）种初等行变换相当于用对应于定义 2.9 第（1）种初等变换的初等矩阵 P_{ij} 去左乘 A.

对矩阵 A 实行定义 2.9 第（1）种初等列变换相当于用对应于定义 2.9 第（1）种初等变换的初等矩阵 P_{ij} 去右乘 A.

同样可得

$D_i(k)A$ 相当于用数 $k\,(\neq 0)$ 乘 A 的第 i 行.

$AD_i(k)$ 相当于用数 $k\,(\neq 0)$ 乘 A 的第 i 列.

$T_{ij}(k)A$ 相当于用数 k 乘 A 的第 j 行加到第 i 行.

$AT_{ij}(k)$ 相当于用数 k 乘 A 的第 i 列加到第 j 列.

定义 2.12　如果矩阵 A 经过有限次初等变换变成矩阵 B，那么称 A 与 B 等价，记作 $A \cong B$.

等价关系具有

（1）反身性 $A \cong A$.

（2）对称性 $A \cong B \Rightarrow B \cong A$.

（3）传递性 $A \cong B, B \cong C \Rightarrow A \cong C$.

下面我们就来研究矩阵可逆的充要条件.

引理 2.1　等价矩阵具有相同的可逆性.

证　设对方阵 A 施行一个初等变换后，得到矩阵 $\overline{A}$，下面证，A 可逆 $\Leftrightarrow \overline{A}$ 可逆.

只就行初等变换来证明这个引理.

设 $\overline{A}$ 是通过对 A 施行一个行初等变换而得到的，则存在一个对应的初等矩阵 Q，使得 $\overline{A} = QA$.

"$\Rightarrow$" 由 A 可逆且 Q 可逆，则 QA 可逆即 $\overline{A}$ 可逆.

"$\Leftarrow$" 因为 Q 可逆，有 Q^{-1}，所以有 $A = Q^{-1}\overline{A}$，又由 Q^{-1} 可逆，$\overline{A}$ 可逆，得 $Q^{-1}\overline{A}$ 也可逆，则 A 可逆. 得证.

由引理可知，矩阵是否可逆不因施行初等变换而改变. 得证.

由前面可知，对任一个 $m \times n$ 矩阵

$$A = \begin{pmatrix} a_{11} & a_{12} & \cdots & a_{1n} \\ a_{21} & a_{22} & \cdots & a_{2n} \\ \vdots & \vdots & & \vdots \\ a_{m1} & a_{m2} & \cdots & a_{mn} \end{pmatrix},$$

总可以通过行初等变换和第一种列初等变换能把 A 化为以下形式

$$\begin{pmatrix} 1 & 0 & 0 & \cdots & 0 & c_{1,r+1} & \cdots & c_{1n} \\ 0 & 1 & 0 & \cdots & 0 & c_{2,r+1} & \cdots & c_{2n} \\ \vdots & \vdots & \vdots & & \vdots & \vdots & & \vdots \\ 0 & 0 & 0 & \cdots & 1 & c_{r,r+1} & \cdots & c_{m} \\ 0 & 0 & 0 & \cdots & 0 & 0 & \cdots & 0 \\ \vdots & \vdots & \vdots & & \vdots & \vdots & & \vdots \\ 0 & 0 & 0 & \cdots & 0 & 0 & \cdots & 0 \end{pmatrix},$$

对上述矩阵继续施行第三种列初等变换，把 c_{ij} 变为零，使它变为以下矩阵

$$\begin{pmatrix} 1 & 0 & \cdots & 0 & 0 & \cdots & 0 \\ 0 & 1 & \cdots & 0 & 0 & \cdots & 0 \\ \vdots & \vdots & & \vdots & \vdots & & \vdots \\ 0 & 0 & \cdots & 1 & 0 & \cdots & 0 \\ 0 & 0 & \cdots & 0 & 0 & \cdots & 0 \\ \vdots & \vdots & & \vdots & \vdots & & \vdots \\ 0 & 0 & \cdots & 0 & 0 & \cdots & 0 \end{pmatrix},$$

由此，有定理 2.3.

定理 2.3 一个 $m \times n$ 矩阵 A 总可以通过初等变换化为以下形式的一个矩阵

$$\overline{A} = \begin{pmatrix} E_r & O_{r,n-r} \\ O_{m-r,r} & O_{m-r,n-r} \end{pmatrix},$$

这里 r 等于 A 的秩，$\overline{A}$ 称为 A 的**等价标准形.**

即存在初等矩阵 $Q_1, Q_2, \cdots, Q_1$ 和 $R_1, R_2, \cdots, R_{t1}$ 使 $Q_1, Q_2, \cdots, Q_s A R_1, R_2, \cdots, R_t = \begin{pmatrix} E_r & O \\ O & O \end{pmatrix}$.

简之为，**存在 m 级可逆矩阵 Q 和 n 级可逆矩阵 R，使 $QAR = \begin{pmatrix} E_r & O \\ O & O \end{pmatrix}$.**

注意：当 A 是一个 n 级矩阵时，上面的矩阵 $\overline{A}$ 是一个对角矩阵

$$\begin{pmatrix} 1 & 0 & \cdots & 0 \\ 0 & 1 & \cdots & 0 \\ \vdots & \vdots & & \vdots \\ 0 & 0 & \cdots & 1 \end{pmatrix},$$

即单位矩阵，由此有定理 2.4～定理 2.6.

定理 2.4 n 级矩阵 A 可逆的充要条件是 $A \cong E$.

定理 2.5　n 级矩阵 A 可逆的充要条件是它可以写成初等矩阵的乘积.

证　由 A 可逆

$\Leftrightarrow A$ 可经初等变换化为单位矩阵 E

$\Leftrightarrow$ 存在初等矩阵 $P_1,\cdots P_s,P_{s+1}\cdots P_t$ 使 $A=P_1,\cdots P_s E P_{s+1}\cdots P_t = P_1,\cdots P_s P_{s+1}\cdots P_t$.

定理 2.6　n 级矩阵 A 可逆的充要条件是 A 是满秩矩阵（秩(A) 等于 n）.

证　由 A 可逆

$\Leftrightarrow A$ 可经初等变换化为单位矩阵 E.

$\Leftrightarrow E$ 的秩等于 n 且初等变换不改变矩阵的秩.

$\Leftrightarrow$ 秩$(A)=n$.

而矩阵 A 的秩等于 n 的充要条件是 $|A|\neq0$，由此，有下面的定理 2.7.

定理 2.7　n 级矩阵 A 可逆的充要条件是 $|A|\neq0$.

推论　对角形矩阵

$$A=\begin{pmatrix}a_1&&&\\&a_2&&\\&&\ddots&\\&&&a_n\end{pmatrix}$$

可逆的充要条件是 $a_1 a_2\cdots a_n\neq0$，且

$$\begin{pmatrix}a_1&&&\\&a_2&&\\&&\ddots&\\&&&a_n\end{pmatrix}^{-1}=\begin{pmatrix}a_1^{-1}&&&\\&a_2^{-1}&&\\&&\ddots&\\&&&a_n^{-1}\end{pmatrix}.$$

因为对角形矩阵 A 的行列式 $|A|=a_1 a_2\cdots a_n$，由定理 2.7 知，A 可逆的充要条件是 $a_1 a_2\cdots a_n\neq0$ ，且由

$$\begin{pmatrix}a_1&&&\\&a_2&&\\&&\ddots&\\&&&a_n\end{pmatrix}\begin{pmatrix}a_1^{-1}&&&\\&a_2^{-1}&&\\&&\ddots&\\&&&a_n^{-1}\end{pmatrix}=E,$$

得证.

4. 逆矩阵的求法

知道了矩阵可逆的充要条件，那么下面我们就来研究如何求逆矩阵.

第一种方法：**初等变换法.**

设 A 是一个 n 级可逆矩阵，则秩 $A=n$，即可通过行初等变换化为单位矩阵 E，则存在一系列初等矩阵 $P_1\cdots P_t$，使得 $P_t\cdots P_1 A=E$，则

$$P_t\cdots P_t E=A^{-1}.$$

结论：当 A 经一系列行初等变换化为单位矩阵 E 时，对单位矩阵 E 施行同样的行

初等变换就变成 A^{-1}，即

$$(A \mid E) \xrightarrow{\text{行初等变换}} (E \mid A^{-1}).$$

例 2.12 求矩阵 $A = \begin{pmatrix} 1 & -1 & 3 \\ 2 & -1 & 4 \\ -1 & 2 & -4 \end{pmatrix}$ 的逆矩阵.

解 由 $(A \mid E) = \begin{pmatrix} 1 & -1 & 3 & 1 & 0 & 0 \\ 2 & -1 & 4 & 0 & 1 & 0 \\ -1 & 2 & -4 & 0 & 0 & 1 \end{pmatrix} \xrightarrow{\text{行初等变换}} \begin{pmatrix} 1 & 0 & 0 & -4 & 2 & -1 \\ 0 & 1 & 0 & 4 & -1 & 2 \\ 0 & 0 & 1 & 3 & -1 & 1 \end{pmatrix}$

即 $A^{-1} = \begin{pmatrix} -4 & 2 & -1 \\ 4 & -1 & 2 \\ 3 & -1 & 1 \end{pmatrix}$.

第二种方法：公式法.

对 n 级矩阵 A 可逆来说，$|A| \neq 0$.

又由 $a_{i1}A_{j1} + a_{i2}A_{j2} + \cdots + a_{in}A_{jn} = \begin{cases} |A| & i = j \\ 0 & i \neq j \end{cases}$，$A_{ij}$ 是元素 a_{ij} 的代数余子式.

令

$$A^* = \begin{pmatrix} A_{11} & A_{21} & \cdots & A_{n1} \\ A_{12} & A_{22} & \cdots & A_{n2} \\ \vdots & \vdots & & \vdots \\ A_{1n} & A_{2n} & \cdots & A_{nn} \end{pmatrix},$$

称为矩阵 A 的**伴随矩阵**. 则

$$AA^* = A^*A = \begin{pmatrix} |A| & 0 & \cdots & 0 \\ 0 & |A| & \cdots & 0 \\ \vdots & \vdots & & \vdots \\ 0 & 0 & \cdots & |A| \end{pmatrix} = |A|E.$$

即

$$A^{-1} = \frac{A^*}{|A|}.$$

例 2.13 判断矩阵 $A = \begin{pmatrix} 3 & -1 & 4 \\ 1 & 0 & 0 \\ 2 & 1 & -5 \end{pmatrix}$ 是否可逆，如果可逆求 A^{-1}.

解 由 $|A| = -1 \neq 0$，得 A 可逆，且

$$A_{11} = 0; \qquad A_{12} = 5; \qquad A_{13} = 1;$$
$$A_{21} = -1; \qquad A_{22} = -23; \qquad A_{23} = -5;$$
$$A_{31} = 0; \qquad A_{32} = 4; \qquad A_{33} = 1.$$

则

$$A^* = \begin{pmatrix} 0 & -1 & 0 \\ 5 & -23 & 4 \\ 1 & -5 & 1 \end{pmatrix},$$

所以

$$A^{-1} = \frac{A^*}{|A|} = \begin{pmatrix} 0 & 1 & 0 \\ -5 & 23 & -4 \\ -1 & 5 & -1 \end{pmatrix}.$$

例 2.14 证明：如果矩阵 A 可逆，那么 A^* 也可逆，并求出 A^* 的逆矩阵.

证 由 $AA^* = A^*A = |A| E$，且 A 可逆。

得

$$A \frac{A^*}{|A|} = \frac{A^*}{|A|} A = E.$$

即

$$\frac{A}{|A|} A^* = A^* \frac{A}{|A|} = E.$$

所以 A^* 可逆，且 $(A^*)^{-1} = \frac{A}{|A|}$.

5. 逆矩阵的应用

在第 1 章我们用克拉姆法则解 n 元线性方程组. 这里我们来介绍用**逆矩阵法**解 n 元线性方程组.

设 n 元线性方程组

$$\begin{cases} a_{11}x_1 + a_{12}x_2 + \cdots + a_{1n}x_n = b_1 \\ a_{21}x_1 + a_{22}x_2 + \cdots + a_{2n}x_n = b_2 \\ \vdots \\ a_{n1}x_1 + a_{n2}x_2 + \cdots + a_{nn}x_n = b_n \end{cases},$$

利用它的系数构成一个 $n \times n$ 矩阵

$$A = \begin{pmatrix} a_{11} & a_{12} & \cdots & a_{1n} \\ a_{21} & a_{22} & \cdots & a_{2n} \\ \vdots & \vdots & & \vdots \\ a_{n1} & a_{n2} & \cdots & a_{nn} \end{pmatrix},$$

这个矩阵称为方程组的**系数矩阵**.

设 $X = \begin{pmatrix} x_1 \\ x_2 \\ \vdots \\ x_n \end{pmatrix}$，$B = \begin{pmatrix} b_1 \\ b_2 \\ \vdots \\ b_n \end{pmatrix}$，由矩阵的乘法，上面线性方程组可写成矩阵形式：

$$AX = B.$$

形如这种形式的方程 $AX=B$ 叫做矩阵方程,其中 X 叫做未知数矩阵,B 叫做常数项矩阵.

也就是说,矩阵方程 $AX=B$ 是线性方程组的矩阵表示式. 若方程 $AX=B$ 的系数行列式 $|A|\neq 0$,那么 A 可逆,即存在 A^{-1},则可用 A^{-1} 左乘方程 $AX=B$ 两边,得

$$A^{-1}AX=A^{-1}B\Rightarrow EX=A^{-1}B\Rightarrow X=A^{-1}B.$$

即 $X=A^{-1}B$ 就是方程组的解.

例 2.15 解下列矩阵方程

$$AX=B,\quad YA=B.$$

其中 $A=\begin{pmatrix}1&3\\1&4\end{pmatrix}$,$B=\begin{pmatrix}3&5\\7&9\end{pmatrix}$.

解 由 $|A|=1$,知 A 是一个可逆矩阵,且

$$A^{-1}=\begin{pmatrix}4&-3\\-1&1\end{pmatrix},$$

得

$$X=A^{-1}B=\begin{pmatrix}-9&-7\\4&4\end{pmatrix},\quad Y=BA^{-1}=\begin{pmatrix}7&-4\\19&-12\end{pmatrix}.$$

例 2.16 利用逆矩阵法解线性方程组

$$\begin{cases}x_1+2x_2+x_3=3\\-2x_1+x_2-x_3=-3.\\x_1-4x_2+2x_3=-5\end{cases}$$

解 设

$$A=\begin{pmatrix}1&2&1\\-2&1&-1\\1&-4&2\end{pmatrix},\quad X=\begin{pmatrix}x_1\\x_2\\x_3\end{pmatrix},\quad B=\begin{pmatrix}3\\-3\\-5\end{pmatrix},$$

那么方程组可写成 $AX=B$.

因为 $|A|=\begin{vmatrix}1&2&1\\-2&1&-1\\1&-4&2\end{vmatrix}=11\neq 0$,所以 A^{-1} 存在,

且

$$A^{-1}=\frac{1}{11}\begin{pmatrix}-2&-8&-3\\3&1&-1\\7&6&5\end{pmatrix}.$$

A^{-1} 左乘方程 $AX=B$ 两边得 $X=A^{-1}B$,

即

$$X=\begin{pmatrix}x_1\\x_2\\x_3\end{pmatrix}=\frac{1}{11}\begin{pmatrix}-2&-8&-3\\3&1&-1\\7&6&5\end{pmatrix}\begin{pmatrix}3\\-3\\-5\end{pmatrix}=\begin{pmatrix}3\\1\\-2\end{pmatrix}.$$

即方程组的解为

$$\begin{cases} x_1 = & 3 \\ x_2 = & 1 \\ x_3 = & -2 \end{cases}.$$

6. 矩阵乘积的行列式

引理 2.2　一个 n 级矩阵 A 总可以通过第三种行和列的初等变换化为一个对角矩阵

$$\overline{A} = \begin{pmatrix} d_1 & & & 0 \\ & d_2 & & \\ & & \ddots & \\ 0 & & & d_n \end{pmatrix},$$

并且 $|A| = |\overline{A}| = d_1 d_2 \cdots d_n$.

证　如果 A 的第一行和第一列的元素不全是零，则可通过第三种初等变换使左上角的元素不为零，再通过适当的第三种初等变换可以把 A 化为

$$\begin{pmatrix} d_1 & 0 & \cdots & 0 \\ 0 & & & \\ \vdots & & A_1 & \\ 0 & & & \end{pmatrix}.$$

如果 A 的第一行和第一列的元素都是零，那么 A 已经具有上面的形式. 对 A_1 进行同样的考虑，就可把 A 化为对角形. 根据行列式的性质，我们有

$$|A| = |\overline{A}| = d_1 d_2 \cdots d_n.$$

定理 2.8　设 A，B 是任意两个 n 级矩阵. 那么

$$|AB| = |A||B|.$$

显然，对于 m 个 n 级矩阵 $A_1, A_2, \cdots, A_m$ 来说，也总有

$$|A_1 A_2 \cdots A_m| = |A_1||A_2| \cdots |A_m|.$$

由定理 2.8，我们可以得出如下两个结论：

(1) 设 A 和 B 是 n 级矩阵，如果 $AB = E$，则 A、B 互为逆矩阵.

因为，由 $AB = E$，得 $|AB| = |E| = 1$，则 $|A||B| = 1 \neq 0$，

所以，$|A| \neq 0$，$|B| \neq 0$，由此，可知 A、B 都是可逆矩阵，且互为逆矩阵.

(2) 如果 n 级矩阵 A 可逆，则有 $|A^{-1}| = |A|^{-1}$.

由 A 可逆，有 $AA^{-1} = A^{-1}A = E$，则有 $|AA^{-1}| = |A^{-1}A| = |E| = 1$.

又由定理 2.8，得 $|A||A^{-1}| = |A^{-1}||A| = 1$，因为 A 可逆，所以 $|A| \neq 0$，即 $|A^{-1}| = \dfrac{1}{|A|} = |A|^{-1}$，得证.

例 2.17　设 $A = \begin{pmatrix} 3 & 4 & 0 & 0 \\ 1 & 1 & 0 & 0 \\ 298 & 22 & 3 & -2 \\ -35 & 79 & 5 & -3 \end{pmatrix}$ 求 $(A^*)^*$.

解 由 $|A| = -1 \neq 0$

得 A 可逆，即 $A^{-1} = \dfrac{A^*}{|A|} \Rightarrow A^* = |A|A^{-1}$. 又由 A^* 可逆 $\Rightarrow (A^*)^{-1} = \dfrac{(A^*)^*}{|A^*|}$. 即

$$(A^*)^* = |A^*|(A^*)^{-1} = ||A|A^{-1}|\,(|A|A^{-1})^{-1}$$
$$= |A|^4 \cdot |A|^{-1} \cdot |A|^{-1} \cdot (A^{-1})^{-1} = |A|^2 A = A.$$

由例 2.16 可得出如下结论：

对任一 $n \times n$ 矩阵（$n > 2$），有 $(A^*)^* = |A|^{n-2}A$.

例 2.18 设 n 级矩阵 A，且 $AA' = E$，证明：$|A| = \pm 1$ 且当 $|A| = -1$ 时，$|E + A| = 0$.

证 因为

$$AA' = E.$$

所以

$$|AA'| = |E| \Rightarrow |A||A'| = |E| = 1 \Rightarrow |A|^2 = 1, \text{ 即 } |A| = \pm 1.$$

当 $|A| = -1$ 时，$|A'| = -1$.

由

$$(E + A)A' = A' + E = (E + A)'$$
$$\Rightarrow |(E + A)A'| = |(E + A)'| = |E + A|$$
$$\Rightarrow |E + A||A'| = |E + A| \Rightarrow |E + A| = 0.$$

例 2.19 已知方阵 A 满足 $A^2 - A - 2E = O$，证明：A 和 $E - A$ 都可逆，并求出它们的逆矩阵.

证 由

$$A^2 - A - 2E = O \Rightarrow A(A - E) = 2E$$
$$\Rightarrow |A(A - E)| = |2E| \neq 0$$
$$\Rightarrow |A| \neq 0, \ |A - E| \neq 0 \Rightarrow A \text{ 和 } E - A \text{ 可逆}.$$

又由

$$A(A - E) = 2E \Rightarrow A^{-1} = \frac{1}{2}(A - E)$$

且

$$-\frac{1}{2}A(E - A) = E \Rightarrow (E - A)^{-1} = -\frac{1}{2}A.$$

7. 矩阵乘积的秩

定理 2.9 两个矩阵乘积的秩不大于每一因子的秩. 特别，当有一个因子是可逆矩阵时，乘积的秩等于另一因子的秩.

即秩$(AB) \leqslant \min\{$秩(A)，秩$(B)\}$，且若 Q 和 R 是可逆矩阵，则秩$(QA) =$ 秩$(A) =$ 秩(AR).

这个定理也很容易推广到任意 m 个矩阵的乘积的情形. 任意 m 个矩阵乘积的秩不

大于每一因子的秩.

例 2.20　(1) 设 $A = \begin{bmatrix} a_1 & b_1 \\ a_2 & b_2 \\ a_3 & b_3 \end{bmatrix}$，证明：$AA'$ 不是可逆矩阵.

(2) A 是一个 $m \times n$ 矩阵，证明：只要 $n < m$，AA' 就不可逆.

证　(1) 由秩 $(AA') \leqslant$ 秩 $(A) \leqslant 2 < 3$，得 AA' 不可逆.

(2) 由 (1) 知，当 $n < m$，秩 $(AA') \leqslant$ 秩 $(A) \leqslant n < m$，而 AA' 是 m 级方阵，所以 AA' 不可逆.

2.4　矩阵的分块

矩阵的分块是一个处理级数较高的矩阵时常用的方法. 把一个大矩阵看成是由一些小矩阵组成的，在运算中，把这些小矩阵当作数一样来处理. 这就是矩阵的分块.

设 A 是一个矩阵. 我们在它的行或列之间加上一些线，把这个矩阵分成若干小块.

例如，设 A 是一个 4×3 矩阵

$$A = \begin{bmatrix} a_{11} & a_{12} & a_{13} \\ a_{21} & a_{22} & a_{23} \\ a_{31} & a_{32} & a_{33} \\ a_{41} & a_{42} & a_{43} \end{bmatrix}.$$

可以如下地把它分成四块：

$$A = \left[\begin{array}{c|cc} a_{11} & a_{12} & a_{13} \\ a_{21} & a_{22} & a_{23} \\ \hline a_{31} & a_{32} & a_{33} \\ a_{41} & a_{42} & a_{43} \end{array} \right].$$

用这种方法被分成若干小块的矩阵叫做一个**分块矩阵**.

上面的分块矩阵 A 是由以下四个矩阵组成.

$$A_{11} = \begin{bmatrix} a_{11} \\ a_{21} \end{bmatrix}, \qquad A_{12} = \begin{bmatrix} a_{12} & a_{13} \\ a_{22} & a_{23} \end{bmatrix}.$$

$$A_{21} = \begin{bmatrix} a_{31} \\ a_{41} \end{bmatrix}, \qquad A_{22} = \begin{bmatrix} a_{32} & a_{33} \\ a_{42} & a_{43} \end{bmatrix}.$$

可以把 A 简单地写成

$$A = \begin{bmatrix} A_{11} & A_{12} \\ A_{21} & A_{22} \end{bmatrix}.$$

一个矩阵，可以有各种不同的分块方法. 如，可以把上面的矩阵 A 分成两块：

$$A = \begin{pmatrix} a_{11} & a_{12} & a_{13} \\ a_{21} & a_{22} & a_{23} \\ a_{31} & a_{32} & a_{33} \\ \hline a_{41} & a_{42} & a_{43} \end{pmatrix}$$

或者分成六块

$$A = \left(\begin{array}{cc|c} a_{11} & a_{12} & a_{13} \\ a_{21} & a_{22} & a_{23} \\ \hline a_{31} & a_{32} & a_{33} \\ \hline a_{41} & a_{42} & a_{43} \end{array} \right)$$

等. 每一个分块的方法叫做 A 的一种分法.

1. 分块矩阵的加减法与数乘

如果 A , B 是两个 $m \times n$ 的矩阵, 并且对于 A , B 都用同样的分法来分块:

$$A = \begin{pmatrix} A_{11} & A_{12} & \cdots & A_{1q} \\ A_{21} & A_{22} & \cdots & A_{2q} \\ \vdots & \vdots & & \vdots \\ A_{p1} & A_{p2} & \cdots & A_{pq} \end{pmatrix}, \quad B = \begin{pmatrix} B_{11} & \cdots & B_{1q} \\ \vdots & & \vdots \\ B_{p1} & \cdots & B_{pq} \end{pmatrix}.$$

而 a 是一个数, 那么

$$A \pm B = \begin{pmatrix} A_{11} \pm B_{11} & \cdots & A_{1q} \pm B_{1q} \\ \vdots & & \vdots \\ A_{p1} \pm B_{p1} & \cdots & A_{pq} \pm B_{pq} \end{pmatrix}, \quad aA = \begin{pmatrix} aA_{11} & \cdots & aA_{1q} \\ \vdots & & \vdots \\ aA_{p1} & \cdots & aA_{pq} \end{pmatrix}.$$

即两个同类的矩阵 A, B, 如果按同一种分法进行分块, 那么 A 与 B 相加时, 只需把对应位置的小块相加. 用一个数乘一个分块矩阵时, 只需用这个数遍乘各小块. 分块矩阵的加法跟数乘就与矩阵加法和数乘一样.

2. 分块矩阵的乘法

设

$$A = \left(\begin{array}{cc|c} a_{11} & a_{12} & a_{13} \\ a_{21} & a_{22} & a_{23} \\ \hline a_{31} & a_{32} & a_{33} \\ a_{41} & a_{42} & a_{43} \end{array} \right) = \begin{pmatrix} A_{12} & A_{13} \\ A_{22} & A_{23} \end{pmatrix},$$

$$B = \left(\begin{array}{cc} b_{11} & b_{12} \\ b_{21} & b_{22} \\ \hline b_{31} & b_{32} \end{array} \right) = \begin{pmatrix} B_{11} \\ B_{21} \end{pmatrix}.$$

把各个小块看成矩阵的元素, 然后按照通常矩阵乘法把它们相乘. 用式子写出, 就是

$$AB = \begin{pmatrix} A_{12} & A_{13} \\ A_{22} & A_{23} \end{pmatrix} \begin{pmatrix} B_{11} \\ B_{21} \end{pmatrix} = \begin{pmatrix} A_{12}B_{11} + A_{13}B_{21} \\ A_{22}B_{11} + A_{23}B_{21} \end{pmatrix} = \begin{pmatrix} C_{11} \\ C_{21} \end{pmatrix}.$$

一般地说，设 $A = (a_{ij})$ 是一个 $m \times n$ 矩阵，$B = (b_{ij})$ 是一个 $n \times p$ 矩阵. 把 A 和 B 如下地分块，使 A 的列的分法和 B 的行的分法一致：

$$
A = \begin{matrix} & \begin{matrix} n_1 & n_2 & \cdots & n_s \end{matrix} & \\ \begin{pmatrix} A_{11} & A_{12} & \cdots & A_{1s} \\ A_{21} & A_{22} & \cdots & A_{2s} \\ \vdots & \vdots & & \vdots \\ A_{r1} & A_{r2} & \cdots & A_{rs} \end{pmatrix} & \begin{matrix} m_1 \\ m_2 \\ \vdots \\ m_r \end{matrix} \end{matrix}, \tag{2.3}
$$

$$
B = \begin{matrix} & \begin{matrix} p_1 & p_2 & \cdots & p_t \end{matrix} & \\ \begin{pmatrix} B_{11} & B_{12} & \cdots & B_{1t} \\ B_{21} & B_{22} & \cdots & B_{2t} \\ \vdots & \vdots & & \vdots \\ B_{s1} & B_{s2} & \cdots & B_{st} \end{pmatrix} & \begin{matrix} n_1 \\ n_2 \\ \vdots \\ n_s \end{matrix} \end{matrix}. \tag{2.4}
$$

矩阵右面的数 m_1，m_2，$\cdots$，m_s 和 n_1，n_2，$\cdots$，n_s 分别表示它们左边的小块矩阵的行数，而矩阵上面的数 n_1，n_2，$\cdots$，n_s 和 p_1，p_2，$\cdots$，p_t 分别表示它们下边的小块矩阵的列数，因而

$$
m_1 + m_2 + \cdots + m_s = m,
$$
$$
n_1 + n_2 + \cdots + n_s = n,
$$
$$
p_1 + p_2 + \cdots + p_t = p.
$$

那么

$$
C = \begin{matrix} & \begin{matrix} p_1 & p_2 & \cdots & p_t \end{matrix} & \\ \begin{pmatrix} C_{11} & C_{12} & \cdots & C_{1t} \\ C_{21} & C_{22} & \cdots & C_{2} \\ \vdots & \vdots & & \vdots \\ C_{r1} & C_{r2} & \cdots & C_{rt} \end{pmatrix} & \begin{matrix} m_1 \\ m_2 \\ \vdots \\ m_r \end{matrix} \end{matrix}
$$

这里

$$
C_{ij} = A_{i1}B_{1j} + \cdots + A_{is}B_{sj} \quad i = 1, \cdots, r; \ j = 1, \cdots, t.
$$

这个结果可由矩阵乘积的定义直接验证即得.

注意：在分块矩阵式（2.3），式（2.4）中矩阵 A 的列的分法必须与矩阵 B 的行的分法一致.

以下会看到，在分块之后，矩阵间相互的关系看得更清楚.

例 2.21　设

$$
A = \begin{pmatrix} 1 & 0 & 0 & 0 \\ 0 & 1 & 0 & 0 \\ -2 & 3 & 1 & 0 \\ -1 & 1 & 0 & 1 \end{pmatrix}, \quad B = \begin{pmatrix} 1 & -1 & 3 & 2 \\ -2 & 2 & 0 & 1 \\ 2 & 1 & 3 & 0 \\ -1 & -2 & 2 & 1 \end{pmatrix}.
$$

为了求乘积 AB，我们可以对 A, B 如下地分块：

$$A = \begin{pmatrix} 1 & 0 & 0 & 0 \\ 0 & 1 & 0 & 0 \\ -2 & 3 & 1 & 0 \\ -1 & 1 & 0 & 1 \end{pmatrix} = \begin{pmatrix} E & O \\ A_1 & E \end{pmatrix}.$$

这里 E 是二级单位矩阵, O 是二级零矩阵.

$$B = \begin{pmatrix} 1 & -1 & 3 & 2 \\ -2 & 2 & 0 & 1 \\ 2 & 1 & 3 & 0 \\ -1 & -2 & 2 & 1 \end{pmatrix} = \begin{pmatrix} B_1 & B_2 \\ B_3 & B_4 \end{pmatrix}.$$

按分块矩阵的乘法,
有

$$AB = \begin{pmatrix} B_1 & B_2 \\ A_1B_1 + B_3 & A_1B_2 + B_4 \end{pmatrix}.$$

这里

$$A_1B_1 + B_3 = \begin{pmatrix} -2 & 3 \\ -1 & 1 \end{pmatrix} \begin{pmatrix} 1 & -1 \\ -2 & 2 \end{pmatrix} + \begin{pmatrix} 2 & 1 \\ -1 & -2 \end{pmatrix} = \begin{pmatrix} -6 & 9 \\ -4 & 1 \end{pmatrix}.$$

$$A_1B_2 + B_4 = \begin{pmatrix} -2 & 3 \\ -1 & 1 \end{pmatrix} \begin{pmatrix} 3 & 2 \\ 0 & 1 \end{pmatrix} + \begin{pmatrix} 3 & 0 \\ 2 & 1 \end{pmatrix} = \begin{pmatrix} -3 & -1 \\ -1 & 0 \end{pmatrix}.$$

因此

$$AB = \begin{pmatrix} 1 & -1 & 3 & 2 \\ -2 & 2 & 0 & 1 \\ -6 & 7 & -3 & -1 \\ -4 & 1 & -1 & 0 \end{pmatrix}.$$

3. 分块矩阵的转置

设

$$A = \begin{pmatrix} A_{11} & A_{12} \\ A_{21} & A_{22} \end{pmatrix}.$$

那么

$$A' = \begin{pmatrix} A'_{11} & A'_{22} \\ A'_{12} & A'_{22} \end{pmatrix}.$$

一般有

$$A = \begin{matrix} & n_1 & n_2 & \cdots & n_s & \\ & \begin{pmatrix} A_{11} & A_{12} & \cdots & A_{1s} \\ A_{21} & A_{22} & \cdots & A_{2s} \\ \vdots & \vdots & & \vdots \\ A_{r1} & A_{r2} & \cdots & A_{rs} \end{pmatrix} & \begin{matrix} m_1 \\ m_2, \\ \vdots \\ m_r \end{matrix} \end{matrix}$$

那么

$$A' = \begin{pmatrix} A'_{11} & A'_{21} & \cdots & A'_{r1} \\ A'_{12} & A'_{22} & \cdots & A'_{r2} \\ \vdots & \vdots & & \vdots \\ A'_{1s} & A'_{2s} & \cdots & A'_{rs} \end{pmatrix}.$$

4. 常见的分块矩阵的逆矩阵

例 2.22 求矩阵

$$D = \begin{pmatrix} a_{11} & \cdots & a_{1k} & 0 & \cdots & 0 \\ \vdots & & \vdots & \vdots & & \vdots \\ a_{k1} & \cdots & a_{kk} & 0 & \cdots & 0 \\ c_{11} & \cdots & c_{1k} & b_{11} & \cdots & b_{1r} \\ \vdots & & \vdots & \vdots & & \vdots \\ c_{r1} & \cdots & c_{rk} & b_{r1} & \cdots & b_{rr} \end{pmatrix} = \begin{pmatrix} A & O \\ C & B \end{pmatrix}$$

的逆矩阵，其中 A, B 分别是 k 级和 r 级的可逆矩阵，C 是 $r \times k$ 矩阵，O 是 $k \times r$ 零矩阵.

解 先假定 D 有逆矩阵 X，将 X 按 D 的分法进行分块：

$$X = \begin{pmatrix} X_{11} & X_{12} \\ X_{21} & X_{22} \end{pmatrix},$$

那么应该有

$$\begin{pmatrix} A & O \\ C & B \end{pmatrix} \begin{pmatrix} X_{11} & X_{12} \\ X_{21} & X_{22} \end{pmatrix} = \begin{pmatrix} E_k & O \\ O & E_r \end{pmatrix},$$

这里 E_k, E_r 分别是 k 级和 r 级单位矩阵，乘出并比较等式两边，得

$$\begin{cases} AX_{11} = E_k \\ AX_{12} = O \\ CX_{11} + BX_{21} = O \\ CX_{12} + BX_{22} = E_r \end{cases},$$

由第一、二式得

$$X_{11} = A^{-1}, X_{12} A^{-1} O = O,$$

代入第四式，得

$$X_{22} = B^{-1},$$

代入第三式，得

$$BX_{21} = -CX_{11} = -CA^{-1}, X_{21} = -B^{-1}CA^{-1}.$$

因此

$$D^{-1} = \begin{pmatrix} A^{-1} & O \\ -B^{-1}CA^{-1} & B^{-1} \end{pmatrix}.$$

依照例 2.22 求法，我们还可得如下结论：

（1）当 $D = \begin{pmatrix} A & C \\ O & B \end{pmatrix}$，$A, B$ 分别是 k 级和 r 级的可逆矩阵，C 是 $k \times r$ 矩阵，O 是 $r \times k$ 零矩阵时，D 也可逆，$D^{-1} = \begin{pmatrix} A^{-1} & -A^{-1}CB^{-1} \\ O & B^{-1} \end{pmatrix}$.

（2）当 A, B 分别是 k 级和 r 级的可逆矩阵，O 是零矩阵时，有

① $\begin{pmatrix} A & O \\ O & B \end{pmatrix}^{-1} = \begin{pmatrix} A^{-1} & O \\ O & B^{-1} \end{pmatrix}$.

② $\begin{pmatrix} O & A \\ B & O \end{pmatrix}^{-1} = \begin{pmatrix} O & B^{-1} \\ A^{-1} & O \end{pmatrix}$.

5. 准对角矩阵

形式如 $\begin{pmatrix} A_1 & & & O \\ & A_2 & & \\ & & \ddots & \\ O & & & A_s \end{pmatrix}$ 的分块矩阵，其中 A_i 是一个 n_i 级方阵，通常称为**准对**

角矩阵.

对于两个有相同分块的准对角矩阵

$$A = \begin{pmatrix} A_1 & & & O \\ & A_2 & & \\ & & \ddots & \\ O & & & A_t \end{pmatrix}, \quad B = \begin{pmatrix} B_1 & & & O \\ & B_2 & & \\ & & \ddots & \\ O & & & B_t \end{pmatrix}.$$

如果它们相应的分块是同级的，那么显然有

$$AB = \begin{pmatrix} A_1 B_1 & & & O \\ & A_2 B_2 & & \\ & & \ddots & \\ O & & & A_t B_t \end{pmatrix},$$

$$A + B = \begin{pmatrix} A_1 + B_1 & & & O \\ & A_2 + B_2 & & \\ & & \ddots & \\ O & & & A_t + B_t \end{pmatrix}.$$

它们还是准对角矩阵.

如果每一 A_i 都是可逆矩阵，那么 A 也可逆，且

$$A^{-1} = \begin{pmatrix} A_1 & & & O \\ & A_2 & & \\ & & \ddots & \\ O & & & A_t \end{pmatrix}^{-1} = \begin{pmatrix} A_1^{-1} & & & O \\ & A_2^{-1} & & \\ & & \ddots & \\ O & & & A_t^{-1} \end{pmatrix}.$$

结论：A,B 分别是 k 级矩阵和 r 级矩阵，C 是 $k \times r$ 矩阵，O 是零矩阵.

(1) $\begin{vmatrix} A & O \\ O & B \end{vmatrix} = |A| \cdot |B|$，因为 $\begin{pmatrix} A & O \\ O & B \end{pmatrix} = \begin{pmatrix} A & O \\ O & E \end{pmatrix} \begin{pmatrix} E & O \\ O & B \end{pmatrix}$，所以 $\begin{vmatrix} A & O \\ O & B \end{vmatrix} =$

$\begin{vmatrix} A & O \\ O & E \end{vmatrix} \begin{vmatrix} E & O \\ O & B \end{vmatrix} = |A| \, |B|$. 由此可得一般情形

$$\begin{vmatrix} A_1 & & & O \\ & A_2 & & \\ & & \ddots & \\ O & & & A_s \end{vmatrix} = |A_1| \cdot |A_2| \cdots |A_t|.$$

(2) $\begin{vmatrix} A & O \\ C & B \end{vmatrix} = |A| \cdot |B|$. 由 $\begin{pmatrix} A & O \\ C & B \end{pmatrix} = \begin{pmatrix} A & O \\ C & E \end{pmatrix} \begin{pmatrix} E & O \\ O & B \end{pmatrix}$ 可得到.

(3) $\begin{vmatrix} O & A \\ B & O \end{vmatrix} = (-1)^{kr} |A| \cdot |B|$，将行列式 $\begin{vmatrix} O & A \\ B & O \end{vmatrix}$ 的后 r 行依次与前 k 行交换，

每交换一次改变符号，于是得

$$\begin{vmatrix} O & A \\ B & O \end{vmatrix} = (-1)^{kr} \begin{vmatrix} B & O \\ O & A \end{vmatrix},$$

即可得证.

6. 分块矩阵的初等变换

定义 2.13 设 A 是一个分块矩阵，对 A 进行如同矩阵一样的三种初等变换称为分块矩阵的**广义初等变换**.

现将某个单位矩阵进行如下分块：

$$\begin{pmatrix} E_m & O \\ O & E_n \end{pmatrix}$$

(1) 对它进行两行（列）对换，得 $\begin{pmatrix} O & E_n \\ E_m & O \end{pmatrix}$ 或 $\begin{pmatrix} O & E_m \\ E_n & O \end{pmatrix}$，称为**换法块阵**.

(2) 某一行（列）左乘（右乘）一个矩阵 P，得 $\begin{pmatrix} P & O \\ O & E_n \end{pmatrix}$ 或 $\begin{pmatrix} E_m & O \\ O & P \end{pmatrix}$，称为**倍法块阵**.

(3) 一行（列）的 P（矩阵）倍数加上另一行（列），得 $\begin{pmatrix} E_m & P \\ O & E_n \end{pmatrix}$ 或 $\begin{pmatrix} E_m & O \\ P & E_n \end{pmatrix}$，称为**消法块阵**.

以上三种矩阵统称为**广义初等矩阵**，它们乘矩阵的作用同初等矩阵一样：左乘变行，右乘变列. 如用这些矩阵左乘任一个分块矩阵 $\begin{pmatrix} A & B \\ C & D \end{pmatrix}$，只要分块乘法能够进行，其结果就是对它进行相应的行初等变换：

$$\begin{pmatrix} O & E_m \\ E_n & O \end{pmatrix}\begin{pmatrix} A & B \\ C & D \end{pmatrix} = \begin{pmatrix} C & D \\ A & B \end{pmatrix};$$

$$\begin{pmatrix} P & O \\ O & E_n \end{pmatrix}\begin{pmatrix} A & B \\ C & D \end{pmatrix} = \begin{pmatrix} PA & PB \\ C & D \end{pmatrix};$$

$$\begin{pmatrix} E_m & O \\ P & E_n \end{pmatrix}\begin{pmatrix} A & B \\ C & D \end{pmatrix} = \begin{pmatrix} A & B \\ C+PA & D+PB \end{pmatrix}.$$

我们下面来看一个例题.

例 2.23 设 $M=\begin{pmatrix} A & B \\ C & D \end{pmatrix}$，$A$，$B$，$C$，$D$ 均为 n 级方阵，P 是任一 n 级方阵，求证：

(1) $|P|\begin{vmatrix} A & B \\ C & D \end{vmatrix} = \begin{vmatrix} PA & PB \\ C & D \end{vmatrix} = \begin{vmatrix} AP & B \\ CP & D \end{vmatrix}.$

(2) $\begin{vmatrix} A & B \\ C & D \end{vmatrix} = \begin{vmatrix} A & B \\ PA+C & PB+D \end{vmatrix} = \begin{vmatrix} A & AP+B \\ C & CP+D \end{vmatrix}.$

证明 (1) 由

$$\begin{pmatrix} P & O \\ O & E \end{pmatrix}\begin{pmatrix} A & B \\ C & D \end{pmatrix} = \begin{pmatrix} PA & PB \\ C & D \end{pmatrix},\quad \begin{pmatrix} A & B \\ C & D \end{pmatrix}\begin{pmatrix} P & O \\ O & E \end{pmatrix} = \begin{pmatrix} AP & B \\ CP & D \end{pmatrix}.$$

得

$$\left|\begin{pmatrix} P & O \\ O & E \end{pmatrix}\begin{pmatrix} A & B \\ C & D \end{pmatrix}\right| = \begin{vmatrix} PA & PB \\ C & D \end{vmatrix},\quad \left|\begin{pmatrix} A & B \\ C & D \end{pmatrix}\begin{pmatrix} P & O \\ O & E \end{pmatrix}\right| = \begin{vmatrix} AP & B \\ CP & D \end{vmatrix} \Rightarrow \begin{vmatrix} P & O \\ O & E \end{vmatrix}\begin{vmatrix} A & B \\ C & D \end{vmatrix}$$

$$= \begin{vmatrix} PA & PB \\ C & D \end{vmatrix},\quad \begin{vmatrix} A & B \\ C & D \end{vmatrix}\begin{vmatrix} P & O \\ O & E \end{vmatrix} = \begin{vmatrix} AP & B \\ CP & D \end{vmatrix} \Rightarrow |P|\begin{vmatrix} A & B \\ C & D \end{vmatrix}$$

$$= \begin{vmatrix} PA & PB \\ C & D \end{vmatrix} = \begin{vmatrix} AP & B \\ CP & D \end{vmatrix}.$$

(2) 由

$$\begin{pmatrix} E & O \\ P & E \end{pmatrix}\begin{pmatrix} A & B \\ C & D \end{pmatrix} = \begin{pmatrix} A & B \\ PA+C & PB+D \end{pmatrix},\quad \begin{pmatrix} A & B \\ C & D \end{pmatrix}\begin{pmatrix} E & P \\ O & E \end{pmatrix} = \begin{pmatrix} A & AP+B \\ C & CP+D \end{pmatrix}.$$

得

$$\left|\begin{pmatrix} E & O \\ P & E \end{pmatrix}\begin{pmatrix} A & B \\ C & D \end{pmatrix}\right| = \begin{vmatrix} A & B \\ PA+C & PB+D \end{vmatrix},\quad \left|\begin{pmatrix} A & B \\ C & D \end{pmatrix}\begin{pmatrix} E & P \\ O & E \end{pmatrix}\right| = \begin{vmatrix} A & AP+B \\ C & CP+D \end{vmatrix}$$

$$\Rightarrow \begin{vmatrix} E & O \\ P & E \end{vmatrix}\begin{vmatrix} A & B \\ C & D \end{vmatrix} = \begin{vmatrix} A & B \\ PA+C & PB+D \end{vmatrix},\quad \begin{vmatrix} A & B \\ C & D \end{vmatrix}\begin{vmatrix} E & P \\ O & E \end{vmatrix} = \begin{vmatrix} A & AP+B \\ C & CP+D \end{vmatrix}$$

$$\Rightarrow \begin{vmatrix} A & B \\ C & D \end{vmatrix} = \begin{vmatrix} A & B \\ PA+C & PB+D \end{vmatrix} = \begin{vmatrix} A & AP+B \\ C & CP+D \end{vmatrix}.$$

由上面例题可知，同样可以进行分块矩阵的行列式计算.

例 2.24 证明：$|A+BC| = |A|(1+CA^{-1}B)$，其中 A 是 $n\times n$ 可逆矩阵，B 是 $n\times 1$ 矩阵，C 是 $1\times n$ 矩阵. 并以此计算行列式

$$\begin{vmatrix} 1+a_1b_1 & a_2b_2 & \cdots & a_1b_n \\ a_2b_1 & 1+a_2b_2 & \cdots & a_2b_n \\ \vdots & \vdots & & \vdots \\ a_nb_1 & a_nb_2 & \cdots & 1+a_nb_n \end{vmatrix}.$$

证　设分块矩阵 $\begin{pmatrix} A & -B \\ C & 1 \end{pmatrix}$，于是有

$$\begin{vmatrix} A & -B \\ C & 1 \end{vmatrix} \xlongequal{-CA^{-1}\times(1)+(2)} \begin{vmatrix} A & -B \\ O & 1+CA^{-1}B \end{vmatrix} = |A|(1+CA^{-1}B),$$

又由

$$\begin{vmatrix} A & -B \\ C & 1 \end{vmatrix} \xlongequal{B\times(2)+(1)} \begin{vmatrix} A+BC & O \\ C & 1 \end{vmatrix} = |A+BC|,\text{得证.}$$

因此

$$\begin{vmatrix} 1+a_1b_1 & a_2b_2 & \cdots & a_1b_n \\ a_2b_1 & 1+a_2b_2 & \cdots & a_2b_n \\ \vdots & \vdots & & \vdots \\ a_nb_1 & a_nb_2 & \cdots & 1+a_nb_n \end{vmatrix} = \begin{vmatrix} E + \begin{pmatrix} a_1 \\ a_2 \\ \vdots \\ a_n \end{pmatrix} (b_1 \quad b_2 \quad \cdots \quad b_n) \end{vmatrix}$$

$$= |E|\left| 1 + (b_1 \quad b_2 \quad \cdots \quad b_n)E^{-1}\begin{pmatrix} a_1 \\ a_2 \\ \vdots \\ a_n \end{pmatrix} \right| = |E|(1+b_1a_1+b_2a_2+\cdots+b_na_n)$$

$$= 1 + b_1a_1 + b_2a_2 + \cdots + b_na_n.$$

还可用分块矩阵来计算矩阵的秩.

例 2.25　设 A,E 是 n 级矩阵，证明：$A^2 = A \Leftrightarrow$ 秩$(E-A)$ + 秩$(A) = n$.

证　设 $H = \begin{pmatrix} A & O \\ O & E-A \end{pmatrix}$，对 H 进行广义初等变换如下：

$$H = \begin{pmatrix} A & O \\ O & E-A \end{pmatrix} \xrightarrow{E\times(1)+(2)} \begin{pmatrix} A & O \\ A & E-A \end{pmatrix} \xrightarrow{E\times(1)+(2)} \begin{pmatrix} A & A \\ A & E \end{pmatrix} \xrightarrow{-A+(2)+(1)}$$

$$\begin{pmatrix} A-A^2 & A \\ O & E \end{pmatrix} \xrightarrow{-A\times(2)+(1)} \begin{pmatrix} A-A^2 & O \\ O & E \end{pmatrix} = H_1.$$

则秩(H) = 秩(H_1)，

"⇒" 因为 $A^2 = A$. 所以 秩(H) = 秩(H_1) = 秩(E) = n，故秩$(E-A)$ + 秩(A) = 秩(H) = n.

"⇐" 因为 秩(H) = 秩$(E-A)$ + 秩(A) = n，所以 秩(H_1) = n = 秩(E). 则，秩$(A-A^2)$ = 0，即，$A^2 = A$.

习 题 2

1. 设

$$A = \begin{pmatrix} 3 & 1 & 1 \\ 2 & 1 & 2 \\ 1 & 2 & 3 \end{pmatrix}, B = \begin{pmatrix} 1 & 1 & -1 \\ 2 & -1 & 0 \\ 1 & 0 & 1 \end{pmatrix}.$$

计算 $AB, AB - BA$.

2. 计算.

(1) $\begin{pmatrix} 2 & 1 & 1 \\ 3 & 1 & 0 \\ 0 & 1 & 2 \end{pmatrix}^2$; (2) $\begin{pmatrix} 3 & 2 \\ -4 & -2 \end{pmatrix}^5$; (3) $\begin{pmatrix} 1 & 1 \\ 0 & 1 \end{pmatrix}^n$;

(4) $(2,3,-1) \begin{pmatrix} 1 \\ -1 \\ -1 \end{pmatrix}$, $\begin{pmatrix} 1 \\ -1 \\ -1 \end{pmatrix} (2,3,-1)$; (5) $(x,y,1) \begin{pmatrix} a_{11} & a_{12} & b_1 \\ a_{12} & a_{22} & b_2 \\ b_1 & b_2 & c \end{pmatrix} \begin{pmatrix} x \\ y \\ 1 \end{pmatrix}$.

3. 如果 $AB = BA, AC = CA$，证明：$A(B+C) = (B+C)A; A(BC) = (BC)A$.

4. 如果 $A = \frac{1}{2}(B+E)$，证明：$A^2 = A$ 当且仅当 $B^2 = E$.

5. 证明：如果 A 是实对称矩阵且 $A^2 = O$，那么 $A = O$.

6. 设 A,B 都是 $n \times n$ 的对称矩阵，证明 AB 也对称当且仅当 A,B 可交换.

7. 证明：任一 $n \times n$ 矩阵都可表为一对称矩阵与一反对称矩阵之和. 且表示法唯一.

8. 设 A,B 都是 $n \times n$ 反对称矩阵，证明：当且仅当 $AB = -BA$，AB 也反对称.

9. 令 A 是任意 $n \times n$ 矩阵，而 E 是 n 级单位矩阵，证明

$$(E-A)(E+A+A^2+\cdots+A^{m-1}) = E - A^m.$$

10. 已知矩阵 $B = (1,2,3)$，$C = \left(1, \frac{1}{2}, \frac{1}{3}\right)$，又矩阵 $A = B'C$，求 A^n.

11. 用二种方法求下列矩阵的秩.

(1) $\begin{pmatrix} 1 & 1 & 3 \\ 1 & -4 & -2 \\ 2 & 7 & 11 \end{pmatrix}$; (2) $\begin{pmatrix} 1 & 1 & 2 & 5 & 7 \\ 1 & 2 & 3 & 7 & 10 \\ 1 & 3 & 4 & 9 & 13 \\ 1 & 4 & 5 & 11 & 16 \end{pmatrix}$; (3) $\begin{pmatrix} 1 & 2 & 1 \\ 3 & 4 & -2 \\ 5 & -3 & 1 \end{pmatrix}$;

(4) $\begin{pmatrix} 1 & 2 & 0 & 0 & 1 \\ 0 & 6 & 2 & 4 & 10 \\ 1 & 11 & 3 & 6 & 16 \\ 1 & -19 & -7 & -14 & -34 \end{pmatrix}$; (5) $\begin{pmatrix} 1 & 1 & 0 & -3 & -1 \\ 1 & -1 & 2 & -1 & 0 \\ 4 & -2 & 6 & 3 & -4 \\ 2 & 4 & -2 & 4 & -7 \end{pmatrix}$.

12. 设

$(1)\ A = \begin{pmatrix} 1 & 2 & 3 \\ 2 & 2 & 1 \\ 3 & 4 & 3 \end{pmatrix}$; $(2)\ A = \begin{pmatrix} 1 & 1 & 1 \\ 2 & 5 & 4 \\ 2 & 1 & 2 \end{pmatrix}$;

$(3)\ A = \begin{pmatrix} 1 & 1 & 1 & 1 \\ 1 & 1 & -1 & -1 \\ 1 & -1 & 1 & -1 \\ 1 & -1 & -1 & 1 \end{pmatrix}$; $(4)\ A = \begin{pmatrix} 1 & 2 & 3 & 4 \\ 2 & 3 & 1 & 2 \\ 1 & 1 & 1 & -1 \\ 1 & 0 & -2 & -6 \end{pmatrix}$.

求 A^{-1}.

13. 求矩阵 X.

$(1)\ \begin{pmatrix} 2 & 5 \\ 1 & 3 \end{pmatrix} X = \begin{pmatrix} 4 & -6 \\ 2 & 1 \end{pmatrix}$.

$(2)\ X = AX + B$，其中，$A = \begin{pmatrix} 0 & 1 & 0 \\ -1 & 1 & 1 \\ -1 & 0 & 1 \end{pmatrix}$，$B = \begin{pmatrix} 1 & -1 \\ 2 & 0 \\ 5 & -3 \end{pmatrix}$.

14. 设

$$A = \begin{pmatrix} 0 & 3 & 3 \\ 1 & 1 & 0 \\ -1 & 2 & 3 \end{pmatrix}, AB = A + 2B, 求 B.$$

15. 设

$$A = \begin{pmatrix} 5 & 2 & 0 & 0 \\ 2 & 1 & 0 & 0 \\ 0 & 0 & 8 & 3 \\ 0 & 0 & 5 & 2 \end{pmatrix}, B = \begin{pmatrix} 3 & 2 & 0 & 0 \\ 4 & 5 & 0 & 0 \\ 0 & 0 & 4 & 1 \\ 0 & 0 & 6 & 2 \end{pmatrix}, 求 AB - BA, A^{-1}.$$

16. 用矩阵分块求 A^{-1}，设

$(1)\ A = \begin{pmatrix} 2 & 1 & 0 & 0 \\ 3 & 2 & 0 & 0 \\ 5 & 7 & 1 & 8 \\ -1 & -3 & -1 & -6 \end{pmatrix}$; $(2)\ A = \begin{pmatrix} 2 & 1 & 0 & 0 & 0 \\ 0 & 2 & 1 & 0 & 0 \\ 0 & 0 & 2 & 1 & 0 \\ 0 & 0 & 0 & 2 & 1 \\ 0 & 0 & 0 & 0 & 2 \end{pmatrix}$;

$(3)\ A = \begin{pmatrix} 1 & 3 & -5 & 7 \\ 0 & 1 & 2 & -3 \\ 0 & 0 & 1 & 2 \\ 0 & 0 & 0 & 1 \end{pmatrix}$.

17. 设 $A = \begin{pmatrix} 3 & 4 & 0 & 0 \\ 4 & -3 & 0 & 0 \\ 0 & 0 & 2 & 0 \\ 0 & 0 & 2 & 2 \end{pmatrix}$, 求 $|A^8|, A^4$.

18. 设 A, B, C, D 都是 $n \times n$ 矩阵, 且 $|A| \neq 0, AC = CA$, 证明

$$\begin{vmatrix} A & B \\ C & D \end{vmatrix} = |AD - CB|.$$

19. 设 $A = (a_{ij})_{sn}, B = (b_{ij})_{nm}$. 证明: 秩$(AB) \geqslant$秩$(A) +$秩$(B) - n$.

20. 设 A, B 都是 $n \times n$ 矩阵. 证明: 如果 $AB = O$, 那么秩$(A) +$秩$(B) \leqslant n$.

21. 设 A, B 分别是 $n \times m$ 和 $m \times n$ 矩阵. 证明

(1) $\begin{vmatrix} E_m & B \\ A & E_n \end{vmatrix} = |E_n - AB| = |E_m - BA|$.

(2) $|\lambda E_n - AB| = \lambda^{n-m}|\lambda E_m - BA|$, 其中 $\lambda \neq 0$.

第 3 章

线性方程组

3.1 线性方程组有解判别定理

现在来讨论一般线性方程组. 所谓一般线性方程组是指形式为

$$
\begin{cases}
a_{11}x_1 + a_{12}x_2 + \cdots + a_{1n}x_n = b_1 \\
a_{21}x_1 + a_{22}x_2 + \cdots + a_{2n}x_n = b_2 \\
\quad\quad\quad\quad\quad \vdots \\
a_{m1}x_1 + a_{m2}x_2 + \cdots + a_{mn}x_n = b_m
\end{cases}
\tag{3.1}
$$

的方程组，其中 $x_1, x_2, \cdots, x_n$ 代表 n 个求知量，m 是方程的个数，$a_{ij}(i = 1, 2, \cdots, m, j = 1, 2, \cdots, n)$ 称为**方程组的系数**，$b_j(j = 1, 2, \cdots, m)$ 称为**常数项**.

所谓方程组 (3.1) 的一个**解**就是指由 n 个数 $k_1, k_2, \cdots, k_n$ 组成的有序组 $(k_1, k_2, \cdots, k_n)$，当 $x_1, x_2, \cdots, x_n$ 分别用 $k_1, k_2, \cdots, k_n$ 代入后，式 (3.1) 中每个等式都变成恒等式. 方程组 (3.1) 的解的全体称为它的**解集合**. 解线性方程组就是求出它的解集合.

显然，如果知道了一个线性方程组的全部系数和常数项，那么这个线性方程组就基本上确定了. 也就是说，线性方程组 (3.1) 可以用下面的矩阵

$$
\overline{A} = \begin{pmatrix}
a_{11} & a_{12} & \cdots & a_{1n} & b_1 \\
a_{21} & a_{22} & \cdots & a_{2n} & b_2 \\
\vdots & \vdots & & \vdots & \vdots \\
a_{m1} & a_{m2} & \cdots & a_{mn} & b_m
\end{pmatrix}
\tag{3.2}
$$

来表示. 这个矩阵式 (3.2) 称为**线性方程组 (3.1) 的增广矩阵**.

如果用 A 表示线性方程组 (3.1) 的系数矩阵

$$
\begin{pmatrix}
a_{11} & a_{12} & \cdots & a_{1n} \\
a_{21} & a_{22} & \cdots & a_{2n} \\
\vdots & \vdots & & \vdots \\
a_{m1} & a_{m2} & \cdots & a_{mn}
\end{pmatrix},
$$

那么方程组 (3.1) 可以写成矩阵形式

$$
A \begin{pmatrix} x_1 \\ x_2 \\ \vdots \\ x_n \end{pmatrix} = \begin{pmatrix} b_1 \\ b_2 \\ \vdots \\ b_m \end{pmatrix}.
$$

简写成 $AX = B$. 其中，$X = \begin{pmatrix} x_1 \\ x_2 \\ \vdots \\ x_n \end{pmatrix}$，$B = \begin{pmatrix} b_1 \\ b_2 \\ \vdots \\ b_m \end{pmatrix}$.

由第 2 章我们知道，对任一个 m 行 n 列矩阵

$$A = \begin{pmatrix} a_{11} & a_{12} & \cdots & a_{1n} \\ a_{21} & a_{22} & \cdots & a_{2n} \\ \vdots & \vdots & & \vdots \\ a_{m1} & a_{m2} & \cdots & a_{mn} \end{pmatrix},$$

可通过行初等变换和第一种列初等变换能把 A 化为简化阶梯形矩阵

$$\begin{pmatrix} 1 & 0 & 0 & \cdots & 0 & c_{1,r+1} & \cdots & c_{1n} \\ 0 & 1 & 0 & \cdots & 0 & c_{2,r+1} & \cdots & c_{2n} \\ \vdots & \vdots & \vdots & & \vdots & \vdots & & \vdots \\ 0 & 0 & 0 & \cdots & 1 & c_{r,r+1} & \cdots & c_{rn} \\ 0 & \cdots & \cdots & \cdots & \cdots & \cdots & \cdots & 0 \\ \vdots & \vdots & \vdots & & \vdots & \vdots & & \vdots \\ 0 & \cdots & \cdots & \cdots & \cdots & \cdots & \cdots & 0 \end{pmatrix}. \tag{3.3}$$

现在考察方程组（3.1）的增广矩阵（3.2）. 由前面可知，我们可以对方程组（3.1）的系数矩阵施行一些初等变换而把它化为矩阵式（3.3）. 对增广矩阵式（3.2）施行同样的初等变换，那么式（3.2）化为以下形式的矩阵

$$\begin{pmatrix} 1 & 0 & \cdots & 0 & c_{1,r+1} & \cdots & c_{1r} & d_1 \\ 0 & 1 & \cdots & 0 & c_{2,r+1} & \cdots & c_{2n} & d_2 \\ \vdots & \vdots & & \vdots & \vdots & & \vdots & \vdots \\ 0 & 0 & \cdots & 1 & c_{r,r+1} & \cdots & c_{rn} & d_r \\ 0 & \cdots & \cdots & \cdots & \cdots & \cdots & 0 & d_{r+1} \\ \vdots & \vdots & & \vdots & \vdots & & \vdots & \vdots \\ 0 & \cdots & \cdots & \cdots & \cdots & \cdots & 0 & d_m \end{pmatrix} \tag{3.4}$$

与式（3.4）相当的线性方程组是

$$\begin{cases} x_{i_1} + c_{1,r+1} x_{i_{r+1}} + \cdots + c_{1n} x_{i_n} = d_1 \\ x_{i_2} + c_{2,r+1} x_{i_{r+1}} + \cdots + c_{2n} x_{i_n} = d_2 \\ \qquad\qquad\qquad \vdots \\ x_{i_r} + c_{r,r+1} x_{i_{r+1}} + \cdots + c_{rn} x_{i_n} = d_r \\ \qquad\qquad\qquad\qquad\qquad\qquad 0 = d_{r+1} \\ \qquad\qquad\qquad \vdots \\ \qquad\qquad\qquad\qquad\qquad\qquad 0 = d_m \end{cases}, \tag{3.5}$$

这里 $i_1, i_2, \cdots, i_n$ 是 1，2，$\cdots$，n 的一个排列. 由初等代数知，方程组（3.5）与方程组（3.1）

有相同的解. 因此要解方程组 (3.1), 只需解方程组 (3.5). 而方程组 (3.5) 是否有解以及有怎样的解是很容易得出的.

情形 3.1　$r < m$, 而 d_{r+1}, $\cdots$, d_m 不全为零. 这时方程组 (3.5) 无解, 因为它的后 $m - r$ 个方程组至少有一个无解. 因此方程组 (3.1) 也无解.

情形 3.2　$r = m$ 或 $r < m$ 而 d_{r+1}, $\cdots$, d_m 全为零, 这时方程组 (3.5) 与方程组

$$\begin{cases} x_{i_1} + c_{1,r+1}x_{i_{r+1}} + \cdots + c_{1n}x_{i_n} = d_1 \\ x_{i_2} + c_{2,r+1}x_{i_{r+1}} + \cdots + c_{2n}x_{i_n} = d_2 \\ \qquad\qquad\qquad \vdots \\ x_{i_r} + c_{r,r+1}x_{i_{r+1}} + \cdots + c_{rn}x_{i_n} = d_r \end{cases} \tag{3.6}$$

同解.

当 $r = n$ 时, 方程组 (3.6) 有唯一解, 就是 $x_{i_t} = d_t$, $t = 1, 2, \cdots, n$. 这也是方程组 (3.1) 的唯一解.

当 $r < n$ 时, 方程组 (3.6) 可以改写成

$$\begin{cases} x_{i_1} = d_1 - c_{1,r+1}x_{i_{r+1}} - \cdots - c_{1n}x_{i_n} \\ x_{i_2} = d_2 - c_{2,r+1}x_{i_{r+1}} - \cdots - c_{2n}x_{i_n} \\ \qquad\qquad\qquad \vdots \\ x_{i_r} = d_r - c_{r,r+1}x_{i_{r+1}} - \cdots - c_{rn}x_{i_n} \end{cases}, \tag{3.7}$$

于是, 给予未知量 $x_{i_{r+1}}, \cdots, x_{i_n}$ 以任意一组数值 $k_{i_{r+1}}$, $\cdots$, k_{i_n}, 就得到式 (3.7) 的一个解

$$\begin{cases} x_{i_1} = d_1 - c_{1,r+1}k_{i_{r+1}} - \cdots - c_{1n}k_{i_n} \\ \qquad\qquad\qquad \vdots \\ x_{i_r} = d_r - c_{r,r+1}k_{i_{r+1}} - \cdots - c_{rn}k_{i_n} \\ x_{i_{r+1}} = k_{i_{r+1}} \\ \qquad\qquad \vdots \\ x_{i_n} = k_{i_n} \end{cases},$$

这也是式 (3.1) 的一个解. 由于 $k_{i_{r+1}}, \cdots, k_{i_n}$ 可以任意选取, 用这一方法可以得到式 (3.1) 的无穷多解, 即式 (3.1) 的全部解都可以用上面方法解得. 我们常把未知量 $x_{i_{r+1}}, \cdots, x_{i_n}$ 叫做**自由未知量**, 而把式 (3.7) 叫做方程组 (3.1) 的**一般解**. 可以看出自由未知量的个数等于 $n - r$. 以上就是用**消元法**解线性方程组的过程.

例 3.1　用消元法解下列线性方程组

$$(1) \quad \begin{cases} 2x_1 - 3x_2 + x_3 + 5x_4 = 6 \\ -3x_1 + x_2 + 2x_3 - 4x_4 = 5 \\ -x_1 - 2x_2 + 3x_3 + x_4 = -2 \end{cases}.$$

解　对增广矩阵作行初等变换

$$\overline{A} = \begin{bmatrix} 2 & -3 & 1 & 5 & 6 \\ -3 & 1 & 2 & -4 & 5 \\ -1 & -2 & 3 & 1 & -2 \end{bmatrix} \xrightarrow{((1),(3))} \begin{bmatrix} -1 & -2 & 3 & 1 & -2 \\ -3 & 1 & 2 & -4 & 5 \\ 2 & -3 & 1 & 5 & 6 \end{bmatrix}$$

$$\xrightarrow[\substack{2\times(1)+(3)}]{\substack{-3\times(1)+(2)}} \begin{pmatrix} -1 & -2 & 3 & 1 & -2 \\ 0 & +7 & -7 & -7 & 11 \\ 0 & -7 & 7 & 7 & 2 \end{pmatrix} \xrightarrow[\substack{1\times(2)+(3)}]{\substack{[(2),(3)]}} \begin{pmatrix} -1 & -2 & 3 & 1 & -2 \\ 0 & -7 & 7 & 7 & 2 \\ 0 & 0 & 0 & 0 & 13 \end{pmatrix},$$

因为 $0=13$，所以无解.

(2) $\begin{cases} 2x_1 - x_2 + 3x_3 = 1 \\ 4x_1 + 2x_2 + 5x_3 = 4. \\ 2x_1 + 2x_3 = 6 \end{cases}$

解 对增广矩阵

$$\overline{A} = \begin{pmatrix} 2 & -1 & 3 & 1 \\ 4 & 2 & 5 & 4 \\ 2 & 0 & 2 & 6 \end{pmatrix}$$

作行初等变换

$$\overline{A} = \begin{pmatrix} 2 & -1 & 3 & 1 \\ 4 & 2 & 5 & 4 \\ 2 & 0 & 2 & 6 \end{pmatrix} \xrightarrow[\substack{-2\times(1)+(2)}]{\substack{-1\times(1)+(3)}} \begin{pmatrix} 2 & -1 & 3 & 1 \\ 0 & 4 & -1 & 2 \\ 0 & 1 & -1 & 5 \end{pmatrix} \xrightarrow{((2),(3))} \begin{pmatrix} 2 & -1 & 3 & 1 \\ 0 & 1 & -1 & 5 \\ 0 & 4 & -1 & 2 \end{pmatrix}$$

$$\xrightarrow[\substack{-4\times(2)+(3)}]{\substack{1\times(2)+(1)}} \begin{pmatrix} 2 & 0 & 2 & 6 \\ 0 & 1 & -1 & 5 \\ 0 & 0 & 3 & -18 \end{pmatrix} \xrightarrow{\frac{1}{3}\times(3)} \begin{pmatrix} 2 & 0 & 2 & 6 \\ 0 & 1 & -1 & 5 \\ 0 & 0 & 1 & -6 \end{pmatrix}$$

$$\xrightarrow[\substack{\frac{1}{2}\times(1)}]{\substack{1\times(3)+(2) \\ -2\times(3)+(1)}} \begin{pmatrix} 1 & 0 & 0 & 9 \\ 0 & 1 & 0 & -1 \\ 0 & 0 & 1 & -6 \end{pmatrix}.$$

最后这个矩阵已具有方程组（3.5）的形式了，它对应的线性方程组为

$$\begin{cases} x_1 = 9 \\ x_2 = -1. \\ x_3 = -6 \end{cases}$$

(3) $\begin{cases} x_1 + 2x_2 + 3x_3 + x_4 = 5 \\ 2x_1 + 4x_2 - x_4 = -3 \\ -x_1 - 2x_2 + 3x_3 + 2x_4 = 8 \\ x_1 + 2x_2 - 9x_3 - 5x_4 = -21 \end{cases}$

解 对增广矩阵

$$\overline{A} = \begin{pmatrix} 1 & 2 & 3 & 1 & 5 \\ 2 & 4 & 0 & -1 & -3 \\ -1 & -2 & 3 & 2 & 8 \\ 1 & 2 & -9 & -5 & -21 \end{pmatrix},$$

作行初等变换：

$$\overline{A}=\begin{pmatrix} 1 & 2 & 3 & 1 & 5 \\ 2 & 4 & 0 & -1 & -3 \\ -1 & -2 & 3 & 2 & 8 \\ 1 & 2 & -9 & -5 & -21 \end{pmatrix} \xrightarrow[\substack{-2\times(1)+(2) \\ 1\times(1)+(3) \\ -1\times(1)+(4)}]{} \begin{pmatrix} 1 & 2 & 3 & 1 & 5 \\ 0 & 0 & -6 & -3 & -13 \\ 0 & 0 & 6 & 3 & 13 \\ 0 & 0 & -12 & -6 & -26 \end{pmatrix}$$

$$\xrightarrow[\substack{1\times(2)+(3) \\ -2\times(2)+(4) \\ -\frac{1}{6}\times(2)}]{} \begin{pmatrix} 1 & 2 & 3 & 1 & 5 \\ 0 & 0 & 1 & \frac{1}{2} & \frac{13}{6} \\ 0 & 0 & 0 & 0 & 0 \\ 0 & 0 & 0 & 0 & 0 \end{pmatrix} \xrightarrow{-3\times(2)+(1)} \begin{pmatrix} 1 & 2 & 0 & -\frac{1}{2} & -\frac{3}{2} \\ 0 & 0 & 1 & \frac{1}{2} & \frac{13}{6} \\ 0 & 0 & 0 & 0 & 0 \\ 0 & 0 & 0 & 0 & 0 \end{pmatrix}.$$

最后这个矩阵对应的线性方程组为

$$\begin{cases} x_1+2x_2-\dfrac{1}{2}x_4=-\dfrac{3}{2}, \\ x_3+\quad\ \ \dfrac{1}{2}x_4=\quad\dfrac{13}{6} \end{cases}$$

把 x_2, x_4 移到右边,作为自由未知量,得原方程组的一般解:

$$\begin{cases} x_1=-\dfrac{3}{2}-2x_2+\dfrac{1}{2}x_4 \\ x_3=\dfrac{13}{6}-\dfrac{1}{2}x_4 \end{cases}.$$

由上面例题我们知道线性方程组解的问题有无解和有解两种情形. 那么线性方程组在什么情况下有解呢? 下面我们就给出线性方程组有解的判别定理.

由例 3.1 的 (1) 题可知,秩 $(A)=2\neq$ 秩 $(\overline{A})=3$,方程无解,而例 3.1 的 (2) 和 (3) 题都有秩 $(A)=$ 秩 $(\overline{A})$,方程组有解。由此,我们看出线性方程组有没有解与线性方程组的系数矩阵和增广矩阵的秩有关,并且由下面的定理得到证明:

定理 3.1(线性方程组有解的判别法)　线性方程组 (3.1) 有解充分必要条件是它的系数矩阵和增广矩阵有相同的秩.

例 3.2　证明:含有 n 个未知量 $n+1$ 个方程的线性方程组

$$\begin{cases} a_{11}x_1+\cdots+\ \ a_{1n}x_n=b_1 \\ \qquad\qquad\vdots \\ a_{n1}x_1+\cdots+\ \ a_{nn}x_n=b_n \\ a_{n+1,1}x_1+\cdots+a_{n+1,n}x_n=b_{n+1} \end{cases}$$

有解的必要条件是行列式

$$D=\begin{vmatrix} a_{11} & a_{12} & \cdots & a_{1n} & b_1 \\ \vdots & \vdots & & \vdots & \vdots \\ a_{n1} & a_{n2} & \cdots & a_{nn} & b_n \\ a_{n+1,1} & a_{n+1,2} & \cdots & a_{n+1,n} & b_{n+1} \end{vmatrix}=0,$$

这个条件不充分，举一反例.

证 因为方程组有解，所以方程组的系数矩阵 A 与增广矩阵 $\overline{A}$ 有相同的秩，而系数矩阵是 $n+1$ 行 n 列的矩阵，即秩$(A)\leqslant n$，即秩 $(\overline{A})=$ 秩 $(A)\leqslant n$，则 $n+1$ 级行列式 D 必为零.

条件不是充分的，例如

$$\begin{cases} x_1 + x_2 = 1 \\ 2x_1 + 2x_2 = 1 \\ 2x_1 + 2x_2 = 2 \end{cases}$$

无解，但

$$D = \begin{vmatrix} 1 & 1 & 1 \\ 2 & 2 & 1 \\ 2 & 2 & 2 \end{vmatrix} = 0.$$

我们现在知道一个线性方程组有没有解，就看系数矩阵与增广矩阵的秩相不相等，但由前面所学我们知，一个线性方程组有解，还可分有唯一解和无穷多解两种情形，那如何判断呢？由此有下面的定理 3.2.

定理 3.2 设线性方程组（3.1）的系数矩阵和增广矩阵有相同的秩（r），那么当 r 等于方程组所含未知量的个数 n 时，方程组有唯一解，当 $r<n$ 时，方程组有无穷多解.

例 3.3 判断下列线性方程组是否有解，若有解，解的个数为多少？

$$(1) \quad \begin{cases} x_1 + x_2 + x_3 = 3 \\ 2x_1 + x_2 + x_3 = 1. \\ 3x_1 + x_2 - x_3 = -2 \end{cases}$$

解 $\overline{A} = \begin{pmatrix} 1 & 1 & 1 & 3 \\ 2 & 1 & 1 & 1 \\ 3 & 1 & -1 & -2 \end{pmatrix} \xrightarrow{\text{行初等变换}} \begin{pmatrix} 1 & 0 & 0 & -2 \\ 0 & 1 & 0 & \dfrac{9}{2} \\ 0 & 0 & 2 & 1 \end{pmatrix}$,

由秩$(A)=$秩$(\overline{A})=3=$未知量个数，得方程组有唯一解.

$$(2) \quad \begin{cases} x_1 + x_2 - 3x_3 - x_4 + 5x_5 = 1 \\ 3x_1 - x_2 - 3x_3 + 4x_4 - x_5 = 0. \\ x_1 - 7x_2 + 9x_3 + 13x_4 - 27x_5 = -5 \end{cases}$$

解

$$\overline{A} = \begin{pmatrix} 1 & 1 & -3 & -1 & 5 & 1 \\ 3 & -1 & -3 & 4 & -1 & 0 \\ 1 & -7 & 9 & 13 & -27 & -5 \end{pmatrix} \xrightarrow{\text{行初等变换}} \begin{pmatrix} 1 & 1 & -3 & -1 & 5 & 1 \\ 0 & -4 & 6 & 7 & -16 & -3 \\ 0 & 0 & 0 & 0 & 0 & 0 \end{pmatrix},$$

由于秩$(A)=$秩$(\overline{A})=2<$未知量个数 5，所以方程组有无穷多解.

例 3.4 讨论当 λ 取何值时，下面的线性方程组有解

$$
\begin{cases}
(\lambda+3)x_1 + & x_2 + & 2x_3 = \lambda \\
\lambda x_1 + (\lambda-1)x_2 + & x_3 = 2\lambda. \\
3(\lambda+1)x_1 + & \lambda x_2 + (\lambda+3)x_3 = 3
\end{cases}
$$

解 $A = \begin{pmatrix} \lambda+3 & 1 & 2 \\ \lambda & \lambda-1 & 1 \\ 3(\lambda+1) & \lambda & \lambda+3 \end{pmatrix}$, $\overline{A} = \begin{pmatrix} \lambda+3 & 1 & 2 & \lambda \\ \lambda & \lambda-1 & 1 & 2\lambda \\ 3(\lambda+1) & \lambda & \lambda+3 & 3 \end{pmatrix}$,

由 $|A| = \lambda^2(\lambda-1)$,

当 $\lambda \neq 0$，1 时，秩(A)＝秩$(\overline{A})$＝3＝未知量个数，方程组有唯一解.

当 $\lambda=0$ 时，秩(A)＝2$\neq$秩$(\overline{A})$＝3，方程组无解.

当 $\lambda=1$ 时，2＝秩$(A)$$\neq$秩$(\overline{A})$＝3，方程组无解.

3.2 线性方程组解的结构

这一节我们来讨论线性方程组解的结构. 在方程组的解是唯一的情况下，当然没有什么结构问题. 在有多个解的情况下，所谓解的结构问题就是解与解之间的关系问题.

我们把方程组（3.1）的常数项换成 0，就得到一个齐次线性方程组

$$
\begin{cases}
a_{11}x_1 + a_{12}x_2 + \cdots + a_{1n}x_n = 0 \\
a_{21}x_1 + a_{22}x_2 + \cdots + a_{2n}x_n = 0 \\
\qquad\qquad\vdots \\
a_{m1}x_1 + a_{m2}x_2 + \cdots + a_{mn}x_n = 0
\end{cases}, \tag{3.8}
$$

方程组（3.8）也可以写成矩阵形式

$$
A\begin{pmatrix} x_1 \\ x_2 \\ \vdots \\ x_n \end{pmatrix} = \begin{pmatrix} 0 \\ 0 \\ \vdots \\ 0 \end{pmatrix}, \text{简写成 } AX = O,
$$

其中，A 是方程组（3.8）的系数矩阵，$X = \begin{pmatrix} x_1 \\ x_2 \\ \vdots \\ x_n \end{pmatrix}$, $O = \begin{pmatrix} 0 \\ 0 \\ \vdots \\ 0 \end{pmatrix}$. 齐次方程组（3.8）叫做

方程组（3.1）的**导出齐次方程组.**

显然，方程组（3.8）永远有解：

$$
x_1 = 0, x_2 = 0, \cdots, x_n = 0
$$

这个解称为**零解.** 如果方程组（3.8）还有其他解，那么这些解就叫做**非零解.**

一个齐次线性方程组有非零解，也就是有无穷多解. 因此，由定理 3.2 可得定理 3.3.

定理 3.3 一个齐次线性方程组有非零解的充分且必要条件是：它的系数矩阵的秩

r 小于它的未知量的个数 n.

证 当 $r=n$ 时, 方程组只有唯一解, 它只能是零解.

当 $r<n$ 时, 方程组有无穷多解, 因而它除零解外, 必然还有非零解.

我们常要用到以下两个推论.

推论 3.1 含有 n 个未知量 n 个方程的齐次线性方程组有非零解的充分且必要条件是: 方程组的系数行列式等于零.

因为在这一情况下, 方程组的系数行列式等于零就是说, 方程组的系数矩阵的秩小于 n.

推论 3.2 若在一个齐次线性方程组中, 方程的个数 m 小于未知量的个数 n, 那么这个方程组一定有非零解.

因为在这一情况, 方程组的系数矩阵的秩 r 不能超过 m, 因而一定小于 n.

上面我们讨论了一个齐次线性方程组有非零解 (即无穷多解) 的情况. 下面的讨论中我们将得到, 虽然有无穷多个解, 但是全部的解都可以用有限多个解表示出来.

显然, 一个齐次线性方程组有非零解, 那么它的解所成的集合有如下**两个重要性质**:

(1) 两个解的和还是方程组的解.

设 $X_1=(k_1,k_2,\cdots,k_n)$ 与 $X_2=(l_1,l_2,\cdots,l_n)$ 是方程组 (3.8) 的两个解. 那么 $X_1+X_2=((k_1+l_1),(k_2+l_2),\cdots,(k_n+l_n))$ 也是方程组 (3.8) 的解.

(2) 一个解的倍数还是方程组的解.

设 $X_1=(k_1,k_2,\cdots,k_n)$ 是方程组 (3.8) 的一个解, 那么 $cX_1=(ck_1,ck_2,\cdots,ck_n)$ 还是方程组的解.

综合以上两点, 我们是否可设想, 齐次线性方程组的全部解是否能够由它的有限的几个解来得到呢? 答案是肯定的. 我们来看一个例题.

例 3.5 解齐次线性方程组 $\begin{cases} x_1+2x_2-x_3+2x_4=0 \\ 2x_1+4x_2+x_3+x_4=0 \\ -x_1-2x_2-2x_3+x_4=0 \end{cases}$.

解 对系数矩阵 A 作行初等变换

$$A=\begin{pmatrix} 1 & 2 & -1 & 2 \\ 2 & 4 & 1 & 1 \\ -1 & -2 & -2 & 1 \end{pmatrix} \rightarrow \begin{pmatrix} 1 & 2 & 0 & 1 \\ 0 & 0 & 1 & -1 \\ 0 & 0 & 0 & 0 \end{pmatrix}.$$

得线性方程组为 $\begin{cases} x_1+2x_2+x_4=0 \\ x_3-x_4=0 \end{cases}$, 把 x_2,x_4 移到右边作为自由未知量, 就得原方程组的一般解

$$\begin{cases} x_1=-2x_2-x_4 \\ x_3=x_4 \end{cases},$$

其中 x_2,x_4 是自由未知量.

把方程组的一般解写成

$$
\begin{cases}
x_1 = -2x_2 - x_4 \\
x_2 = x_2 \\
x_3 = x_4 \\
x_4 = x_4
\end{cases},
$$

继而可以写成矩阵形式

$$
X = \begin{bmatrix} x_1 \\ x_2 \\ x_3 \\ x_4 \end{bmatrix} = k_1 \begin{bmatrix} -2 \\ 1 \\ 0 \\ 0 \end{bmatrix} + k_2 \begin{bmatrix} -1 \\ 0 \\ 1 \\ 1 \end{bmatrix}, \tag{3.9}
$$

k_1, k_2 是所给数域中任意数.

当 $k_1 = 1, k_2 = 0$ 时,

$$
\eta_1 = \begin{bmatrix} -2 \\ 1 \\ 0 \\ 0 \end{bmatrix}
$$

是原方程组的一个解；当 $k_1 = 0, k_2 = 1$ 时,

$$
\eta_2 = \begin{bmatrix} -1 \\ 0 \\ 1 \\ 1 \end{bmatrix}
$$

是原方程组的一个解. 由矩阵（3.9）可看出原方程组的所有解都可以由

$$
\eta_1 = \begin{bmatrix} -2 \\ 1 \\ 0 \\ 0 \end{bmatrix}, \quad \eta_2 = \begin{bmatrix} -1 \\ 0 \\ 1 \\ 1 \end{bmatrix}
$$

得出, 而 η_1, η_2 就是自由未知量 x_2, x_4 所对应的系数, 我们把 η_1, η_2 这二个解称为所给方程组的一个**基础解系**, 基础解系所含解的个数就是自由未知量的个数 $n-r$, 这里 r 表示系数矩阵的秩, 由上面可知方程组的基础解系不唯一, 但基础解系所含解的个数唯一. 而矩阵（3.9）称为所给**方程组的通解.**

例 3.6　求下列齐次线性方程组的一个基础解系以及它的通解

$$
\begin{cases}
x_1 - x_2 + 5x_3 - x_4 = 0 \\
x_1 + x_2 - 2x_3 + 3x_4 = 0 \\
3x_1 - x_2 + 8x_3 + x_4 = 0 \\
x_1 + 3x_2 - 9x_3 + 7x_4 = 0
\end{cases}.
$$

解　对系数矩阵作行初等变换得

$$A = \begin{pmatrix} 1 & -1 & 5 & -1 \\ 1 & 1 & -2 & 3 \\ 3 & -1 & 8 & 1 \\ 1 & 3 & -9 & 7 \end{pmatrix} \xrightarrow{\text{行初等变换}} \begin{pmatrix} 1 & 0 & \dfrac{3}{2} & 1 \\ 0 & 1 & -\dfrac{7}{2} & 2 \\ 0 & 0 & 0 & 0 \\ 0 & 0 & 0 & 0 \end{pmatrix},$$

得线性方程组为

$$\begin{cases} x_1 + \dfrac{3}{2}x_3 + x_4 = 0 \\ x_2 - \dfrac{7}{2}x_3 + 2x_4 = 0 \end{cases},$$

即

$$\begin{cases} x_1 = -\dfrac{3}{2}x_3 - x_4 \\ x_2 = \dfrac{7}{2}x_3 - 2x_4 \\ x_3 = x_3 \\ x_4 = x_4 \end{cases},$$

所以该方程组的通解为

$$X = \begin{pmatrix} x_1 \\ x_2 \\ x_3 \\ x_4 \end{pmatrix} = k_1 \begin{pmatrix} -\dfrac{3}{2} \\ \dfrac{7}{2} \\ 1 \\ 0 \end{pmatrix} + k_2 \begin{pmatrix} -1 \\ -2 \\ 0 \\ 1 \end{pmatrix},$$

k_1, k_2 是所给数域中任意数.

其中

$$\eta_1 = \begin{pmatrix} -\dfrac{3}{2} \\ \dfrac{7}{2} \\ 1 \\ 0 \end{pmatrix}, \quad \eta_2 = \begin{pmatrix} -1 \\ -2 \\ 0 \\ 1 \end{pmatrix}$$

是该线性方程组的一个基础解系.

下面我们来研究线性方程组（3.1）的解的结构.

方程组（3.1）的解与它的导出组（3.8）的解之间有密切的关系：

（1）线性方程组（3.1）的两个解的差是它的导出组（3.8）的解.

（2）线性方程组（3.1）的一个解与它的导出组（3.8）的一个解之和还是线性方

程组 (3.1) 的一个解.

由这两点我们很容易得下面定理 3.4.

定理 3.4　如果 γ_0 是方程组 (3.1) 的一个特解, 那么方程组 (3.1) 的任一个解 γ 都有可以表成

$$\gamma = \gamma_0 + \eta, \tag{3.10}$$

其中 η 是导出组 (3.8) 的一个解. 因此, 对于方程组 (3.1) 的任一个特解 γ_0, 当 η 取遍它的导出组的全部解时, 式 (3.10) 就给出式 (3.1) 的全部解.

证　显然

$$\gamma = \gamma_0 + (\gamma - \gamma_0),$$

由上面的 (1), $\gamma - \gamma_0$ 是导出组 (3.8) 的一个解, 令

$$\gamma - \gamma_0 = \eta,$$

就得到定理的结论. 既然式 (3.1) 的任一个解都可以表成式 (3.10) 的形式, 由上面的 (2), 在 η 取遍式 (3.8) 的全部解时,

$$\gamma = \gamma_0 + \eta$$

就取遍 (3.1) 的全部解.

定理 3.4 说明了, 对于一线性方程组的全部解, 我们只要找出它的一个特殊的解以及它的导出组的全部解就行了. 而导出组是一个齐次线性方程组, 在上面我们已经看到, 一个齐次线性方程组的解的全体可以用基础解系来得到. 因此, 根据定理我们可以用导出组的基础解系来得到一般线性方程组的一般解: 如果 γ_0 是方程组 (3.1) 的一个特解, $\eta_1, \eta_2, \cdots,$ η_{n-r} 是其导出组 (3.8) 的一个基础解系, 那么式 (3.1) 的任一个解 γ 都可以表示成

$$\gamma = \gamma_0 + k_1 \eta_1 + k_2 \eta_2 + \cdots + k_{n-r} \eta_{n-r}.$$

推论 3.3　在方程组 (3.1) 有解的条件下, 解是唯一的充分必要条件是它的导出组 (3.8) 只有零解.

证　充分性: 反证法, 假设方程组 (3.1) 解不唯一, 即有两个不同的解, 那么它的差就是导出组的一个非零解, 这与导出组只有零解矛盾, 所以方程组 (3.1) 有唯一解.

必要性: 同样反证法, 假设导出组 (3.8) 有非零解, 那么这个解与方程组 (3.1) 的一个解的和就是式 (3.1) 的另一个解, 也就是说式 (3.1) 不止一个解, 这与方程组 (3.1) 有唯一解矛盾, 所以它的导出组只有零解.

例 3.7　求线性方程组

$$\begin{cases} x_1 + 3x_2 - x_3 + 2x_4 - x_5 = -4 \\ -3x_1 + x_2 + 2x_3 - 5x_4 - 4x_5 = -1 \\ 2x_1 - 3x_2 - x_3 - x_4 + x_5 = 4 \\ -4x_1 + 16x_2 + x_3 + 3x_4 - 9x_5 = -21 \end{cases}$$ 的全部解.

解　对它的增广矩阵作行初等变换:

$$\overline{A} = \begin{pmatrix} 1 & 3 & -1 & 2 & -1 & -4 \\ -3 & 1 & 2 & -5 & -4 & -1 \\ 2 & -3 & -1 & -1 & 1 & 4 \\ -4 & 16 & 1 & 3 & -9 & -21 \end{pmatrix} \xrightarrow{\text{行初等变换}} \begin{pmatrix} 1 & 0 & 0 & -27 & -22 & 2 \\ 0 & 1 & 0 & -4 & -4 & -1 \\ 0 & 0 & 1 & -41 & -33 & 3 \\ 0 & 0 & 0 & 0 & 0 & 0 \end{pmatrix},$$

得线性方程组

$$\begin{cases} x_1 - 27x_4 - 22x_5 = 2 \\ x_2 - 4x_4 - 4x_5 = -1 \\ x_3 - 41x_4 - 33x_5 = 3 \end{cases},$$

即

$$\begin{cases} x_1 = 2 + 27x_4 + 22x_5 \\ x_2 = -1 + 4x_4 + 4x_5 \\ x_3 = 3 + 41x_4 + 33x_5 \\ x_4 = x_4 \\ x_5 = x_5 \end{cases},$$

则该线性方程组的全部解为

$$X = \begin{pmatrix} x_1 \\ x_2 \\ x_3 \\ x_4 \\ x_5 \end{pmatrix} = \begin{pmatrix} 2 \\ -1 \\ 3 \\ 0 \\ 0 \end{pmatrix} + k_1 \begin{pmatrix} 27 \\ 4 \\ 41 \\ 1 \\ 0 \end{pmatrix} + k_2 \begin{pmatrix} 22 \\ 4 \\ 33 \\ 0 \\ 1 \end{pmatrix}, k_1, k_2 \text{ 是所给数域中任意数.}$$

3.3 解线性方程组的初等变换法

在前面两节,我们都只讲述用行初等变换来解线性方程组. 这一节我们来介绍一下用行列初等变换法解线性方程组.

1. 齐次线性方程组

$$AX = O, \text{ 其中 } A \text{ 是 } m \times n \text{ 矩阵}, X = \begin{pmatrix} x_1 \\ x_2 \\ \vdots \\ x_n \end{pmatrix}$$

由 $A \xrightarrow{\text{行,列初等变换}} \begin{pmatrix} E_r & O \\ O & O \end{pmatrix}$,秩$(A) = r$. 则,$\begin{pmatrix} E_r & O \\ O & O \end{pmatrix} = PAQ \Rightarrow A = P^{-1}\begin{pmatrix} E_r & O \\ O & O \end{pmatrix}Q^{-1}$,

其中 P, Q 分别为 m 级和 n 级非奇异矩阵。

由 $AX = O \Leftrightarrow P^{-1}\begin{pmatrix} E_r & O \\ O & O \end{pmatrix}Q^{-1}X = O \Leftrightarrow \begin{pmatrix} E_r & O \\ O & O \end{pmatrix}Q^{-1}X = O.$

令 $Y = Q^{-1}X = \begin{pmatrix} y_1 \\ y_2 \\ \vdots \\ y_n \end{pmatrix} = \begin{pmatrix} Y_1 \\ Y_2 \end{pmatrix}$,其中 $Y_1 = \begin{pmatrix} y_1 \\ y_2 \\ \vdots \\ y_r \end{pmatrix}, Y_2 = \begin{pmatrix} y_{r+1} \\ y_{r+2} \\ \vdots \\ y_n \end{pmatrix},$

则 $\begin{pmatrix} E_r & O \\ O & O \end{pmatrix} Q^{-1} X = O \Leftrightarrow \begin{pmatrix} E_r & O \\ O & O \end{pmatrix} Y = O.$

由以上可知，由方程组 $\begin{pmatrix} E_r & O \\ O & O \end{pmatrix} Y = O$ 的解可得方程组 $AX = O$ 的解，

而 $\begin{pmatrix} E_r & O \\ O & O \end{pmatrix} Y = \begin{pmatrix} E_r & O \\ O & O \end{pmatrix} \begin{bmatrix} Y_1 \\ Y_2 \end{bmatrix} = O \Leftrightarrow \begin{pmatrix} Y_1 \\ O \end{pmatrix} = O \Leftrightarrow Y_1 = O.$

由此可知方程组 $\begin{pmatrix} E_r & O \\ O & O \end{pmatrix} Y = O$ 的解 $Y = \begin{pmatrix} 0 \\ 0 \\ \vdots \\ 0 \\ y_{r+1} \\ \vdots \\ y_n \end{pmatrix}.$

令 $\xi_1 = \begin{pmatrix} 0 \\ \vdots \\ 0 \\ 1 \\ 0 \\ 0 \\ \vdots \\ 0 \end{pmatrix} \begin{matrix} 第1行 \\ \vdots \\ 第r行 \\ 第r+1行 \\ 第r+2行 \\ 第r+3行 \\ \vdots \\ 第n行 \end{matrix}, \xi_2 = \begin{pmatrix} 0 \\ \vdots \\ 0 \\ 0 \\ 1 \\ 0 \\ \vdots \\ 0 \end{pmatrix} \begin{matrix} 第1行 \\ \vdots \\ 第r行 \\ 第r+1行 \\ 第r+2行 \\ 第r+3行 \\ \vdots \\ 第n行 \end{matrix}, \cdots, \xi_{n-r} = \begin{pmatrix} 0 \\ \vdots \\ 0 \\ 0 \\ 0 \\ \vdots \\ 0 \\ 1 \end{pmatrix} \begin{matrix} 第1行 \\ \vdots \\ 第r行 \\ 第r+1行 \\ 第r+2行 \\ \vdots \\ 第n-1行 \\ 第n行 \end{matrix}$

则 $\xi_1, \xi_2, \cdots, \xi_{n-r}$ 是方程组 $\begin{pmatrix} E_r & O \\ O & O \end{pmatrix} Y = O$ 的解，且 $\xi_1, \xi_2, \cdots, \xi_{n-r}$ 线性无关.

设 α 是方程组 $\begin{pmatrix} E_r & O \\ O & O \end{pmatrix} Y = O$ 的任一解，则 $\alpha = \begin{pmatrix} 0 \\ 0 \\ \vdots \\ 0 \\ y_{r+1} \\ \vdots \\ y_n \end{pmatrix} = y_{r+1}\xi_1 + y_{r+2}\xi_2 + \cdots + y_n\xi_{n-r}$

由此可知，$\xi_1, \xi_2, \cdots, \xi_{n-r}$ 是方程组 $\begin{pmatrix} E_r & O \\ O & O \end{pmatrix} Y = O$ 的解空间的一个基础解系.

由 $Y = Q^{-1}X \Rightarrow X = QY$. 令
$$\eta_1 = Q\xi_1, \eta_2 = Q\xi_2, \cdots, \eta_{n-r} = Q\xi_{n-r},$$
则 $\eta_1, \eta_2, \cdots, \eta_{n-r}$ 是方程组 $AX = O$ 的解. 又由 $(\eta_1, \eta_2, \cdots, \eta_{n-r}) = Q(\xi_1, \xi_2, \cdots, \xi_{n-r})$，且 Q 可逆知

$$秩\{\eta_1, \eta_2, \cdots, \eta_{n-r}\} = 秩\{\xi_1, \xi_2, \cdots, \xi_{n-r}\} = n-r,$$

即 $\eta_1, \eta_2, \cdots, \eta_{n-r}$ 线性无关.

设 β 是方程组 $AX=O$ 的任一解，则 $\beta=Q\beta_1$ 其中 β_1 是方程组 $\begin{pmatrix} E_r & O \\ O & O \end{pmatrix} Y=O$ 的解，即

$$\beta_1 = \begin{pmatrix} 0 \\ 0 \\ \vdots \\ 0 \\ y_{r+1} \\ \vdots \\ y_n \end{pmatrix} = y_{r+1}\xi_1 + y_{r+2}\xi_2 + \cdots + y_n\xi_{n-r},$$

则

$$\begin{aligned}
\beta = Q\beta_1 &= Q(y_{r+1}\xi_1 + y_{r+2}\xi_2 + \cdots + y_n\xi_{n-r}) \\
&= y_{r+1}Q\xi_1 + y_{r+2}Q\xi_2 + \cdots + y_nQ\xi_{n-r} \\
&= y_{r+1}\eta_1 + y_{r+2}\eta_2 + \cdots + y_n\eta_{n-r},
\end{aligned}$$

故 $\eta_1, \eta_2, \cdots, \eta_{n-r}$ 是方程组 $AX=O$ 的解空间的一个基础解系，因此方程组 $AX=O$ 的通解为

$$X = \kappa_1\eta_1 + \kappa_2\eta_2 + \cdots + \kappa_{n-r}\eta_{n-r},$$

其中 k_i 是所给的数域中任意数，$i=1,2,\cdots,n-r$.

由上面推断可知，当 A 经过有限次的行、列初等变换化为 $\begin{pmatrix} E_r & O \\ O & O \end{pmatrix}$ 时，Q 是其中的列初等变换所对应的一系列初等矩阵的乘积，即

$$Q = Q_1Q_2\cdots Q_t = EQ_1Q_2\cdots Q_t,$$

其中 E 是 n 级单位矩阵，Q_i 是 n 级初等矩阵，$i=1,2,\cdots,t$.

也就是 Q_i 是对 E 只施行 A 所施行的列初等变换而得到的，由此可得下面的计算式子

$$\begin{pmatrix} A \\ E \end{pmatrix} \xrightarrow[\text{对} E \text{只施行其中的列初等变换}]{\text{对} A \text{施行行、列初等变换}} \begin{pmatrix} E_r & O \\ O & O \\ Q & \end{pmatrix}.$$

下面看一个例题：

例 3.8 解下列线性方程组 $\begin{cases} 2x_1 - 4x_2 + 5x_3 + 3x_4 = 0 \\ 3x_1 - 6x_2 + 4x_3 + 2x_4 = 0 \\ 4x_1 - 8x_2 + 17x_3 + 11x_4 = 0 \end{cases}$.

解 由 $AX=O$，其中

$$A = \begin{pmatrix} 2 & -4 & 5 & 3 \\ 3 & -6 & 4 & 2 \\ 4 & -8 & 17 & 11 \end{pmatrix},$$

$$\left(\frac{A}{E}\right)=\begin{pmatrix}2 & -4 & 5 & 3\\ 3 & -6 & 4 & 2\\ 4 & -8 & 17 & 11\\ \hline 1 & 0 & 0 & 0\\ 0 & 1 & 0 & 0\\ 0 & 0 & 1 & 0\\ 0 & 0 & 0 & 1\end{pmatrix}\xrightarrow[\text{对 }E\text{ 只施行其中的列初等变换}]{\text{对 }A\text{ 施行行,列初等变换}}\begin{pmatrix}1 & 0 & 0 & 0\\ 0 & 1 & 0 & 0\\ 0 & 0 & 0 & 0\\ \hline 1 & 1 & 2 & \dfrac{2}{7}\\ 0 & 0 & 1 & 0\\ 0 & 1 & 0 & -\dfrac{5}{7}\\ 0 & 0 & 0 & 1\end{pmatrix}=\begin{pmatrix}E_2 & O\\ \hline O & O\\ \hline Q\end{pmatrix},$$

由此得方程组 $\begin{pmatrix}E_2 & O\\ O & O\end{pmatrix}Y=O.$

而方程组 $\begin{pmatrix}E_2 & O\\ O & O\end{pmatrix}Y=O$ 的一个基础解系为

$$\xi_1=\begin{pmatrix}0\\ 0\\ 1\\ 0\end{pmatrix},\xi_2=\begin{pmatrix}0\\ 0\\ 0\\ 1\end{pmatrix},$$

由此得原方程组的一个基础解系为

$$\eta_1=Q\begin{pmatrix}0\\ 0\\ 1\\ 0\end{pmatrix}=\begin{pmatrix}1 & 1 & 2 & \dfrac{2}{7}\\ 0 & 0 & 1 & 0\\ 0 & 1 & 0 & -\dfrac{5}{7}\\ 0 & 0 & 0 & 1\end{pmatrix}\begin{pmatrix}0\\ 0\\ 1\\ 0\end{pmatrix}=\begin{pmatrix}2\\ 1\\ 0\\ 0\end{pmatrix},$$

$$\eta_2=Q\begin{pmatrix}0\\ 0\\ 0\\ 1\end{pmatrix}=\begin{pmatrix}1 & 1 & 2 & \dfrac{2}{7}\\ 0 & 0 & 1 & 0\\ 0 & 1 & 0 & -\dfrac{5}{7}\\ 0 & 0 & 0 & 1\end{pmatrix}\begin{pmatrix}0\\ 0\\ 0\\ 1\end{pmatrix}=\begin{pmatrix}\dfrac{2}{7}\\ 0\\ -\dfrac{5}{7}\\ 1\end{pmatrix}$$

所以所求方程组的通解为 $X=\kappa_1\eta_1+\kappa_2\eta_2$，其中 k_i 是所给的数域中任意数，$i=1,2.$

由齐次线性方程组的解法可得出一般线性方程组解的求法.

2. 线性方程组

$$AX=B\text{ 其中 }A\text{ 是 }m\times n\text{ 矩阵},\ X=\begin{pmatrix}x_1\\ x_2\\ \vdots\\ x_n\end{pmatrix},\ B=\begin{pmatrix}b_1\\ b_2\\ \vdots\\ b_m\end{pmatrix}.$$

由 $A \xrightarrow{\text{行,列初等变换}} \begin{pmatrix} E_r & O \\ O & O \end{pmatrix}$, 秩$(A) = r$. 则 $\begin{pmatrix} E_r & O \\ O & O \end{pmatrix} = PAQ \Rightarrow A = P^{-1} \begin{pmatrix} E_r & O \\ O & O \end{pmatrix} Q^{-1}$,

其中 P , Q 分别为 m 级和 n 级非奇异矩阵.

由 $AX = B \Leftrightarrow P^{-1} \begin{pmatrix} E_r & O \\ O & O \end{pmatrix} Q^{-1} X = B \Leftrightarrow \begin{pmatrix} E_r & O \\ O & O \end{pmatrix} Q^{-1} X = PB$.

令

$$Y = Q^{-1} X = \begin{pmatrix} y_1 \\ y_2 \\ \vdots \\ y_n \end{pmatrix} = \begin{pmatrix} Y_1 \\ Y_2 \end{pmatrix} , \qquad PB = P \begin{pmatrix} b_1 \\ b_2 \\ \vdots \\ b_m \end{pmatrix} = \begin{pmatrix} B_1 \\ B_2 \end{pmatrix} ,$$

其中 $Y_1 = \begin{pmatrix} y_1 \\ y_2 \\ \vdots \\ y_r \end{pmatrix}$, $Y_2 = \begin{pmatrix} y_{r+1} \\ y_{r+2} \\ \vdots \\ y_n \end{pmatrix} = \begin{pmatrix} k_1 \\ k_2 \\ \vdots \\ k_{n-r} \end{pmatrix}$, $B_1 = \begin{pmatrix} c_1 \\ c_2 \\ \vdots \\ c_r \end{pmatrix}$, $B_2 = \begin{pmatrix} c_{r+1} \\ c_{r+2} \\ \vdots \\ c_m \end{pmatrix}$,

则

$$\begin{pmatrix} E_r & O \\ O & O \end{pmatrix} Q^{-1} X = PB \Leftrightarrow \begin{pmatrix} E_r & O \\ O & O \end{pmatrix} Y = PB$$

由以上可知, 由方程组 $\begin{pmatrix} E_r & O \\ O & O \end{pmatrix} Y = PB$ 的解可得方程组 $AX = B$ 的解. 而

$$\begin{pmatrix} E_r & O \\ O & O \end{pmatrix} \begin{pmatrix} Y_1 \\ Y_2 \end{pmatrix} = \begin{pmatrix} B_1 \\ B_2 \end{pmatrix} \Leftrightarrow \begin{pmatrix} Y_1 \\ O \end{pmatrix} = \begin{pmatrix} B_1 \\ B_2 \end{pmatrix} \Leftrightarrow Y_1 = B_1 , B_2 = O.$$

由此可知, 当 $B_2 = O$ 时, 方程组 $\begin{pmatrix} E_r & O \\ O & O \end{pmatrix} Y = PB$ 有解, 即 $Y = \begin{pmatrix} B_1 \\ Y_2 \end{pmatrix}$ 是它的解.

那么

$$Y = Q^{-1} X \Rightarrow X = QY \Rightarrow X = Q \begin{pmatrix} B_1 \\ Y_2 \end{pmatrix} ,$$

可知, $X = Q \begin{pmatrix} B_1 \\ Y_2 \end{pmatrix}$ 是方程组 $AX = B$ 的解.

同样 $Q = Q_1 Q_2 \cdots Q_s = EQ_1 Q_2 \cdots Q_s$, 其中 E 是 n 级单位矩阵, Q_i 是 n 级初等矩阵, $i = 1, 2, \cdots, s$.

由此也可得下面的计算式子

$$\left(\frac{A_{m \times n} \mid B_{m \times 1}}{E_{n \times n}} \right) \xrightarrow[\text{对} E \text{只施行其中的列初等变换}]{\text{对} A \text{施行行,列初等变换,对} B \text{只施行其中的行初等变换}} \left(\begin{array}{cc|c} E_r & O & B_1 \\ O & O & B_2 \\ \hline & Q_{n \times n} & \end{array} \right).$$

例 3.9 解线性方程组 $\begin{cases} x_1 - 2x_2 + x_3 - x_4 + x_5 = 1 \\ 2x_1 + x_2 - x_3 + 2x_4 - 3x_5 = 2 \\ 3x_1 - 2x_2 - x_3 + x_4 - 2x_5 = 2 \\ 2x_1 - 5x_2 + x_3 - 2x_4 + 2x_5 = 1 \end{cases}$.

解 设 $AX = B$，其中 $A = \begin{pmatrix} 1 & -2 & 1 & -1 & 1 \\ 2 & 1 & -1 & 2 & -3 \\ 3 & -2 & -1 & 1 & -2 \\ 2 & -5 & 1 & -2 & 2 \end{pmatrix}$，$B = \begin{pmatrix} 1 \\ 2 \\ 2 \\ 1 \end{pmatrix}$.

由 $\left(\dfrac{A_{4\times5} \mid B_{4\times1}}{E_{5\times5}} \right) = \left(\begin{array}{ccccc|c} 1 & -2 & 1 & -1 & 1 & 1 \\ 2 & 1 & -1 & 2 & -3 & 2 \\ 3 & -2 & -1 & 1 & -2 & 2 \\ 2 & -5 & 1 & -2 & 2 & 1 \\ \hline 1 & 0 & 0 & 0 & 0 \\ 0 & 1 & 0 & 0 & 0 \\ 0 & 0 & 1 & 0 & 0 \\ 0 & 0 & 0 & 1 & 0 \\ 0 & 0 & 0 & 0 & 1 \end{array} \right)$

$\xrightarrow[\text{对 } E \text{ 只施行其中的列初等变换}]{\text{对 } A \text{ 施行行、列初等变换,对 } B \text{ 只施行其中的行初等变换}}$ $\left(\begin{array}{ccccc|c} 1 & 0 & 0 & 0 & 0 & \frac{3}{8} \\ 0 & 1 & 0 & 0 & 0 & \frac{3}{8} \\ 0 & 0 & 1 & 0 & 0 & \frac{5}{8} \\ 0 & 0 & 0 & 0 & 0 & 0 \\ \hline 1 & 2 & 0 & -\frac{1}{2} & & \frac{7}{8} \\ 0 & 1 & 0 & -\frac{1}{2} & & \frac{5}{8} \\ 0 & 0 & 1 & \frac{1}{2} & & -\frac{5}{8} \\ 0 & 0 & 0 & 1 & & 0 \\ 0 & 0 & 0 & 0 & 1 & \end{array} \right)$

$= \left(\begin{array}{cc|c} E_3 & O & B_1 \\ O & O & B_2 \\ \hline \multicolumn{2}{c|}{Q} & \end{array} \right)$，其中 $B_1 = \begin{pmatrix} \frac{3}{8} \\ \frac{3}{8} \\ \frac{5}{8} \end{pmatrix}$，$B_2 = O$.

由 $B_2 = 0$ 知方程组有解，即 $\begin{pmatrix} E_r & O \\ O & O \end{pmatrix} Y = PB \Rightarrow Y = \begin{bmatrix} B_1 \\ Y_2 \end{bmatrix} \Rightarrow X = Q \begin{bmatrix} B_1 \\ Y_2 \end{bmatrix}$ 是方程组的解.

由此可得

$$
X = Q \begin{bmatrix} B_1 \\ Y_2 \end{bmatrix} = \begin{pmatrix} 1 & 2 & 0 & -\dfrac{1}{2} & \dfrac{7}{8} \\ 0 & 1 & 0 & -\dfrac{1}{2} & \dfrac{5}{8} \\ 0 & 0 & 1 & \dfrac{1}{2} & -\dfrac{5}{8} \\ 0 & 0 & 0 & 1 & 0 \\ 0 & 0 & 0 & 0 & 1 \end{pmatrix} \begin{pmatrix} \dfrac{3}{8} \\ \dfrac{3}{8} \\ \dfrac{5}{8} \\ k_1 \\ k_2 \end{pmatrix} = \begin{pmatrix} \dfrac{9}{8} - \dfrac{1}{2} k_1 + \dfrac{7}{8} k_2 \\ \dfrac{3}{8} - \dfrac{1}{2} k_1 + \dfrac{5}{8} k_2 \\ \dfrac{5}{8} + \dfrac{1}{2} k_1 - \dfrac{5}{8} k_2 \\ k_1 \\ k_2 \end{pmatrix}
$$

即

$$
X = \begin{pmatrix} \dfrac{3}{8} \\ \dfrac{3}{8} \\ \dfrac{5}{8} \\ 0 \\ 0 \end{pmatrix} + k_1 \begin{pmatrix} -\dfrac{1}{2} \\ -\dfrac{1}{2} \\ \dfrac{1}{2} \\ 1 \\ 0 \end{pmatrix} + k_2 \begin{pmatrix} \dfrac{7}{8} \\ \dfrac{5}{8} \\ -\dfrac{5}{8} \\ 0 \\ 1 \end{pmatrix},
$$

其中 k_1, k_2 是所给的数域中任意数.

习 题 3

1. 用消元法解下列线性方程组.

(1) $\begin{cases} x_1 - 2x_2 + x_3 - x_4 + x_5 = 1 \\ 2x_1 + x_2 - x_3 + 2x_4 - 3x_5 = 2 \\ 3x_1 - 2x_2 - x_3 + x_4 - 2x_5 = 2 \\ 2x_1 - 5x_2 + x_3 - 2x_4 + 2x_5 = 1 \end{cases}$;

(2) $\begin{cases} 2x_1 - x_2 + 3x_3 = 3 \\ 3x_1 + x_2 - 5x_3 = 0 \\ 4x_1 - x_2 + x_3 = 3 \\ x_1 + 3x_2 - 13x_3 = -6 \end{cases}$;

(3) $\begin{cases} x_1 - 2x_2 + x_3 + x_4 = 1 \\ x_1 - 2x_2 + x_3 - x_4 = -1 \\ x_1 - 2x_2 + x_3 + x_4 = 5 \end{cases}$;

(4) $\begin{cases} x_1 - x_2 - 3x_3 + x_4 = 1 \\ x_1 - x_2 - 2x_3 - 3x_4 = 3 \\ 2x_1 - 2x_2 - 5x_3 - 2x_4 = 4 \end{cases}$.

2. 判断下列方程组是否有解.

(1) $\begin{cases} x_1 + x_2 - 2x_3 + x_4 + 3x_5 = 1 \\ 2x_1 - x_2 + 2x_3 + 2x_4 + 6x_5 = 2 \\ 3x_1 + 2x_2 - 4x_3 - 3x_4 - 9x_5 = 3 \end{cases}$;

(2) $\begin{cases} x_1 + x_2 + x_3 = 1 \\ ax_1 + bx_2 + cx_3 = d \\ a^2 x_1 + b^2 x_2 + c^2 x_3 = d^2 \\ a^3 x_1 + b^3 x_2 + c^3 x_3 = d^3 \end{cases}$, 其中 a,b,c,d 互不相等.

3. 证明：如果线性方程组 $\begin{cases} a_{11}x_1 + a_{12}x_2 + \cdots + a_{1n}x_n = b_1 \\ a_{21}x_1 + a_{22}x_2 + \cdots + a_{2n}x_n = b_2 \\ \vdots \\ a_{n1}x_1 + a_{n2}x_2 + \cdots + a_{nn}x_n = b_n \end{cases}$ 的系数矩阵 A 的秩等

于矩阵 $B = \begin{bmatrix} a_{11} & a_{12} & \cdots & a_{1n} & b_1 \\ a_{21} & a_{22} & \cdots & a_{2n} & b_2 \\ \vdots & \vdots & & \vdots & \vdots \\ a_{n1} & a_{n2} & \cdots & a_{nn} & b_n \\ b_1 & b_2 & \cdots & b_n & 0 \end{bmatrix}$ 的秩，那么该线性方程组有解.

4. 证明：线性方程组 $\begin{cases} x_1 - x_2 = a_1 \\ x_2 - x_3 = a_2 \\ x_3 - x_4 = a_3 \\ x_4 - x_5 = a_4 \\ x_5 - x_1 = a_5 \end{cases}$ 有解的充分必要条件是 $a_1 + a_2 + a_3 + a_4 + a_5 = 0$.

5. 证明：一个线性方程组的增广矩阵的秩比系数矩阵的秩最多大 1.

6. 讨论 λ, a, b 取什么值时下列方程组有解，并求解.

(1) $\begin{cases} \lambda x_1 + x_2 + 2x_3 - 3x_4 = 2 \\ \lambda^2 x_1 - 3x_2 + 2x_3 + x_4 = -1 \\ \lambda^3 x_1 - x_2 + 2x_3 - x_4 = -1 \end{cases}$;　　(2) $\begin{cases} \lambda x_1 + x_2 + x_3 = 1 \\ x_1 + \lambda x_2 + x_3 = \lambda \\ x_1 + x_2 + \lambda x_3 = \lambda^2 \end{cases}$;

(3) $\begin{cases} ax_1 + x_2 + x_3 = 4 \\ x_1 + bx_2 + x_3 = 3 \\ x_1 + 2bx_2 + x_3 = 4 \end{cases}$.

7. 求下列齐次线性方程组的一个基础解系以及它的通解.

(1) $\begin{cases} x_1 + x_2 + x_3 + x_4 + x_5 = 0 \\ 3x_1 + 2x_2 + x_3 + x_4 - 3x_5 = 0 \\ x_2 + 2x_3 + 2x_4 + 6x_5 = 0 \\ 5x_1 + 4x_2 + 3x_3 + 3x_4 - x_5 = 0 \end{cases}$;

(2) $\begin{cases} x_1 + x_2 - 3x_4 - x_5 = 0 \\ x_1 - x_2 + 2x_3 - x_4 = 0 \\ 4x_1 - 2x_2 + 6x_3 + 3x_4 - 4x_5 = 0 \\ 2x_1 + 4x_2 - 2x_3 + 4x_4 - 7x_5 = 0 \end{cases}$;

$$(3)\begin{cases} x_1 - 2x_2 + x_3 + x_4 - x_5 = 0 \\ 2x_1 + x_2 - x_3 - x_4 - x_5 = 0 \\ x_1 + 7x_2 - 5x_3 - 5x_4 + 5x_5 = 0 \\ 3x_1 - x_2 - 2x_3 + x_4 - x_5 = 0 \end{cases};$$

$$(4)\begin{cases} x_1 - 2x_2 + x_3 - x_4 + x_5 = 0 \\ 2x_1 + x_2 - x_3 + 2x_4 - 3x_5 = 0 \\ 3x_1 - 2x_2 - x_3 + x_4 - 2x_5 = 0 \\ 2x_1 - 5x_2 + x_3 - 2x_4 + 2x_5 = 0 \end{cases}.$$

8. 用导出组的基础解系表出第 1 题中线性方程组的全部解.

9. a,b 取什么值时,下列线性方程组有解? 在有解的情形,求一般解.

$$\begin{cases} x_1 + x_2 + x_3 + x_4 + x_5 = 1 \\ 3x_1 + 2x_2 + x_3 + x_4 - 3x_5 = a \\ x_2 + 2x_3 + 2x_4 + 6x_5 = 3 \\ 5x_1 + 4x_2 + 3x_3 + 3x_4 - x_5 = b \end{cases}.$$

10. 证明:如果 $\eta_1, \eta_2, \cdots, \eta_t$ 是一线性方程组的解,那么 $u_1\eta_1 + u_2\eta_2 + \cdots + u_t\eta_t$(其中 $u_1 + u_2 + \cdots + u_t = 1$)也是这一线性方程组的一个解.

11. 考虑线性方程组

$$\begin{cases} x_1 + x_2 = a_1 \\ x_3 + x_4 = a_2 \\ x_1 + x_3 = b_1 \\ x_2 + x_4 = b_2 \end{cases},$$

这里 $a_1 + a_2 = b_1 + b_2$. 证明:这个方程组有解,并且它的系数矩阵的秩是 3.

12. 设齐次线性方程组

$$\begin{cases} a_{11}x_1 + a_{12}x_2 + \cdots + a_{1n}x_n = 0 \\ a_{21}x_1 + a_{22}x_2 + \cdots + a_{2n}x_n = 0 \\ \vdots \\ a_{n1}x_1 + a_{n2}x_2 + \cdots + a_{nn}x_n = 0 \end{cases}$$

的系数行列式 $D = 0$,而 D 中某一元素 a_{ij} 的代数余子式 $A_{ij} \neq 0$. 证明:这个方程组的解都可以写成

$$kA_{i1}, kA_{i2}, \cdots, kA_{in}$$

的形式,此处 k 是任意数.

13. 用行列初等变换求数域 P 上的齐次线性方程组

$$\begin{cases} x_1 + x_2 - 3x_3 - x_4 = 0 \\ 3x_1 - x_2 - 3x_3 + 4x_4 = 0 \\ x_1 + 5x_2 - 9x_3 - 8x_4 = 0 \end{cases}.$$

第4章

多 项 式

4.1 一元多项式

令 P 是一个数域，并且 P 含有数 1，因而 P 含有全体整数．在这一章里，凡是说到数域，都作这样的约定，不再每次重复．

定义 4.1 数域 P 上一元多项式指的是形式表达式

$$a_0 + a_1x + a_2x^2 + \cdots + a_nx^n, \tag{4.1}$$

这里 n 是非负整数，而 $a_0, a_1, a_2, \cdots, a_n$ 都是 P 中的数．称为系数在 P 中的一元多项式或简称为数域 P 上的**一元多项式**．在多项式（4.1）中，a_0 叫做零次项或常数项，a_1x 叫做一次项，一般，a_ix^i 叫做 i 次项，a_i 叫做 i 次项的系数．一元多项式常用符号 $f(x)$，$g(x), \cdots$ 来表示．

定义 4.2 若是数域 P 上两个一元多项式 $f(x)$ 和 $g(x)$ 中，除去系数为零的项外，同次项的系数全相等，那么 $f(x)$ 和 $g(x)$ 就称为相等，记为

$$f(x) = g(x).$$

系数全为零的多项式称为零多项式，记为 0．

定义 4.3 a_nx^n 叫做多项式 $a_0 + a_1x + a_2x^2 + \cdots + a_nx^n, (a_n \neq 0)$ 的最高次项，非负整数 n 叫做多项式 $a_0 + a_1x + a_2x^2 + \cdots + a_nx^n, (a_n \neq 0)$ 的次数．

多项式的次数记作 $\partial(f(x))$．零多项式没有次数．以后谈到多项式 $f(x)$ 的次数时，总假定 $f(x) \neq 0$．数域 P 中非零常数 a 的次数为 0，称为**零次多项式**．

在中学代数中，两个多项式可以相加、相减、相乘．那么我们对形式表达式（4.1），可类似地引入这些运算．

$$f(x) = a_0 + a_1x + a_2x^2 + \cdots + a_nx^n,$$
$$g(x) = b_0 + b_1x + b_2x^2 + \cdots + b_mx^m$$

是数域 P 上两个多项式，并且设 $m \leqslant n$，多项式 $f(x)$ 与 $g(x)$ 的和 $f(x) + g(x)$ 指的是多项式

$$(a_0 + b_0) + (a_1 + b_1)x + (a_2 + b_2)x^2 + \cdots + (a_n + b_n)x^n,$$

这里当 $m < n$ 时，取 $b_{m+1} = \cdots = b_n = 0$．

利用多项式的加法运算，我们可以定义多项式的减法：

$$f(x) - g(x) = f(x) + (-g(x)).$$

多项式 $f(x)$ 与 $g(x)$ 的积 $f(x)g(x)$ 指的是多项式
$$c_0 + c_1 x + c_2 x^2 + \cdots + c_{(n+m)} x^{(n+m)},$$
这里
$$c_k = a_0 b_k + a_1 b_{k-1} + \cdots + a_{k-1} b_1 + a_k b_0, \quad k = 0,1,\cdots,n+m.$$

显然，数域 P 上的两个多项式经过加、减、乘等运算后，所得结果仍然是数域 P 上的多项式.

多项式的加法和乘法满足以下运算规则：

(1) 加法交换律：$f(x) + g(x) = g(x) + f(x)$.

(2) 加法结合律：$[f(x) + g(x)] + h(x) = f(x) + [g(x) + h(x)]$.

(3) 乘法交换律：$f(x)g(x) = g(x)f(x)$.

(4) 乘法结合律：$[f(x)g(x)]h(x) = f(x)[g(x)h(x)]$.

(5) 乘法对加法的分配律：$f(x)[g(x) + h(x)] = f(x)g(x) + f(x)h(x)$.

也可以把一个多项式按"降幂"书写成
$$a_n x^n + a_{n-1} x^{n-1} + \cdots + a_1 x + a_0. \tag{4.2}$$
当 $a_n \neq 0$ 时，$a_n x^n$ 叫做多项式（4.2）的首项，a_n 称为**首项系数**.

定理 4.1（次数定理） 设 $f(x)$ 和 $g(x)$ 是数域 P 上两个多项式，并且 $f(x) \neq 0$, $g(x) \neq 0$. 那么

(1) 当 $f(x) + g(x) \neq 0$ 时，
$$\partial(f(x) + g(x)) \leqslant \max\{\partial(f(x)), \partial(g(x))\}.$$

(2) $\partial(f(x)g(x)) = \partial(f(x)) + \partial(g(x))$.

证 设 $\partial(f(x)) = n, \partial(g(x)) = m$
$$f(x) = a_0 + a_1 x + a_2 x^2 + \cdots + a_n x^n, \quad (a_n \neq 0),$$
$$g(x) = b_0 + b_1 x + b_2 x^2 + \cdots + b_m x^m, \quad (b_m \neq 0).$$
$m \leqslant n$. 那么
$$f(x) + g(x) = (a_0 + b_0) + (a_1 + b_1)x + (a_2 + b_2)x^2 + \cdots + (a_n + b_n)x^n,$$
$$f(x)g(x) = a_0 b_0 + (a_0 b_1 + a_1 b_0)x + \cdots + a_n b_m x^{n+m}.$$
由此，$f(x) + g(x)$ 的次数显然不超过 n，另一方面，由 $a_n \neq 0$, $b_m \neq 0$, $a_n b_m \neq 0$，所以可得 $f(x)g(x)$ 的次数是 $n + m$.

推论 4.1 $f(x)g(x) = 0$ 必要且只要 $f(x)$ 和 $g(x)$ 中至少有一个是零多项式.

证 若是 $f(x)$ 和 $g(x)$ 中有一个是零多项式，那么由多项式乘法定义得 $f(x)g(x) = 0$. 若是 $f(x) \neq 0$ 且 $g(x) \neq 0$，那么由上面定理的证明得 $f(x)g(x) \neq 0$.

推论 4.2 如果 $f(x)g(x) = f(x)h(x)$ 且 $f(x) \neq 0$，那么 $g(x) = h(x)$. （乘法消去律）.

证 由 $f(x)g(x) = f(x)h(x)$，得 $f(x)(g(x) - h(x)) = 0$，但 $f(x) \neq 0$，所以由推论 4.1，必有 $g(x) - h(x) = 0$，即 $g(x) = h(x)$.

例 4.1 设 $f(x)$ 和 $g(x)$ 是 $P[x]$ 的两个多项式，证明：如果 $f^2(x) = xg^2(x)$，那么有 $f(x) = g(x) = 0$.

证　用反证法. 假设 $f(x) \neq 0$, $g(x) \neq 0$, $f(x) \neq g(x)$, 不妨设

$$f(x) = a_0 + a_1 x + a_2 x^2 + \cdots + a_n x^n, \quad (a_n \neq 0),$$
$$g(x) = b_0 + b_1 x + b_2 x^2 + \cdots + b_m x^m, \quad (b_m \neq 0).$$

$m \leqslant n$. 那么, $\partial(f(x)) = n, \partial(g(x)) = m$. 因此有

$$\partial(f^2(x)) = \partial(f(x)) + \partial(f(x)) = 2n,$$
$$\partial(g^2(x)) = \partial(g(x)) + \partial(g(x)) = 2m.$$

即 $\partial(xg^2(x)) = 2m + 1$, 是奇数, 而 $2n$ 是偶数, 显然, $f^2(x) \neq xg^2(x)$ 与已知矛盾, 所以假设不成立. 则

$$f(x) = g(x) = 0.$$

最后我们引入定义 4.4.

定义 4.4　所有系数在数域 P 中的一元多项式的全体, 称为数域 P 上的**一元多项式环**, 记为 $P[x]$, P 称为 $P[x]$ 的系数域.

后面各节的讨论都是在某一固定的数域 P 上的多项式环 $P[x]$ 中进行的.

4.2　多项式的整除性

1. 整除的概念

在一元多项式环 $P[x]$ 中, 可以作加、减、乘三种运算, 但除法不是永远可以施行的. 因此关于多项式的整除性的研究, 也就是关于一个多项式能否除尽另一个多项式的研究, 在多项式的理论中占有重要的地位.

由中学代数可知, 用一个多项式去除另一个多项式, 可得商和余式. 例如, 设

$$f(x) = 5x^3 + 8x^2 - 3x + 6,$$
$$g(x) = x^2 - x + 1.$$

我们按下面的格式作除法

$$
\begin{array}{r|ll}
x^2 - x + 1 & 5x^3 + 8x^2 - 3x + 6 & 5x + 13 \\
\hline
& 5x^3 - 5x^2 + 5x & \\
\hline
& 13x^2 - 8x + 6 & \\
& 13x^2 - 13x + 13 & \\
\hline
& 5x - 7 &
\end{array}
$$

于是求得商为 $5x + 13$, 余式为 $5x - 7$, 所得结果可以写成

$$5x^3 + 8x^2 - 3x + 6 = (5x + 13)(x^2 - x + 1) + 5x - 7.$$

这个**竖式除法**具有一般法.

带余除法　设 $P[x]$ 的任意两个多项式 $f(x)$ 和 $g(x)$, 其中 $g(x) \neq 0$. 那么在 $P[x]$ 中可以找到多项式 $q(x)$ 和 $r(x)$, 使

$$f(x) = g(x)q(x) + r(x) \tag{4.3}$$

成立, 其中 $\partial(r(x)) < \partial(g(x))$ 或者 $r(x) = 0$, 并且这样的 $q(x)$ 和 $r(x)$ 是唯一决

定的.

带余除法中的 $q(x)$ 通常称为 $g(x)$ 除 $f(x)$ 的商，$r(x)$ 称为 $g(x)$ 除 $f(x)$ 的余式.

定义 4.5 设多项式环 $P[x]$ 的两个多项式 $f(x)$ 和 $g(x)$. 若存在 $P[x]$ 的多项式 $h(x)$，使得

$$f(x) = g(x)h(x),$$

我们就称 $g(x)$ 整除（能除尽）$f(x)$，用符号 "$g(x) \mid f(x)$" 表示，当 $g(x)$ 不能整除（能除尽）$f(x)$ 时，用 "$g(x) \nmid f(x)$" 表示.

当 $g(x) \mid f(x)$ 时，$g(x)$ 就称为 $f(x)$ 的因式，$f(x)$ 称为 $g(x)$ 的倍式.

当 $g(x) \neq 0$ 时，带余除法给出了整除性一个判别方法.

定理 4.2 对于数域 P 上的任意两个多项式 $f(x)$，$g(x)$，其中 $g(x) \neq 0$，$g(x) \mid f(x)$ 的充分必要条件是 $g(x)$ 除 $f(x)$ 的余式 $r(x)$ 为零.

证 如果 $r(x) = 0$，那么 $f(x) = g(x)q(x)$，即 $g(x) \mid f(x)$.

反过来，如果 $g(x) \mid f(x)$，那么 $f(x) = g(x)q(x) = g(x)q(x) + 0$，即 $r(x) = 0$.

带余除法中 $g(x)$ 必须不为零，但 $g(x) \mid f(x)$ 中，$g(x)$ 可以为零，这时 $f(x) = g(x)$. $h(x) = 0 \cdot h(x) = 0$. 也就是说，**零多项式只能整除零多项式**.

当 $g(x) \mid f(x)$ 时，如 $g(x) \neq 0$，$g(x)$ 除 $f(x)$ 的商 $q(x)$ 有时也用

$$\frac{f(x)}{g(x)}$$

来表示.

例 4.2 设 $f(x) = x^4 + px + q, g(x) = x^2 + mx + 1$，当 m, p, q 满足什么条件时，$g(x) \mid f(x)$.

解 由竖式除法得

$$
\begin{array}{r|l|r}
x^2 + mx + 1 & x^4 + 0 + 0 + px + q & x^2 - mx + m^2 - 1 \\
& \underline{x^4 + mx^3 + x^2} & \\
& -mx^3 - x^2 + px & \\
& \underline{-mx^3 - m^2x^2 - mx} & \\
& (m^2 - 1)x^2 + (p + m)x + q & \\
& \underline{(m^2 - 1)x^2 + m(m^2 - 1)x + m^2 - 1} & \\
& (p + m - m^3 + m)x + q - m^2 + 1 & \\
\end{array}
$$

由定理 4.2 知，当 $(p + m - m^3 + m)x + q - m^2 + 1 = 0$，即当

$$p + 2m - m^3 = 0, q - m^2 + 1 = 0 \text{ 时}, g(x) \mid f(x).$$

2. 整除的基本性质

(1) 如果 $g(x) \mid f(x)$，$f(x) \mid h(x)$，那么 $g(x) \mid h(x)$.

(2) 如果 $h(x) \mid f(x)$，$h(x) \mid g(x)$，那么 $h(x) \mid (f(x) \pm g(x))$.

(3) 如果 $h(x) \mid f(x)$，那么对于 $P[x]$ 中任意多项式 $g(x)$ 来说，

$$h(x) \mid f(x)g(x).$$

(4) 如果 $h(x) \mid f_i(x)$, $i=1$, $2,\cdots$, t, 那么对 $P[x]$ 中任意多项式 $g_i(x)$, 有

$$h(x) \mid (f_1(x)g_1(x)+f_2(x)g_2(x)+\cdots+f_t(x)g_t(x)).$$

通常 $f_1(x)g_1(x)+f_2(x)g_2(x)+\cdots+f_t(x)g_t(x)$ 称为多项式 $f_1(x),f_2(x),\cdots,f_t(x)$ 的一个组合.

(5) 任一多项式 $f(x)$ 都整除零多项式 0, 而零次多项式 (也就是 P 中不等于零的数) 能整除任一多项式 $f(x)$.

(6) 每一个多项式 $f(x)$ 都能被 $cf(x)$ 整除, 这里 c 是 P 中任一不等于零的数. 事实上

$$f(x)=\frac{1}{c}(cf(x)).$$

(7) 如果 $f(x) \mid g(x)$, $g(x) \mid f(x)$, 那么 $f(x)=cg(x)$, 这里 c 是 P 中任一不等于零的数.

两个多项式之间的整除关系不因为系数域的扩大而改变. 设 P 和 $\overline{P}$ 是两个数域, 并且 $\overline{P}$ 包含 P, 那么多项式环 $\overline{P}[x]$ 含有多项式环 $P[x]$. 也就是说, 如果 $f(x)$, $g(x)$ 是 $P[x]$ 的两个多项式, 那么, $f(x)$, $g(x)$ 也可以看成是 $\overline{P}[x]$ 中的多项式. 因此, 如果在 $P[x]$ 里 $g(x)$ 不能整除 $f(x)$, 那么在 $\overline{P}[x]$ 里 $g(x)$ 也不能整除 $f(x)$. 事实上, 若 $g(x)=0$, 那么由于在 $P[x]$ 里 $g(x)$ 不能整除 $f(x)$, $f(x)$ 不能等于 0. 因此在 $\overline{P}[x]$ 里 $g(x)$ 显然仍不能整除 $f(x)$. 假定 $g(x) \neq 0$, 那么在 $P[x]$ 里, 等式

$$f(x)=g(x)q(x)+r(x)$$

成立, 并且 $r(x) \neq 0$. 但是 $P[x]$ 的多项式 $q(x)$ 和 $r(x)$ 都是 $\overline{P}[x]$ 的多项式, 因而在 $\overline{P}[x]$ 里, 这一等式仍然成立. 于是由 $r(x)$ 的唯一性得出, $\overline{P}[x]$ 里 $g(x)$ 仍然不能整除 $f(x)$.

3. 余数定理

设 $P[x]$ 中的多项式

$$f(x)=a_nx^n+a_{n-1}x^{n-1}+\cdots+a_1x+a_0, \tag{4.4}$$

c 是 P 中的数, 在 (4.2) 中用 c 代 x 所得的数

$$a_nc^n+a_{n-1}c^{n-1}+\cdots+a_1c+a_0$$

称为 $f(x)$ 当 $x=c$ 时的值, 记为 $f(c)$. 这样多项式 $f(x)$ 就定义了一个数域 P 上的函数. 由一个多项式来定义的函数称为**数域 P 上的多项式函数.**

如果 $f(x)$ 在 $x=c$ 时的函数值 $f(c)=0$, 那么 c 就称为 $f(x)$ 的**一个根或零点.**

利用带余除法, 我们可得定理 4.3.

定理 4.3 (余数定理)　用一次多项式 $x-c$ 去除多项式 $f(x)$, 所得的余式是一个常数, 这个常数等于函数值 $f(c)$.

证　用 $x-c$ 去除多项式 $f(x)$, 设商为 $q(x)$, 余式为一常数 r, 即

$$f(x)=(x-c)q(x)+r.$$

以 c 代 x，得

$$f(c) = r.$$

这个定理给出了 $f(x)$ 能被 $x-c$ 整除的条件.

推论 4.3 （1）$f(x)$ 能被 $x-c$ 整除的充要条件是 $f(c)=0$.

（2）$f(x)$ 以 c 为根的充要条件是 $x-c$ 整除 $f(x)$.

4. 综合除法

下面我们就来介绍用综合除法求 $x-c$ 去除多项式 $f(x)$ 的余数，以及来判断 $x-c$ 是否整除 $f(x)$.

设

$$f(x) = a_n x^n + a_{n-1} x^{n-1} + \cdots + a_1 x + a_0.$$

并且设

$$f(x) = (x-c)q(x) + r. \tag{4.5}$$

其中

$$q(x) = b_n x^{n-1} + b_{n-1} x^{n-2} + \cdots + b_2 x + b_1.$$

比较等式（4.4）中两端同次项的系数，我们得到

$$
\begin{aligned}
a_n &= b_n, \\
a_{n-1} &= b_{n-1} - cb_n, \\
a_{n-2} &= b_{n-2} - cb_{n-1}, \\
&\vdots \\
a_1 &= b_1 - cb_2, \\
a_0 &= r - cb_1,
\end{aligned}
$$

由此得出

$$
\begin{aligned}
b_n &= a_n, \\
b_{n-1} &= a_{n-1} + cb_n, \\
b_{n-2} &= a_{n-2} + cb_{n-1}, \\
&\vdots \\
b_1 &= a_1 + cb_2, \\
r &= a_0 + cb_1,
\end{aligned}
$$

这样，欲求系数 b_n，只要把前一系数 b_{n-1} 乘以 c 再加上对应系数 a_k，而余式 r 也可以按类似的规律求出. 因此按照下表所指出的算法就可以很快地陆续求出商式和余式的系数：

c	a_n	a_{n-1}	$\cdots$	a_2	a_1	a_0
$+$		cb_n	$\cdots$	cb_3	cb_2	cb_1
	b_n	b_{n-1}	$\cdots$	b_2	b_1	r

表中的加号通常略去不写.

例 4.3 设 $f(x) = x^4 + x^2 + 4x - 77$ ，

（1）求 $x+3$ 除 $f(x)$ 所得商式 $q(x)$ 和余数 r.

（2）求 $f(-3)$ 以及判断 -3 是否是 $f(x)$ 的根.

（3）判断 $x+3$ 是否整除 $f(x)$.

解 （1）用综合除法得

$$
\begin{array}{r|rrrrr}
-3 & 1 & 0 & 1 & 4 & -77 \\
   &   & -3 & 9 & -30 & 78 \\
\hline
   & 1 & -3 & 10 & -26 & 1
\end{array},
$$

所以，可得商式 $q(x) = x^3 - 3x^2 + 10x - 26$，余数 $r = 1$.

（2）由余数定理得，$f(-3) = r = 1 \neq 0$，所以 -3 不是 $f(x)$ 的根.

（3）因余数 $r = 1 \neq 0$，则 $x+3 \nmid f(x)$.

推论 4.4 如果 $f(x)$ 被 $x-c$ 除所得的商式为 $q(x)$，余数为 r，那么 $f(x)$ 被 $a(x-c)$ 除所得的商式为 $\dfrac{1}{a}q(x)$，余数仍为 r. $(a \neq 0)$

显然由 $f(x) = (x-c)q(x) + r$，就有 $f(x) = a(x-c)\dfrac{1}{a}q(x) + r$.

例 4.4 求 $f(x) = 2x^4 - 5x^3 + 4x^2 - 3x + 1$ 被 $2x-3$ 除所得的商式及余数.

解 作综合除法

$$
\begin{array}{r|rrrrr}
\frac{3}{2} & 2 & -5 & 4 & -3 & 1 \\
   &   & 3 & -3 & \frac{3}{2} & -\frac{9}{4} \\
\hline
   & 2 & -2 & 1 & -\frac{3}{2} & -\frac{5}{4}
\end{array},
$$

所以，$2x-3$ 除 $f(x)$ 的商式为 $q(x) = x^3 - x^2 + \dfrac{1}{2}x - \dfrac{3}{4}$，余数为 $-\dfrac{5}{4}$.

也可用综合除法计算 $f(x)$ 被 $(x-b)(x-c)$ 除所得的商式和余数.

设

$$f(x) = (x-b)q_1(x) + r_1, \quad (r_1 \text{ 为常数}),$$

再设

$$q_1(x) = (x-c)q_2(x) + r_2, \quad (r_2 \text{ 为常数}),$$

于是

$$f(x) = (x-b)(x-c)q_2(x) + [r_2(x-b) + r_1].$$

因 $r_2(x-b) + r_1$ 或等于 0，或它的次数小于 $(x-b)(x-c)$ 的次数，所以可知用 $(x-b)(x-c)$ 除 $f(x)$ 得

$$\text{商式} = q_2(x)，\quad \text{余式} = r_2(x-b) + r_1.$$

例 4.5 求 $f(x) = x^5 - x^3 + 4x^2 - 6$ 被 $(x-2)(x+3)$ 除所得的商式和余式.

解 作综合除法：

$$
\begin{array}{r|rrrrrr}
2 & 1 & 0 & -1 & 4 & 0 & -6 \\
& & 2 & 4 & 6 & 20 & 40 \\
\hline
-3 & 1 & 2 & 3 & 10 & 20 & 34 = r_1, \\
& & -3 & 3 & -18 & 24 \\
\hline
& 1 & -1 & 6 & -8 & 44 & = r_2
\end{array}
$$

所以，商式 $= x^3 - x^2 + 6x - 8$，余式 $= 44(x-2) + 34 = 44x - 54$.

我们还可用**综合除法将一个多项式 $f(x)$ 表成一次多项式 $x-c$ 的方幂和的方法**. 即把 $f(x)$ 表示成

$$f(x) = b_n(x-c)^n + b_{n-1}(x-c)^{n-1} + \cdots + b_1(x-c) + b_0$$

的形式. 问题是如何求系数 $b_n, b_{n-1}, \cdots, b_1, b_0$. 我们把上式改写成

$$
\begin{aligned}
f(x) &= [b_n(x-c)^{n-1} + b_{n-1}(x-c)^{n-2} + \cdots + b_1](x-c) + b_0 \\
&= q_1(x)(x-c) + b_0.
\end{aligned}
$$

其中 $q_1(x) = b_n(x-c)^{n-1} + b_{n-1}(x-c)^{n-2} + \cdots + b_1$ 就是 $f(x)$ 被 $x-c$ 除所得的商式，而 b_0 就是 $f(x)$ 被 $x-c$ 除所得的余数. 依上述方法对 $q_1(x)$ 继续下去，又得

$$
\begin{aligned}
q_1(x) &= [b_n(x-c)^{n-2} + b_{n-1}(x-c)^{n-3} + \cdots + b_2](x-c) + b_1 \\
&= q_2(x)(x-c) + b_1.
\end{aligned}
$$

其中 $q_2(x) = b_n(x-c)^{n-2} + b_{n-1}(x-c)^{n-3} + \cdots + b_2$ 就是 $q_1(x)$ 被 $x-c$ 除所得的商式，而 b_1 就是 $q_1(x)$ 被 $x-c$ 除所得的余数. 这样逐次用 $x-c$ 去除所得的商，所得的余数就是 $b_0, b_1, \cdots, b_{n-1}, b_n$.

例 4.6 将 $f(x) = x^4 - 2x^3 + x^2 + 2x - 3$ 表成 $x-2$ 的方幂和.

解 作综合除法

$$
\begin{array}{r|rrrrr}
2 & 1 & -2 & 1 & 2 & -3 \\
& & 2 & 0 & 2 & 8 \\
\hline
2 & 1 & 0 & 1 & 4 & 5 \ (=b_0) \quad 1\\
& & 2 & 4 & 10 \\
\hline
2 & 1 & 2 & 5 & 14 \ (=b_1) \quad 1\\
& & 2 & 8 \\
\hline
2 & 1 & 4 & 13 \ (=b_2) \quad 1\\
& & 2 \\
\hline
& 1 \ (=b_4) & 6 \ (=b_3)
\end{array},
$$

所以，$f(x) = (x-2)^4 + 6(x-2)^3 + 13(x-2)^2 + 14(x-2) + 5$.

同样我们也可以用**综合除法把一个 $x-c$ 的方幂和展开来**.

例 4.7 将 $f(x) = (x-2)^4 + 2(x-2)^3 - 3(x-2)^2 + (x-2) + 5$ 展成 x 的多项式.

我们可以用例 4.5 的方法来做，令 $y = x-2$，那么 $x = y+2$，于是

$$f(x) = f(y) = y^4 + 2y^3 - 3y^2 + y + 5.$$

下面问题就是用综合除法把 $f(y)=y^4+2y^3-3y^2+y+5$ 表示成 $y+2$ 的方幂和就可以了

$$
\begin{array}{r|rrrrr}
-2 & 1 & 2 & -3 & 1 & 5 \\
   &   & -2 & 0 & 6 & -14 \\
\hline
-2 & 1 & 0 & -3 & 7 & -9\ (=b_0)\ 1 \\
   &   & -2 & 4 & -2 \\
\hline
-2 & 1 & -2 & 1 & 5\ (=b_1)\qquad 1 \\
   &   & -2 & 8 \\
\hline
-2 & 1 & -4 & 9\ (=b_2)\qquad\qquad 1 \\
   &   & -2 \\
\hline
   & 1\ (=b_4) & -6\ (=b_3) \\
\end{array}
,
$$

所以

$$f(y)=(y+2)^4-6(y+2)^3+9(y+2)^2+5(y+2)-9,$$

即

$$f(x)=x^4-6x^3+9x^2+5x-9.$$

4.3　多项式的最大公因式

定义 4.6　设 $P[x]$ 的两个多项式 $f(x)$ 和 $g(x)$. 若 $P[x]$ 的一个多项式 $h(x)$ 同时整除 $f(x)$ 和 $g(x)$，那么 $h(x)$ 叫做 $f(x)$ 与 $g(x)$ 的一个**公因式**.

由定义可知，每一零次多项式都是 $f(x)$ 和 $g(x)$ 的公因式. 一般 $f(x)$ 和 $g(x)$ 还有其他公因式，在公因式中占有特殊重要地位的是**最大公因式**.

定义 4.7　设 $P[x]$ 的两个多项式 $f(x)$ 和 $g(x)$，$P[x]$ 的多项式 $d(x)$ 称为 $f(x)$ 与 $g(x)$ 的一个最大公因式，如果满足下面两个条件：

(1) $d(x)\,|\,f(x)$，$d(x)\,|\,g(x)$.

(2) $\forall h(x)\in P[x]$，若 $h(x)\,|\,f(x)$，$h(x)\,|\,g(x)$，则 $h(x)\,|\,d(x)$.

首先，我们来看几种特殊情形的最大公因式.

(1) 若 $f(x)$ 与 $g(x)$ 都等于 0，那么 $f(x)$，$g(x)$ 的最大公因式等于 0.

(2) 若 $g(x)\,|\,f(x)$，那么 $g(x)$ 就是 $f(x)$，$g(x)$ 的一个最大公因式.

(3) 任一多项式 $f(x)$ 是零多项式与 $f(x)$ 的一个最大公因式.

(4) 设 c 是一个非零常数，那么任一非零常数都是 c 与任一多项式 $f(x)$ 的最大公因式.

下面我们要解决的是最大公因式的存在问题，以下的证明给出了一个最大公因式的具体求法.

先看以下的引理.

引理　如果有等式

$$f(x)=g(x)q(x)+r(x)$$

成立，那么 $f(x)$，$g(x)$ 和 $g(x)$，$r(x)$ 有相同的公因式.

证　如果 $\varphi(x)\,|\,g(x)$，$\varphi(x)\,|\,r(x)$，那么由上面等式有，$\varphi(x)\,|\,f(x)$. 也就是说，$g(x)$，$r(x)$ 的公因式全是 $f(x)$，$g(x)$ 的公因式. 反过来，如果 $\varphi(x)\,|\,f(x)$，$\varphi(x)\,|\,g(x)$，那么 $\varphi(x)$ 一定整除它们的组合

$$r(x) = f(x) - g(x)q(x).$$

这就是说，$\varphi(x)$ 是 $g(x)$，$r(x)$ 的公因式. 由此可见，如果 $g(x)$，$r(x)$ 有一个最大公因式 $d(x)$，那么 $d(x)$ 也就是 $f(x)$，$g(x)$ 的一个最大公因式.

定理 4.4　若 $d(x)$ 是 $P[x]$ 中多项式 $f(x)$，$g(x)$ 的一个最大公因式，那么 $d(x)$ 可以表成 $f(x)$，$g(x)$ 的一个组合，即存在 $P[x]$ 中多项式 $u(x)$，$v(x)$ 使

$$d(x) = f(x)u(x) + g(x)v(x).$$

证　若 $f(x)$，$g(x)$ 有一个为零，如 $g(x) = 0$，那么 $f(x)$ 就是 $f(x)$，$g(x)$ 的一个最大公因式，且

$$f(x) = f(x) \cdot 1 + 0 \cdot 1.$$

看一般的情形，不妨设 $g(x) \neq 0$. 由带余除法得，$f(x) = g(x)q_1(x) + r_1(x)$. 如果 $r_1(x) \neq 0$，那么再以 $r_1(x)$ 除 $g(x)$，得商式 $q_2(x)$ 及余式 $r_2(x)$. 如果 $r_2(x) \neq 0$，再以 $r_2(x)$ 除 $r_1(x)$，如此继续下去，因为余式的次数每次降低，所以作了有限次这种除法后，必然得出这样一个余式 $r_k(x)$，它整除前一个余式 $r_{k-1}(x)$. 这样我们得到一串等式：

$$f(x) = g(x)q_1(x) + r_1(x),$$
$$g(x) = r_1(x)q_2(x) + r_2(x),$$
$$r_1(x) = r_2(x)q_3(x) + r_3(x),$$
$$\vdots$$
$$r_{k-3}(x) = r_{k-2}(x)q_{k-1}(x) + r_{k-1}(x),$$
$$r_{k-2}(x) = r_{k-1}(x)q_k(x) + r_k(x),$$
$$r_{k-1}(x) = r_k(x)q_{k+1}(x).$$

我们说，$r_k(x)$ 就是 $f(x)$ 与 $g(x)$ 的一个最大公因式.

上式的最后一个等式说明 $r_k(x)$ 整除 $r_{k-1}(x)$. 因此得，$r_k(x)$ 整除倒数第二个等式右端的两项，因而也就整除 $r_{k-2}(x)$. 同理，由倒数第三个等式看出 $r_k(x)$ 也整除 $r_{k-3}(x)$. 如此逐步往上推，最后得出 $r_k(x)$ 能整除 $g(x)$ 与 $f(x)$. 这就是说，$r_k(x)$ 是 $f(x)$ 与 $g(x)$ 的一个公因式.

其次，假定 $h(x)$ 是 $f(x)$ 与 $g(x)$ 的任一公因式，那么由上面的第一个等式，$h(x)$ 也一定能整除 $r_1(x)$，同理，由第二个等式，$h(x)$ 也能整除 $r_2(x)$. 如此逐步往下推，最后得出 $h(x)$ 能整除 $r_k(x)$. 这样，由最大公因式定义知，$r_k(x)$ 的确是 $f(x)$ 与 $g(x)$ 的一个最大公因式.

由上面的倒数第二个等式，我们有

$$r_k(x) = r_{k-2}(x) - r_{k-1}(x)q_k(x).$$

再由倒数第三式，$r_{k-1}(x) = r_{k-3}(x) - r_{k-2}(x)q_{k-1}(x)$，代入上式可消去 $r_{k-1}(x)$，得到

$$r_k(x) = r_{k-2}(x)(1 + q_k(x)q_{k-1}(x)) - r_{k-3}(x)q_k(x).$$

然后根据同样的方法用它上面的等式逐个地消去 $r_{k-2}(x)$，…，$r_1(x)$，再并项就得到

$$r_k(x) = f(x)u(x) + g(x)v(x).$$

上述定理的证明中用来求最大公因式的方法通常称为**辗转相除法**.

推论 4.5 除一个零次因式外，$f(x)$ 与 $g(x)$ 的最大公因式是唯一确定的，这就是说，若 $d(x)$ 是 $f(x)$ 与 $g(x)$ 的一个最大公因式，那么数域 P 的任何一个不为零的数 c 与 $d(x)$ 的乘积 $cd(x)$，而且只有这样的乘积是 $f(x)$ 与 $g(x)$ 的最大公因式.

因为如果 $d_1(x),d_2(x)$ 是 $f(x)$ 与 $g(x)$ 的两个最大公因式，那么一定有 $d_1(x)|d_2(x)$ 与 $d_2(x)|d_1(x)$ 即 $d_1(x)=cd_2(x),c\neq 0$. 由此可知，两个不全为零的多项式的最大公因式总是一个非零多项式，它们之间只有常数因子的差别. 如，$f(x)=(x^2-4)(x^2-9)$，$g(x)=x+2$，那么的全部最大公因式就是 $c(x+2),c$ 为非零常数.

我们约定，用符号

$$(f(x),g(x))$$

来表示最高次项系数是 1 的那个最大公因式.

例 4.8 设

$$f(x)=6x^4-x^3-52x^2+11x+18,\quad g(x)=6x^3-19x^2+3x+7,$$

求 $(f(x),g(x))$.

解 用辗转相除法：

$q_2(x)=$ $3x-2$	$g(x)$	$f(x)$	$x+3$ $=q_1(x)$
	$6x^3-19x^2+3x+7$	$6x^4-x^3-52x^2+11x+18$	
	$6x^3-15x^2-9x$	$6x^4-19x^3+3x^2+7x$	
	$-4x^2+12x+7$	$18x^3-55x^2+4x+18$	
	$-4x^2+10x+6$	$18x^3-57x^2+9x+21$	$x-3$ $=q_3(x)$
	$r_2(x)=2x+1$	$r_1(x)=2x^2-5x-3$	
		$2x^2+x$	
		$-6x-3$	
		$-6x-3$	
		0	

最后一个不为 0 的余式是 $r_2(x)=2x+1$，所以

$$(f(x),g(x))=x+\frac{1}{2}.$$

推论 4.6 $f(x)$，$g(x)$ 是 $P[x]$ 的多项式，a,b 是数域 P 上非零的数，则

$$(f(x),g(x))=(f(x),bg(x))=(af(x),g(x))=(af(x),bg(x)).$$

在计算最大公因式时，可运用推论 4.6 把被除式或除式乘以一个倍数以达到简化计算的目的.

定理 4.4 的逆命题不成立，但我们有如下结论：

推论 4.7 若 $d(x)$ 是 $f(x)$，$g(x)$ 的一个公因式，则

高 等 代 数

$(f(x),g(x))=d(x)$ 的充要条件是存在 $u(x),v(x)$ 使

$$d(x)=f(x)u(x)+g(x)v(x).$$

必要性由定理 4.4 可得. 下面来看充分性. 设 $h(x)$ 是 $f(x),g(x)$ 的任意一个公因式, 则 $h(x)\mid f(x)$, $h(x)\mid g(x)$. 那么 $h(x)$ 就整除 $f(x),g(x)$ 的一个组合, 即 $h(x)\mid d(x)$, 得 $d(x)$ 是 $f(x),g(x)$ 的最大公因式.

若是数域 $\overline{P}$ 包含 P, 那么 $P[x]$ 的多项式 $f(x)$ 与 $g(x)$ 可以看作 $\overline{P}[x]$ 的多项式. 我们有以下事实:

令 $\overline{P}$ 是含 P 的一个数域, $d(x)$ 是多项式 $f(x)$ 与 $g(x)$ 在 $P[x]$ 中的最大公因式, 而 $\overline{d}(x)$ 是这两个多项式在 $\overline{P}[x]$ 中的最大公因式. 那么

$$\overline{d}(x)=d(x).$$

这就是说, **从数域 P 过渡到数域 $\overline{P}$ 时, $f(x)$ 与 $g(x)$ 的最大公因式没有改变.**

例 4.9 令 P 是有理数域. 已知 $P[x]$ 的多项式

$$f(x)=x^4+3x^3-x^2-4x-3,$$
$$g(x)=3x^3+10x^2+2x-3.$$

求 $(f(x),g(x))$, 并求 $u(x),v(x)$ 使

$$(f(x),g(x))=f(x)u(x)+g(x)v(x).$$

解 用辗转相除法:

$q_2(x)=$ $-\dfrac{27}{5}x+9$	$g(x)=$ $3x^3+10x^2+2x-3$ $3x^3+15x^2+18x$	$f(x)$ $x^4+3x^3-x^2-4x-3$ $x^4+\dfrac{10}{3}x^3+\dfrac{2}{3}x^2-x$	$\dfrac{1}{3}x-\dfrac{1}{9}=q_1(x)$
	$-5x^2-16x-3$ $-5x^2-25x-30$	$-\dfrac{1}{3}x^3-\dfrac{5}{3}x^2-3x-3$ $-\dfrac{1}{3}x^3-\dfrac{10}{9}x^2-\dfrac{2}{9}x+\dfrac{1}{3}$	
	$r_2(x)=9x+27$	$r_1(x)=-\dfrac{5}{9}x^2-\dfrac{25}{9}x-\dfrac{10}{3}$ $-\dfrac{5}{9}x^2-\dfrac{5}{3}x$	$-\dfrac{5}{81}x-\dfrac{10}{81}=q_3(x)$
		$-\dfrac{10}{9}x-\dfrac{10}{3}$ $-\dfrac{10}{9}x-\dfrac{10}{3}$	
		0	

写成等式如下

$$f(x)=g(x)\left(\frac{1}{3}x-\frac{1}{9}\right)+\left(-\frac{5}{9}x^2-\frac{25}{9}x-\frac{10}{3}\right),$$

88

$$g(x) = \left(-\frac{5}{9}x^2 - \frac{25}{9}x - \frac{10}{3}\right)\left(-\frac{27}{5}x + 9\right) + (9x + 27),$$

又因

$$-\frac{5}{9}x^2 - \frac{25}{9}x - \frac{10}{3} = (9x + 27)\left(-\frac{5}{81}x - \frac{10}{81}\right),$$

因此

而

$$(f(x), g(x)) = x + 3.$$

$$\begin{aligned}
9x + 27 &= g(x) - \left(-\frac{5}{9}x^2 - \frac{25}{9}x - \frac{10}{3}\right)\left(-\frac{27}{5}x + 9\right) \\
&= g(x) - \left[f(x) - \left(\frac{1}{3}x - \frac{1}{9}\right)g(x)\right]\left(-\frac{27}{5}x + 9\right) \\
&= f(x)\left(\frac{27}{5}x - 9\right) + g(x)\left[1 - \left(\frac{1}{3}x - \frac{1}{9}\right)\left(\frac{27}{5}x - 9\right)\right] \\
&= f(x)\left(\frac{27}{5}x - 9\right) + g(x)\left(-\frac{9}{5}x^2 + \frac{18}{5}x\right).
\end{aligned}$$

于是，令 $u(x) = \frac{3}{5}x - 1$, $v(x) = -\frac{1}{5}x^2 + \frac{2}{5}x$，就有

$$(f(x), g(x)) = f(x)u(x) + g(x)v(x).$$

定义 4.8 如果 $P[x]$ 的两个多项式除零次多项式外不再有其他的公因式，我们就说，这两个多项式互素.

显然，若多项式 $f(x)$ 与 $g(x)$ 互素，那么

$$(f(x), g(x)) = 1.$$

反之，若 $(f(x), g(x)) = 1$，那么这两个多项式互素.

定理 4.5 $P[x]$ 的两个多项式 $f(x)$ 与 $g(x)$ 互素的充分且必要条件是：在 $P[x]$ 中可以求得多项式 $u(x)$，$v(x)$，使

$$f(x)u(x) + g(x)v(x) = 1. \tag{4.5}$$

事实上，若 $f(x)$ 与 $g(x)$ 互素，那么它们有最大公因式 1，因而由定理 4.4，可以找 $u(x)$ 与 $v(x)$，使等式 (4.5) 成立. 反之，由等式 (4.5) 可得，$f(x)$ 与 $g(x)$ 的每一公因式都能整除 1，因而都是零次多项式.

下面来看互素的性质：

(1) 若 $(f(x), h(x)) = 1, (g(x), h(x)) = 1$，那么

$$(f(x)g(x), h(x)) = 1.$$

因为 $(f(x), h(x)) = 1$，则有多项式 $u(x), v(x)$，使

$$f(x)u(x) + h(x)v(x) = 1.$$

同样又因为 $(g(x), h(x)) = 1$，则有多项式 $u_1(x)$，$v_1(x)$，使

$$g(x)u_1(x) + h(x)v_1(x) = 1.$$

所以

$$1 = [f(x)u(x) + h(x)v(x)][g(x)u_1(x) + h(x)v_1(x)]$$

$$= f(x)g(x)[u(x)u_1(x)] + h(x)[f(x)u(x)v_1(x) + v(x)g(x)u_1(x) + v(x)h(x)v_1(x)]$$

由定理 4.5，乘积 $f(x)g(x)$ 与 $h(x)$ 互素.

(2) 若 $h(x) \mid f(x)g(x)$，且 $(h(x), f(x)) = 1$，那么

$$h(x) \mid g(x).$$

由 $(h(x), f(x)) = 1$ 可知，有 $u(x)$，$v(x)$，使

$$f(x)u(x) + h(x)v(x) = 1.$$

等式乘 $g(x)$，得

$$f(x)g(x)u(x) + h(x)v(x)g(x) = g(x),$$

因为 $h(x) \mid f(x)g(x)$，所以 $h(x)$ 整除等式的左端，从而

$$h(x) \mid g(x).$$

(3) 若 $g(x) \mid f(x), h(x) \mid f(x)$ 且 $(g(x), h(x)) = 1$，那么

$$g(x)h(x) \mid f(x).$$

由 $g(x) \mid f(x)$，有

$$f(x) = g(x)q(x).$$

因为 $h(x) \mid g(x)q(x)$，且 $(g(x), h(x)) = 1$，由性质②，有 $h(x) \mid q(x)$，即

$$q(x) = h(x)q_1(x).$$

代入上式即得

$$f(x) = g(x)h(x)q_1(x).$$

也就是说

$$g(x)h(x) \mid f(x).$$

最大公因式与互素的概念，可以推广到 $n(n > 2)$ 个多项式的情形.

若多项式 $h(x)$ 整除多项式 $f_1(x), f_2(x), \cdots, f_n(x)$ 中的每一个，那么 $h(x)$ 叫做这 $n(n > 2)$ 个多项式的一个公因式. 若是 $f_1(x), f_2(x), \cdots, f_n(x)$ 的公因式 $d(x)$ 能被这 $n(n > 2)$ 个多项式的每一个公因式整除，那么 $d(x)$ 叫做 $f_1(x), f_2(x), \cdots, f_n(x)$ 的一个 **最大公因式**.

容易推出：若 $d_0(x)$ 是多项式 $f_1(x), f_2(x), \cdots, f_{n-1}(x)$ 的一个最大公因式，那么 $d_0(x)$ 与多项式 $f_n(x)$ 的最大公因式也是 $f_1(x), f_2(x), \cdots, f_n(x)$ 的最大公因式. 这样，由于两个多项式的最大公因式总是存在的，所以 $n(n > 2)$ 个多项式的最大公因式也总是存在的，并且可以累次应用辗转相除法来求出.

与两个多项式的情形一样，$n(n > 2)$ 个多项式的最大公因式也只有常数因子的差别. 我们仍用符号 $(f_1(x), f_2(x), \cdots, f_n(x))$ 来表示 $n(n > 2)$ 个不全为零的多项式最高次项系数是 1 的最大公因式.

如果 $(f_1(x), f_2(x), \cdots, f_n(x)) = 1$，那么 $f_1(x), f_2(x), \cdots, f_n(x)$ 就称为 **互素** 的. 我们要注意，$n(n > 2)$ 个多项式 $f_1(x), f_2(x), \cdots, f_n(x)$ 互素时，它们并不一定两两互素. 例如，多项式

$$f_1(x) = x - 3, \qquad f_2(x) = x^2 - 5x + 6, \qquad f_3(x) = x^2 - 4x + 4$$

是互素的，但

$$(f_1(x), f_2(x)) = x - 3.$$

4.4 多项式的因式分解

给定 $P[x]$ 的任何一个多项式 $f(x)$，那么 P 中任何不为零的元素 c 都是 $f(x)$ 的因式. 另一方面，c 与 $f(x)$ 的乘积 $cf(x)$ 也总是 $f(x)$ 的因式. 我们把 $f(x)$ 的这样的因式叫做它的**平凡因式**. 任何一个零次多项式显然只有平凡因式. 一个次数大于零的多项式可能只有平凡因式，也可能还有其他的**非平凡因式**.

定义 4.9 若 $P[x]$ 的一个次数大于零的多项式 $f(x)$ 在 $P[x]$ 中只有平凡因式，就说 $f(x)$ 是在数域 P 上（或在 $P[x]$ 中）不可约. 若 $f(x)$ 除平凡因式外，在 $P[x]$ 中还有其他因式，就说 $f(x)$ 是在 P 上（或在 $P[x]$ 中）可约.

由定义 4.9 我们可以得到定理 4.6.

定理 4.6 $P[x]$ 的一个 $n(n>0)$ 次多项式 $f(x)$ 在 P 上可约的充要条件是 $f(x)$ 能够分解成 $P[x]$ 中两个次数都小于 n 的多项式 $g(x)$ 与 $h(x)$ 的积

$$f(x) = g(x)h(x). \tag{4.6}$$

若 $g(x)$ 与 $h(x)$ 中有一个是零次因式，那么 **$f(x)$ 在 P 上不可约.**

按照定义，一次多项式总是不可约的. 而对于零多项式与零次多项式我们既不能说它们是可约的，也不能说它们是不可约的.

注意：我们只能对于给定的数域来谈论多项式可约或不可约. 因为一个多项式可能在一个数域上不可约，但在另一数域上可约，也就是说**多项式的可约性与给定的数域有关**.

下面我们来介绍数域 P 上不可约多项式的性质.

(1) 如果多项式 $p(x)$ 不可约，那么 $cp(x)$（c 为 P 中任一不为零的元素）也不可约.

反证法，假设 $cp(x)$ 可约，则有

$$cp(x) = g(x)h(x),$$

其中 $g(x)$ 与 $h(x)$ 的次数都小于 $p(x)$ 的次数，那么有

$$p(x) = \left[\frac{1}{c}g(x)\right]h(x),$$

并且 $\frac{1}{c}g(x)$ 与 $h(x)$ 的次数都小于 $p(x)$ 的次数，这与 $p(x)$ 不可约矛盾.

(2) 设 $p(x)$ 是一个不可约多项式，而 $f(x)$ 是一个任意多项式，那么或者

$$(p(x), f(x)) = 1 \ 或者 \ p(x) \mid f(x).$$

设 $(p(x), f(x)) = d(x)$. 则 $d(x) \mid p(x)$. $d(x) \mid f(x)$. 而 $p(x)$ 是不可约多项式. 所以或者 $d(x)$ 是一个零次多项式，即 $p(x)$ 与 $f(x)$ 互素，或者 $d(x) = cp(x)$，c 是一个零次多项式. 即 $p(x) \mid f(x)$.

(3) 设 $p(x)$ 是不可约多项式，若 $p(x) \mid f(x)g(x)$，则 $p(x) \mid f(x)$ 或者 $p(x) \mid g(x)$.

假设 $p(x) \nmid f(x)$. 那么由（2），有 $(p(x), f(x)) = 1$，因而由前一节的互素性质

(2)，$p(x)$ 整除 $g(x)$.

（4）如果多项式 $f_1(x),f_2(x),\cdots,f_s(x),(s\geqslant 2)$ 的乘积能够被不可约多项式 $P(x)$ 整除，那么至少有一个因式被整除.

定理 4.7（因式分解定理）　$P[x]$ 的每一个 $n(n>0)$ 次多项式 $f(x)$ 都可以分解成 $P[x]$ 的不可约多项式的乘积.

证　若是多项式 $f(x)$ 不可约，定理成立. 这时可以认为 $f(x)$ 是一个不可约因式的乘积

$$f(x)=f(x).$$

若 $f(x)$ 可约，那么 $f(x)$ 可以分解成两个次数较低的多项式的乘积

$$f(x)=f_1(x)f_2(x).$$

若因式 $f_1(x)$ 与 $f_2(x)$ 中仍有可约的，那么又可以把出现的每一个可约因式分解成次数较低的多项式的乘积. 如此继续下去. 在这一分解过程中，因式的个数逐渐增多，而每一因式的次数都大于零. 但 $f(x)$ 最多能分解成 n 个次数大于零的多项式的乘积，所以这种分解过程作了有限次后必然终止. 于是我们得到

$$f(x)=p_1(x)p_2(x)\cdots p_r(x),$$

其中每一 $p_i(x)$ 都是 $P[x]$ 中的不可约多项式.

定理 4.8（唯一性定理）　令 $f(x)$ 是 $P[x]$ 的一个次数大于零的多项式，并且

$$f(x)=p_1(x)p_2(x)\cdots p_r(x)=q_1(x)q_2(x)\cdots q_s(x),$$

此处 $p_i(x)$ 与 $q_j(x)$（$i=1,2,\cdots,r;j=1,2,\cdots,s$）都是 $P[x]$ 的不可约多项式. 那么 $r=s$，并且适当调换 $q_j(x)$ 的次序后可使

$$q_i(x)=c_ip_i(x),i=1,2,\cdots,r,$$

此处 c_i 是 P 的不为零的元素. 换句话说，如果不计零次因式的差异，多项式 $f(x)$ 分解成不可约因式乘积的分解式是唯一的.

在多项式 $f(x)$ 的分解式中，可以把每一个不可约因式的首项系数提出来，使它们成为首项系数为 1 的多项式，再把相同的不可约因式合并. 于是 $f(x)$ 的分解式成为

$$f(x)=cp_1^{k_1}(x)p_2^{k_2}(x)\cdots p_t^{k_t}(x),$$

其中 c 是 $f(x)$ 的首项系数，$p_1(x),p_2(x),\cdots,p_t(x)$ 是不同的首项系数为 1 的不可约多项式，而 $k_1,k_2,\cdots,k_t$ 是正整数. 这种分解式称为**标准分解式（或典型分解式）**. 每一个多项式的标准分解式都是唯一确定的.

例 4.10　证明：x^2-3 在有理数域 **Q** 上不可约.

证　假设 x^2-3 在有理数域 **Q** 上可约，则 $x^2-3=(x+a)(x+b)$，a 和 b 是有理数. 但在实数域上

$$x^2-3=(x+\sqrt{3})(x-\sqrt{3}),$$

由唯一分解定理就可得出 $a=\sqrt{3}$ 或 $a=-\sqrt{3}$，这与 a 和 b 是有理数矛盾. 所以 x^2-3 在有理数域 **Q** 上不可约.

例 4.11　分别在复数域 **C** 上，实数域 **R** 上，有理数域 **Q** 上分解因式 x^4+1.

解 在复数域 **C** 上，$x^4 + 1 = \left(x - \frac{1}{\sqrt{2}} - \frac{1}{\sqrt{2}}\mathrm{i}\right)\left(x - \frac{1}{\sqrt{2}} + \frac{1}{\sqrt{2}}\mathrm{i}\right)\left(x + \frac{1}{\sqrt{2}} - \frac{1}{\sqrt{2}}\mathrm{i}\right)$
$\left(x + \frac{1}{\sqrt{2}} + \frac{1}{\sqrt{2}}\mathrm{i}\right)$.

在实数域 **R** 上，$x^4 + 1 = (x^2 + \sqrt{2}x + 1)(x^2 - \sqrt{2}x + 1)$；

有理数域 **Q** 上，$x^4 + 1$ 为不可约多项式.

下面我们介绍利用多项式的标准分解式求两个多项式的最大公因式.

令 $f(x)$ 与 $g(x)$ 是 $P[x]$ 中两个次数大于零的多项式. 假定它们的标准分解式有 r 个共同的不可约因式：

$$f(x) = a p_1^{k_1}(x) p_2^{k_2}(x) \cdots p_r^{k_r}(x) q_{r+1}^{k_{r+1}}(x) \cdots q_s^{k_s}(x),$$
$$g(x) = b p_1^{l_1}(x) p_2^{l_2}(x) \cdots p_r^{l_r}(x) \bar{q}_{r+1}^{l_{r+1}}(x) \cdots \bar{q}_t^{l_t}(x).$$

其中每一 $q_i(x)(i = r+1, \cdots, s)$ 不等于任何 $\bar{q}_j(x)(j = r+1, \cdots, t)$，令 m_i 是 k_i 与 l_i 两自然数中较小的一个 $(i = 1, 2, \cdots, r)$，那么

$$d(x) = p_1^{m_1}(x) p_2^{m_2}(x) \cdots p_r^{m_r}(x).$$

就是 $f(x)$ 与 $g(x)$ 的最大公因式.

若是 $f(x)$ 与 $g(x)$ 的标准分解式没有共同的不可约因式，那么 $f(x)$ 与 $g(x)$ 的最大因式显然是零次多项式.

例 4.12 设 $f(x) = x^6 + 5x^3 - 8x^2 + 8$，$g(x) = x^2 + 5x + 6$，求 $(f(x), g(x))$.

解 因为 $g(x) = x^2 + 5x + 6$，所以 $g(x) = (x+2)(x+3)$.

依次用综合除法判断 $(x+2)$ 和 $(x+3)$ 是否整除 $f(x) = x^6 + 5x^3 - 8x^2 + 8$.

$$
\begin{array}{r|rrrrrr}
-2 & 1 & 0 & 0 & 5 & -8 & 0 & 8 \\
   &   & -2 & 4 & -8 & 6 & 4 & -8 \\
\hline
   & 1 & -2 & 4 & -3 & -2 & 4 & 0
\end{array}
$$

$$
\begin{array}{r|rrrrrr}
-3 & 1 & -2 & 4 & -3 & -2 & 4 \\
   &   & -3 & 15 & -57 & 180 & -534 \\
\hline
   & 1 & -5 & 19 & -60 & 178 & -530 \neq 0
\end{array}.
$$

由上可知，$(x+2)$ 是 $f(x)$ 的因式，所以，$(f(x), g(x)) = (x+2)$.

4.5 重 因 式

首先我们来了解下多项式的导数.

定义 4.10 $P[x]$ 的多项式

$$f(x) = a_n x^n + a_{n-1} x^{n-1} + \cdots + a_1 x + a_0$$

的导数（也称微商）或一阶导数指的是 $P[x]$ 的多项式

$$f'(x) = n a_n x^{n-1} + (n-1) a_{n-1} x^{n-2} + \cdots + a_1.$$

一阶导数 $f'(x)$ 的导数叫做 $f(x)$ 的二阶导数（微商），记作 $f''(x)$，$f(x)$ 的 n 阶导数（微商）记作 $f^{(n)}(x)$.

显然，n 次多项式的 $n+1$ 阶导数等于 0

多项式的导数有下列性质：
$$[f(x)+g(x)]' = f'(x)+g'(x),$$
$$[cf(x)]' = cf'(x),$$
$$[f(x)g(x)]' = f'(x)g(x)+f(x)g'(x),$$
$$[f^k(x)]' = kf^{k-1}(x)f'(x).$$

例 4.13 设 $f(x) \in \mathbf{Q}[x]$ 且 $\partial(f(x))=n$，证明
$$f'(x)\,|\,f(x) \Leftrightarrow f(x) = a(x-b)^n \text{ 且 } a, b \in \mathbf{Q}.$$

证 充分性：若 $f(x) = a(x-b)^n$ 且 a、$b \in \mathbf{Q}$，那么
$$f'(x) = na(x-b)^{n-1},$$
所以有
$$f'(x)\,|\,f(x).$$

必要性：因为 $f'(x)\,|\,f(x)$，所以 $f(x) = f'(x)g(x)$，$\partial(g(x))=1$.

设 $g(x) = a(x-b)$，于是 $f(x) = af'(x)(x-b)$，将该式两边逐次求导，得到以下一组等式
$$f(x) = af'(x)(x-b),$$
$$(1-a)f'(x) = af''(x)(x-b),$$
$$(1-2a)f''(x) = af'''(x)(x-b),$$
$$\vdots$$
$$[1-(n-1)a]f^{(n-1)}(x) = af^{(n)}(x)(x-b) = a \cdot \alpha(x-b).$$

其中，$\alpha = f^{(n)}(x) \in \mathbf{Q}$.

将以上等式左、右相乘得
$$(1-a)(1-2a)\cdots[1-(n-1)a]f(x) = a^n\alpha(x-b)^n.$$

所以
$$f(x) = a(x-b)^n, \qquad a, b \in \mathbf{Q}$$

虽然我们没有一般的方法来求一个多项式的标准分解式，但我们有方法来研究一个多项式有没有重因式.

定义 4.11 若不可约多项式 $p(x)$ 满足，$p^k(x)\,|\,f(x)$，而 $p^{k+1}(x) \nmid f(x)$. 那么 $p(x)$ 称为多项式 $f(x)$ 的 k 重因式.

如果 $k=0$，那么 $p(x)$ 不是 $f(x)$ 的因式；如果 $k=1$，那么 $p(x)$ 是 $f(x)$ 的单因式；如果 $k>1$，那么 $p(x)$ 是 $f(x)$ 的重因式.

显然，如果 $f(x)$ 的标准分解式为
$$f(x) = ap_1^{k_1}(x)p_2^{k_2}(x)\cdots p_t^{k_t}(x),$$
那么 $p_1(x), p_2(x), \cdots p_t(x)$ 分别是 $f(x)$ 的 k_1 重因式，k_2 重因式，$\cdots$，k_t 重因式. 指数 $k_i=1$ 的那些不可约因式是单因式；指数 $k_i>1$ 的那些不可约因式是重因式.

定理 4.9 设 $p(x)$ 是多项式 $f(x)$ 的一个 k（$k>1$）重因式，那么 $p(x)$ 是 $f(x)$ 的导数（微商）的一个 $k-1$ 重因式．特别，多项式 $f(x)$ 的单因式不是 $f(x)$ 的导数（微商）的因式．

证 因为 $p(x)$ 是 $f(x)$ 的 k 重因式，所以
$$f(x) = p^k(x)g(x),$$
并且 $p(x)$ 不能整除 $g(x)$．求 $f(x)$ 的导数，得
$$f'(x) = p^{k-1}(x)(kg(x)p'(x) + p(x)g'(x)),$$
这说明 $p^{k-1}(x) \,|\, f'(x)$．若令
$$h(x) = kg(x)p'(x) + p(x)g'(x).$$
那么 $p(x)$ 整除等式右端的第二项，但不能整除第一项，因为 $p'(x)$ 的次数小于 $p(x)$ 的次数，因而 $kp'(x)$ 的次数也小于 $p(x)$ 的次数，所以 $p(x)$ 不能整除 $kp'(x)$；又由已知条件，$p(x)$ 不能整除 $g(x)$．因此根据不可约多项式的性质（3），$p(x)$ 不能整除乘积 $kp'(x)g(x)$．因此 $p(x)$ 不能整除 $h(x)$．这就是说 $p(x)$ 是 $f(x)$ 的一个 $k-1$ 重因式．

注意： 定理的逆不成立，即 $p(x)$ 是 $f'(x)$ 的 $k-1$ 重因式，但 $p(x)$ 未必是 $f(x)$ 的 k 重因式．

由定理可得下面的推论：

推论 4.8 设 $p(x)$ 不可约多项式，$p(x)$ 是 $f(x)$ 的重因式的充要条件是 $p(x)$ 是 $f(x)$ 与 $f'(x)$ 的公因式．

证 $f(x)$ 的重因式必须是 $f'(x)$ 的因式；反过来，如果 $f(x)$ 的不可约因式也是 $f'(x)$ 的因式，它必定不是 $f(x)$ 的单因式．

由推论 4.8 可类似得到：

推论 4.9 多项式 $f(x)$ 没有重因式 $\Leftrightarrow (f(x), f'(x)) = 1$．

由于多项式的导数以及两个多项式互素与否的事实在由数域 P 过渡到含数域 P 的数域 $\overline{P}$ 时都无改变，因此，若多项式 $f(x)$ 在 P 中没有重因式，那么把 $f(x)$ 看成含 P 的某一个数域 $\overline{P}$ 上的多项式时，$f(x)$ 也没有重因式．

由推论可知，$f(x)$ 与 $f'(x)$ 的最大公因式的所有不可约因式是 $f(x)$ 的所有重因式，所以求一个多项式的重因式，只需求 $f(x)$ 与 $f'(x)$ 的最大公因式，最大公因式的不可约因式就是 $f(x)$ 的重因式．即判断一个多项式 $f(x)$ 有无重因式的具体方式是

（1）由 $f(x)$ 求 $f'(x)$．

（2）求出 $(f(x), f'(x)) = d(x)$．

（3）若 $d(x) = 1$，则 $f(x)$ 无重因式；若 $d(x) \neq 1$，那么 $d(x)$ 的每个不可约因式都是 $f(x)$ 的重因式．

例 4.14 判断 $f(x) = x^4 - 5x^3 + 9x^2 - 7x + 2$ 有无重因式．

解 由 $f(x)$ 得 $f'(x) = 4x^3 - 15x^2 + 18x - 7$．由辗转相除法求得 $d(x) = f(x)$，$f'(x)) = x^2 - 2x + 1 = (x-1)^2 \neq 1$，即 $f(x)$ 有重因式 $x-1$．

用上述方法我们还可以用来求出多项式 $f(x)$ 的所有不可约因式，继而求出 $f(x)$ 的标准分解式．

设 （$n \geqslant 1$） 次多项式 $f(x)$ 的标准分解式是
$$f(x) = a p_1^{k_1}(x) p_2^{k_2}(x) \cdots p_t^{k_t}(x),$$
由定理 4.9 可知 $f'(x) = p_1^{k_1-1}(x) p_2^{k_2-1}(x) \cdots p_t^{k_t-1}(x) g(x)$，则
$$(f(x), f'(x)) = p_1^{k_1-1}(x) p_2^{k_2-1}(x) \cdots p_t^{k_t-1}(x)$$

那么 $\dfrac{f(x)}{(f(x), f'(x))} = a p_1(x) p_2(x) \cdots p_t(x)$ 是一个没有重因式的多项式，并且与 $f(x)$

有完全相同的不可约因式，因此求 $f(x)$ 的不可约因式，只需求 $\dfrac{f(x)}{(f(x), f'(x))}$ 的不可

约因式.

例 4.15 求 $f(x) = x^5 - 5x^4 - 5x^3 + 45x^2 - 108$ 在 **R** 上的标准分解式.

解 由 $f(x)$ 得 $f'(x) = 5x^4 - 20x^3 - 15x^2 + 90x$. 由辗转相除法求得
$$(f(x), f'(x)) = x^3 - 4x^2 - 3x + 18.$$

所以
$$\frac{f(x)}{(f(x), f'(x))} = x^2 - x - 6 = (x+2)(x-3).$$

则 $f(x)$ 的不可约因式有 $x+2, x-3$，因此 $f(x) = (x+2)^k (x-3)^l, k, l \in \mathbf{N}$. 下面可用综合除法来求 k, l

-2	1	-5	-5	45	0	-108
		-2	14	-18	-54	108
-2	1	-7	9	27	-54	0
		-2	18	-54	54	
-2	1	-9	27	-27	0	
		-2	22	-98		
	1	-11	49	$-125 \neq 0$		

再继续对 $(x-3)$ 作综合除法，就可得
$$f(x) = (x+2)^2 (x^3 - 9x^2 + 27x - 27) = (x+2)^2 (x-3)^3.$$

由前面所学的多项式函数以及重因式的知识，我们可以定义**重根**的概念. 如果 $(x-c)$ 是 $f(x)$ 的 k 重因式，那么 c 称为 $f(x)$ 的 k **重根**，当 $k=1$ 时，c 称为**单根**；当 $k>1$ 时，c 称为**重根**.

定理 4.10 $P[x]$ 中的一个 $n \geqslant 0$ 次多项式 $f(x)$ 在 P 中至多有 n 个不同的根（重根按重数计算）.

证 如果 $f(x)$ 是 P 中一个不等于零的数即零次多项式，肯定没有根. 因此定理对于 $n=0$ 成立. 现对 n 作数学归纳法来证明这一定理，设 $c \in P$ 是 $f(x)$ 的一个根，那么
$$f(x) = (x-c)g(x),$$
这里 $g(x) \in P[x]$ 是一个 $n-1$ 次多项式. 如果 $d \in P$ 是 $f(x)$ 的另一个根 $d \neq c$，那么
$$0 = f(d) = (d-c)g(d).$$
因为 $d-c \neq 0$，所以 $g(d) = 0$. 因为 $g(x)$ 的次数是 $n-1$，由归纳法假设，$g(x)$ 在 P

内至多有 $n-1$ 个不同的根。因此 $f(x)$ 在 P 中至多有 n 个不同的根.

推论 4.10 设 $f(x) \in P[x]$，$f(x) = 0$ 的充要条件是 $f(x)$ 在 P 中有无穷多个根.

定理 4.11 设 $P[x]$ 的两个多项式 $f(x)$ 与 $g(x)$ 的次数都不大于 n，若以 P 中 $n+1$ 个或更多的不同的数来代替 x 时，所得 $f(x)$ 与 $g(x)$ 的值都相等，那么 $f(x) = g(x)$.

证 令

$$u(x) = f(x) - g(x).$$

若 $f(x) \neq g(x)$，换一名话说 $u(x) \neq 0$，那么 $u(x)$ 是一个次数不超过 n 的多项式，并且在 P 中有 $n+1$ 个或更多的根. 这与定理 4.10 矛盾.

定理 4.12 $P[x]$ 的两个多项式 $f(x)$ 与 $g(x)$ 相等，当且仅当它们所定义的 P 上多项式函数相等.

证 设 $f(x) = g(x)$. 那么它们有完全相同的项，因而对 P 的任何数 c 都有 $f(c) = g(c)$. 这就是说，$f(x)$ 与 $g(x)$ 所确定的函数相等.

反过来，设 $f(x)$ 与 $g(x)$ 所确定的函数相等.

令

$$u(x) = f(x) - g(x).$$

那么对 P 的任何数 c 都有 $u(c) = f(c) - g(c) = 0$. 这就是说，P 中的每一个数都是多项式 $u(x)$ 的根，但 P 中有无穷多个数，因此 $u(x)$ 有无穷多个根. 由推论 4.10 知，只有零多项式才有这个性质. 因此有

$$u(x) = f(x) - g(x) = 0,$$

即

$$f(x) = g(x).$$

由定理 4.11 知，给了一个数域 P 里 $n+1$ 个互不相同的数 $a_1, a_2, \cdots, a_{n+1}$ 以及任意 $n+1$ 个数 $b_1, b_2, \cdots, b_{n+1}$ 后，至多存在 $P[x]$ 的一个次数不超过 n 的多项式 $f(x)$，能使 $f(a_i) = b_i, i = 1, 2, \cdots, n+1$. 这个多项式可由以下拉格朗日（Lagrange）插值公式给出：

$$f(x) = \sum_{i=1}^{n+1} \frac{b_i (x-a_1) \cdots (x-a_{i-1})(x-a_{i+1}) \cdots (x-a_{n+1})}{(a_i-a_1) \cdots (a_i-a_{i-1})(a_i-a_{i+1}) \cdots (a_i-a_{n+1})}.$$

例 4.16 求一个次数小于 4 的多项式 $f(x)$，使

$$f(2) = 3, f(3) = -1, f(4) = 0, f(5) = 2.$$

解 由拉格朗日插值公式得

$$f(x) = \frac{3(x-3)(x-4)(x-5)}{(2-3)(2-4)(2-5)} + \frac{-1(x-4)(x-2)(x-5)}{(3-4)(3-2)(3-5)} + \frac{2(x-2)(x-3)(x-4)}{(5-2)(5-3)(5-4)}$$

$$= -\frac{1}{2}x^3 + 7x^2 + \frac{2}{3}x + 38.$$

4.6 复数和实数域上多项式

复数域与实数域都是数域，前面我们所得的结论对它们也是成立的，但这两个数

域又有它们的特殊性，所以某些结论可以进一步具体化.

对于复数域，我们有下面的定理 4.13 和定理 4.14.

定理 4.13 （代数基本定理） 任何 n（$n \geqslant 1$）次多项式在复数域中至少有一个根.

根据上节所学根与一次因式的关系，代数基本定理显然可以等价的叙述为

任何 n（$n \geqslant 1$）次多项式在复数域上一定有一个一次因式.

定理 4.14 任何 n（$n \geqslant 1$）次多项式在复数域中有 n 个根（重根按重数计算）.

证 设 $f(x)$ 是一个 n（$n \geqslant 1$）次多项式，那么由代数基本定理，它在复数域 $\mathbf{C}$ 中有一个根 α_1，因此在 $\mathbf{C}[x]$ 中

$$f(x) = (x - \alpha_1) f_1(x),$$

这里 $f_1(x)$ 是 $\mathbf{C}[x]$ 上的一个 $n-1$ 次多项式. 若 $n-1 > 0$，那么 $f_1(x)$ 在 $\mathbf{C}$ 中有一个根 α_2，因而在 $\mathbf{C}[x]$ 中

$$f(x) = (x - \alpha_1)(x - \alpha_2) f_2(x),$$

这样继续下去，最后 $f(x)$ 在 $\mathbf{C}[x]$ 中完全分解成 n 个一次因式的乘积，而 $f(x)$ 在 $\mathbf{C}$ 中有 n 个根.

由此可得复数域上多项式的因式分解定理.

复数域 $\mathbf{C}$ 上任一 n（$n \geqslant 1$）次多项式 $f(x)$ 可以在 $\mathbf{C}[x]$ 里分解为一次因式的乘积. 也就是说，**复数域上任一次数大于 1 的多项式都是可约的. 即复数域上任一 n（$n \geqslant 1$）次多项式 $f(x)$ 的标准分解式为**

$$f(x) = a_n (x - \alpha_1)^{l_1} (x - \alpha_2)^{l_2} \cdots (x - \alpha_s)^{l_s},$$

其中 $\alpha_1, \alpha_2, \cdots, \alpha_s$ 是不同复数，$l_1, l_2, \cdots, l_s$ 是正整数，且 $l_1 + l_2 + \cdots + l_s = n$.

例 4.17 n 为正整数，在什么条件下 $x^{2n} + x^n + 1$ 能被 $x^2 + x + 1$ 整除.

解 设 $f(x) = x^{2n} + x^n + 1$，则

$$f(\varepsilon) = \varepsilon^{2n} + \varepsilon^n + 1,$$

$$f(\varepsilon^2) = (\varepsilon^2)^{2n} + (\varepsilon^2)^n + 1 = (\varepsilon^4)^n + \varepsilon^{2n} + 1 = \varepsilon^n + \varepsilon^{2n} + 1 = f(\varepsilon).$$

当 $n = 3k$（$k \in \mathbf{N}$）时，

$$f(\varepsilon) = f(\varepsilon^2) = \varepsilon^n + \varepsilon^{2n} + 1 = \varepsilon^{3k} + \varepsilon^{6k} + 1 = 3 \neq 0,$$

当 $n = 3k+1$（$k \in \mathbf{N}$）时，

$$f(\varepsilon) = f(\varepsilon^2) = \varepsilon^n + \varepsilon^{2n} + 1 = \varepsilon^{3k+1} + \varepsilon^{6k+2} + 1 = \varepsilon + \varepsilon^2 + 1 = 0,$$

当 $n = 3k+2$（$k \in \mathbf{N}$）时，

$$f(\varepsilon) = f(\varepsilon^2) = \varepsilon^n + \varepsilon^{2n} + 1 = \varepsilon^{3k+2} + \varepsilon^{6k+4} + 1 = \varepsilon + \varepsilon^2 + 1 = 0.$$

所以当 n 不是 3 的倍数时，$x^{2n} + x^n + 1$ 能被 $x^2 + x + 1$ 整除.

现在我们来讨论 n 次多项式的根与系数的关系.

令

$$f(x) = x^n + a_1 x^{n-1} + \cdots + a_{n-1} x + a_n$$

是一个 n（$n \geqslant 1$）次多项式，那在复数域 $\mathbf{C}$ 中 $f(x)$ 有 n 个根 $\alpha_1, \alpha_2, \cdots, \alpha_n$，因而在 $\mathbf{C}[x]$ 中 $f(x)$ 完全分解成一次因式的乘积：

$$f(x) = (x - \alpha_1)(x - \alpha_2) \cdots (x - \alpha_n).$$

展开这一等式右端的括号, 合并同次项, 然后比较上面两个等式所得出的右端的系数, 我们得到根与系数的关系

$$a_1 = -(\alpha_1 + \alpha_2 + \cdots + \alpha_n),$$
$$a_2 = (\alpha_1\alpha_2 + \alpha_1\alpha_3 + \cdots + \alpha_{n-1}\alpha_n),$$
$$a_3 = -(\alpha_1\alpha_2\alpha_3 + \alpha_1\alpha_2\alpha_4 + \cdots + \alpha_{n-2}\alpha_{n-1}\alpha_n),$$
$$\vdots$$
$$a_{n-1} = (-1)^{n-1}(\alpha_1\alpha_2\cdots\alpha_{n-1} + \alpha_1\alpha_3\cdots\alpha_n + \cdots + \alpha_2\alpha_3\cdots\alpha_n),$$
$$a_n = (-1)^n(\alpha_1\alpha_2\cdots\alpha_n).$$

其中第 $k(k=1,2,\cdots,n)$ 个等式的右端是一切可能的 k 个根的乘积之和, 乘以 $(-1)^k$.

若是多项式

$$f(x) = a_0 x^n + a_1 x^{n-1} + \cdots + a_{n-1}x + a_n$$

的首项系数 $a_0 \neq 1$, 那么应用根与系数的关系时需先用 a_0 除所有系数, 这时根与系数的关系取以下形式:

$$\frac{a_1}{a_0} = -(\alpha_1 + \alpha_2 + \cdots + \alpha_n),$$

$$\frac{a_2}{a_0} = (\alpha_1\alpha_2 + \alpha_1\alpha_3 + \cdots + \alpha_{n-1}\alpha_n),$$

$$\vdots$$

$$\frac{a_n}{a_0} = (-1)^n(\alpha_1\alpha_2\cdots\alpha_n).$$

例 4.18 求有单根 4 与 -1 以及二重根 2 的四次多项式.

解 设四次多项式为 $f(x) = x^4 + a_1 x^3 + a_2 x^2 + a_3 x + a_4$, 那么, 根据根与系数的关系, 得

$$a_1 = -(4 - 1 + 2 + 2) = -7,$$
$$a_2 = 4 \cdot (-1) + 4 \cdot 2 + 4 \cdot 2 + (-1) \cdot 2 + (-1) \cdot 2 + 2 \cdot 2 = 12,$$
$$a_3 = -[4 \cdot (-1) \cdot 2 + 4 \cdot (-1) \cdot 2 + 4 \cdot 2 \cdot 2 + (-1) \cdot 2 \cdot 2] = 4,$$
$$a_4 = 4 \cdot (-1) \cdot 2 \cdot 2 = -16.$$

因此, 所求多项式是

$$f(x) = x^4 - 7x^3 + 12x^2 + 4x - 16,$$

或

$$f(x) = ax^4 - 7ax^3 + 12ax^2 + 4ax - 16a.$$

这里 $a \neq 0$.

例 4.19 解线性方程组 $\begin{cases} x + y + z = 3 & (1) \\ x^2 + y^2 + z^2 = 3 & (2) \\ xyz = 1 & (3) \end{cases}$

解 由 $(1)^2 - (2)$ 式得

$$xy + yz + zx = 3.$$

因此，x, y, z 可以看成是三次多项式 $f(x) = x^3 + a_1 x^2 + a_2 x + a_3$ 在复数域上的三个根. 所以由根与系数的关系得

$$\begin{cases} a_1 = -(x + y + z) = -3 \\ a_2 = xy + yz + xz = 3 \\ a_3 = -xyz = -1 \end{cases},$$

而多项式 $f(x) = x^3 - 3x^2 + 3x - 1$ 的根是 $x = y = z = 1$.

下面来讨论实系数多项式的一些性质.

定理 4.15 若是实系数多项式 $f(x)$ 有一个非实的复数根 α，那么 α 的共轭数 $\bar{\alpha}$ 也是 $f(x)$ 的根，并且 α 与 $\bar{\alpha}$ 有同一重数. 换句话说，实系数多项式的非实的复数根两两成对.

由代数基本定理和定理 4.15 可得到关于实数域上多项式的因式分解的以下定理.

定理 4.16 实数域上不可约多项式，除一次多项式外，只有判别式 $\Delta < 0$ 的二次多项式.

定理 4.17 每一个实系数多项式都可以分解为实系数的一次和二次不可约因式的乘积.

4.7 有理数域上多项式

这一节我们主要是指出有理系数多项式的两个重要的事实. 第一，在有理系数多项式环中有任意次数的不可约多项式. 第二，有理系数多项式的因式分解的问题，可以归结为整（数）系数多项式的因式分解问题，并进而解决求有理系数多项式的有理根的问题.

设有理系数多项式

$$f(x) = a_n x^n + a_{n-1} x^{n-1} + \cdots + a_1 x + a_0.$$

因为每个有理数都可表示为两个整数之比，选取适当的整数 c 乘 $f(x)$，总可以使 $cf(x)$ 是一整系数多项式. 而 $cf(x)$ 与 $f(x)$ 有相同的可约性，因此，要判断 $f(x)$ 是否可约，只需判断 $cf(x)$ 是否可约，而 $cf(x)$ 是一个整系数多项式，由此就归结为讨论整系数多项式在 **Q** 上的可约性问题，首先引入以下概念：

定义 4.12 若是一个整系数多项式

$$f(x) = a_n x^n + a_{n-1} x^{n-1} + \cdots + a_1 x + a_0$$

的系数互素，即 $(a_0, a_1, \cdots, a_n) = 1$，那么 $f(x)$ 叫做**一个本原多项式**.

关于本原多项式，有以下的定理 4.18.

定理 4.18（高斯（Gauss）引理） 两个本原多项式的乘积仍是一个本原多项式.

由本原多项式的概念和性质，可得到定理 4.19.

定理 4.19 若是一个整系数 n（$n \geqslant 1$）次多项式 $f(x)$ 在有理数域上可约，那么 $f(x)$ 总可以分解成次数都小于 n 的两个整系数多项式的乘积.

要判断一个整系数多项式是否可约,用定理 4.19 来判断仍然很麻烦. 下面我们介绍另一个判断整系数多项式在有理数域上是否可约的方法.

定理 4.20（艾森斯坦（Eisenstein）判断法）　设

$$f(x) = a_n x^n + a_{n-1} x^{n-1} + \cdots + a_1 x + a_0$$

是一个整系数多项式. 若是能够找到一个素数 p,使

(1) $p \nmid a_n$;

(2) $p \mid a_{n-1}, a_{n-2}, \cdots, a_0$;

(3) $p^2 \nmid a_0$.

那么多项式 $f(x)$ 在有理数域上不可约.

证　若是多项式 $f(x)$ 有理数域上可约,那由定理 4.19,$f(x)$ 可以分解成两个次数较低的整系数多项式的乘积:

$$f(x) = g(x)h(x).$$

这里

$$g(x) = b_k x^k + b_{k-1} x^{k-1} + \cdots + b_0,$$
$$h(x) = c_l x^l + c_{l-1} x^{l-1} + \cdots + c_0.$$

并且 $k < n$,$1 < n$,$k + l = n$. 由此得到

$$a_0 = b_0 c_0.$$

因为 a_0 被 p 整除,而 p 是一个素数,所以 b_0 或 c_0 被 p 整除. 但 a_0 不能被 p^2 整除,所以 b_0 或 c_0 不能同时被 p 整除. 不妨假定 b_0 被 p 整除而 c_0 不能被 p 整除. $g(x)$ 的系数不能全被 p 整除,否则 $f(x) = g(x)h(x)$ 的系数 a_n 将被 p 整除,这与假定矛盾. 令 $g(x)$ 中第一个不能被 p 整除的系数是 b_s. 考察等式

$$a_s = b_s c_0 + b_{s-1} c_1 + \cdots + b_0 c_s.$$

由于在这个等式中 $a_s, b_{s-1}, \cdots, b_0$ 都被 p 整除,所以 $b_s c_0$ 也必须被 p 整除. 但 p 是一个素数,所以 b_s 与 c_0 中至少有一个被 p 整除,这是一个矛盾.

我们知道,在复数域上只有一次的多项式是不可约的,而在实数域上只有一次和一部分二次的多项式是不可约的,然而应用艾森斯坦因判断法我们很容易证明以下事实:

有理数域上任意次的不可约多项式都存在.

例 4.20　证明多项式 $f(x) = x^4 - 2x^3 + 8x - 10$ 在有理数域 **Q** 上不可约.

证　应用艾森斯坦因判断法,可找到一个素数 $p = 2$,满足:

(1) $2 \nmid 1$.

(2) $2 \mid (-2), 2 \mid 8, 2 \mid (-10)$.

(3) $2^2 \nmid (-10)$.

所以,多项式 $f(x) = x^4 - 2x^3 + 8x - 10$ 在有理数域 **Q** 上不可约.

艾森斯坦因判断法不是对于所有整系数多项式都能应用的,因为满足判断法中条件的素数 p 不总存在. 若是对于某一多项式样 $f(x)$ 找不到这样的素数 p,那么 $f(x)$ 可能在有理数域上可约也可能不可约. 例如,对于多项式 $x^2 + 3x + 2$ 与 $x^2 + 1$ 来说,

都找不到一个满足判断法的条件的素数 p. 但显然前一个多项式在有理数域上可约，而后一多项式不可约.

有时对某一多项式 $f(x)$ 来说，艾森斯坦因判断法不能直接应用，但是把 $f(x)$ 适当变形后，就可以应用这个判断法.

推论 4.11 设 $f(x)$ 是一整系数多项式，令

$$x = y + a,$$

那么 $f(x)$ 在有理数域上可约的充要条件是 $g(y)$ 在有理数域上可约. 这里

$$f(x) = f(y + a) = g(y).$$

例 4.21 证明多项式 $f(x) = x^4 + 1$ 在有理数域 $\mathbf{Q}$ 上不可约.

证 令

$$x = y + 1,$$

则

$$f(x) = f(y + 1) = (y + 1)^4 + 1 = y^4 + 4y^3 + 6y^2 + 4y + 2 = g(y)$$

取素数 $p = 2$. 则有

$$p \nmid 1, p \mid 4, p \mid 6, p \mid 2,$$

但

$$p^2 \nmid 2,$$

由艾森斯坦因判断法知，$g(y)$ 在有理数域 $\mathbf{Q}$ 上不可约，从而 $f(x)$ 在有理数域 $\mathbf{Q}$ 上不可约.

以上讨论解决了我们提出的第一个问题，下面我们来解决第二个问题.

定理 4.21 设

$$f(x) = a_n x^n + a_{n-1} x^{n-1} + \cdots + a_1 x + a_0$$

是一个整系数多项式，若是有理数 $\dfrac{u}{v}$ 是 $f(x)$ 的一个根，这里 u 和 v 是互素的整数，那么

(1) $v \mid a_n$，$u \mid a_0$.

(2) $f(x) = \left(x - \dfrac{u}{v}\right)q(x)$.

这里 $q(x)$ 是一个整系数多项式.

证 由于 $\dfrac{u}{v}$ 是 $f(x)$ 的一个根，所以

$$f(x) = \left(x - \frac{u}{v}\right)q(x).$$

这里 $q(x)$ 是一个有理系数多项式. 我们有

$$\left(x - \frac{u}{v}\right) = \frac{1}{v}(vx - u),$$

这里 $vx - u$ 是一个本原多项式，因为 u 和 v 是互素. 另一方面，$q(x)$ 可以写成

$$q(x) = \frac{a}{b} f_1(x),$$

这里 $\dfrac{a}{b}$ 是一个有理数而 $f_1(x)$ 是一个本原多项式. 这样

$$f(x) = \frac{r}{s}(vx - u)f_1(x),$$

这里 r 和 s 是互素的整数并且 $s > 0$，而 $vx - u$ 和 $f(x)$ 都是本原多项式. 由此，和定理 4.19 的证明一样，可以推得 $s = 1$，而

$$f(x) = (vx - u)q_1(x),$$

这里 $q_1(x) = rf_1(x)$ 是一个整系数多项式. 令

$$q_1(x) = b_{n-1}x^{n-1} + \cdots + b_1 x + b_0.$$

所以

$$a_n x^n + a_{n-1}x^{n-1} + \cdots + a_1 x + a_0 = (vx - u)(b_{n-1}x^{n-1} + \cdots + b_1 x + b_0).$$

比较系数，得 $a_n = vb_{n-1}, a_0 = -ub_0$，这就是说，$v \mid a_n, u \mid a_0$. 另一方面，比较得 $q(x) = vq_1(x)$，所以 $q(x)$ 也是一个整系数多项式.

给定了一个整系数多项式 $f(x)$，设它的最高次项系数 a_n 的因数是 $v_1, v_2, \cdots, v_k$，它的常数项 a_0 的因数是 $u_1, u_2, \cdots, u_l$，那么根据定理 4.21，欲求 $f(x)$ 的有理根，我们只需对有限个有理数 $\dfrac{u_i}{v_j}$ 用综合除法来进行试验.

例 4.22 求多项式 $f(x) = \dfrac{1}{4}x^4 - \dfrac{1}{4}x^3 - \dfrac{1}{2}x - 1$ 的有理根.

解 因为 $f(x)$ 与 $4f(x) = x^4 - x^3 - 2x - 4$ 有完全相同的根，所以 $f(x)$ 的有理根全在集合 $\{\pm 1, \pm 2, \pm 4\}$，用综合除法对它们进行检验知，-1 和 2 是 $f(x)$ 的单根.

当有理数 $\dfrac{u_i}{v_j}$ 的个数很多的时候，对它们逐个进行试验还是比较麻烦的. 下面讨论如何简化计算.

首先，$\dfrac{u_i}{v_j}$ 中一定包含 1 与 -1，先计算 $f(1)$ 与 $f(-1)$，若有一个等于零，那么说明 1 或 -1 是 $f(x)$ 的根. 其次，若有理数 $\dfrac{u}{v}$ ($\neq \pm 1$) 是 $f(x)$ 的根，那由定理 4.21，

$$f(x) = \left(x - \frac{u}{v}\right)q(x),$$

而 $q(x)$ 也是一个整系数多项式. 因此商

$$\frac{f(1)}{1 - \dfrac{u}{v}} = q(1), \quad \frac{f(-1)}{1 + \dfrac{u}{v}} = -q(-1)$$

都应该是整数. 这样，我们只需对那些使商 $\dfrac{f(1)}{1 - \dfrac{u}{v}}$ 与 $\dfrac{f(-1)}{1 + \dfrac{u}{v}}$ 都是整数的 $\dfrac{u}{v}$ 来进试验.

推论 4.12 最高次项系数是 1 的整系数多项式的有理根必是整数，并且是常数项

的因数.

推论 4.13 设 $f(x)$ 是整系数多项式,如果有理数 c 是 $f(x)$ 的根,那么 $\dfrac{f(1)}{1-c}$,

$\dfrac{f(-1)}{1+c}$ 都是整数.

因此,我们可以归纳求整系数多项式 $f(x)$ 的有理根的方法为:$f(1)$ 和 $f(-1)$ 计算.

(1) 若 1 或者 -1 都不是 $f(x)$ 的根,则只需对那些使 $\dfrac{f(1)}{1-\dfrac{u}{v}}$,$\dfrac{f(-1)}{1+\dfrac{u}{v}}$ 都是整数的 $\dfrac{u}{v}$

用综合除法进行检验.

(2) 若 1 或者 -1 是 $f(x)$ 的根,接着用 $(x-1)$ 或 $(x+1)$ 除 $f(x)$ 所得的商式 $q(x)$,然后对 $q(x)$ 考虑用方法 (1) 求有理根.

从上述可知,也可以用求有理根的方法来对整系数多项式进行因式分解.

例 4.23 求下列多项式在 $\mathbf{Q}$ 上的标准分解式

$$f(x) = 3x^4 + 5x^3 + x^2 + 5x - 2.$$

解 依照求多项式有理根的方法. 因 $f(x)$ 最高次项系数 3 的因数是 $\pm 1, \pm 3$,常数项 -2 的因数是 $\pm 1, \pm 2$. 所以 $f(x)$ 可能的有理根是 $\pm 1, \pm 2, \pm \dfrac{1}{3}, \pm \dfrac{2}{3}$. 而,$f(1) = 12$,$f(-1) = -8$. 所以 1 与 -1 都不是 $f(x)$ 的根. 又由于

$$\frac{-8}{1+2}, \qquad \frac{-8}{1+\dfrac{2}{3}}, \qquad \frac{12}{1+\dfrac{2}{3}}$$

都不是整数,所以 2 和 $\pm \dfrac{2}{3}$ 都不是 $f(x)$ 的根. 但

$$\frac{12}{1+2}, \quad \frac{-8}{1-2}, \quad \frac{12}{1-\dfrac{1}{3}}, \quad \frac{-8}{1+\dfrac{1}{3}}, \quad \frac{12}{1+\dfrac{1}{3}}, \quad \frac{-8}{1-\dfrac{1}{3}}$$

都是整数,所以有理数 $-2, \pm \dfrac{1}{3}$ 在检验之列. 运用综合除法:

$$
\begin{array}{r|rrrrr}
-2 & 3 & 5 & 1 & 5 & -2 \\
   &   & -6 & 2 & -6 & 2 \\
\hline
   & 3 & -1 & 3 & -1 & 0
\end{array}
$$

得 -2 是 $f(x)$ 的一个根. 同时我们得到

$$f(x) = (x+2)(3x^3 - x^2 + 3x - 1).$$

容易看出,-2 不是 $g(x) = 3x^3 - x^2 + 3x - 1$ 的根,所以它不是 $f(x)$ 重根. 对 $g(x)$ 运用综合除法:

$$\begin{array}{r|rrrr}
-\dfrac{1}{3} & 3 & -1 & 3 & -1 \\
 & & -1 & \dfrac{2}{3} & \\
\hline
 & 3 & -2 & 3\dfrac{2}{3} &
\end{array},$$

因商式不是整系数多项式,因此不必再除下去就知道, $-\dfrac{1}{3}$ 不是 $g(x)$ 的根,再作综合除法:

$$\begin{array}{r|rrrr}
\dfrac{1}{3} & 3 & -1 & 3 & -1 \\
 & & 1 & 0 & 1 \\
\hline
 & 3 & 0 & 3 & 0
\end{array},$$

所以 $\dfrac{1}{3}$ 是 $g(x)$ 的一个根,容易看出, $\dfrac{1}{3}$ 不是 $f(x)$ 的重根. 这样,得到 $g(x)=\left(x-\dfrac{1}{3}\right)$ $(3x^2+3)$. 所以

$$f(x)=3(x+2)\left(x-\dfrac{1}{3}\right)(x^2+1).$$

习 题 4

1. 设 $f(x)=x^2-2x+3,g(x)=x^3+4x-5$. 求 $f(x)+g(x)$, $f(x)-g(x)$, $f(x)g(x)$.

2. 设 $f(x)$, $g(x)$, $h(x)$ 是实数域上的多项式,证明:若是 $f(x)^2=xg(x)^2+xh(x)^2$,那么 $f(x)=g(x)=h(x)=0$.

3. 用 $g(x)$ 除 $f(x)$,求商 $q(x)$ 与余式 $r(x)$.

(1) $f(x)=x^3-3x^2-x-1$, $g(x)=3x^2-2x+1$;

(2) $f(x)=x^4-2x+5$, $g(x)=x^2-x+2$.

4. 证明: $x\,|\,f(x)^k$ 必要且只要 $x\,|\,f(x)$.

5. m,p,q 适合什么条件时,有

(1) $x^2+mx-1\,|\,x^3+px+q$;

(2) $x^2+mx+1\,|\,x^4+px^2+q$.

6. 证明: $x^d-1\,|\,x^n-1$ 的充要条件是 $d\,|\,n$.

7. (1) 求 k ,使 $f(x)=x^4-5x^3+5x^2+kx+3$ 以 3 为根.

(2) 判断 2 是不是 $f(x)=x^6-6x^5+11x^4-x^3-18x^2+20x-8$ 的根.

8. 把 $f(x)$ 表成 $x-x_0$ 的方幂和,即表示成 $c_0+c_1(x-x_0)+c_2(x-x_0)^2+\cdots$ 的形式.

(1) $f(x)=x^5,x_0=1$;

(2) $f(x)=x^4-2x^2+3,x_0=-2$.

9. 求 $f(x)$ 与 $g(x)$ 的最大公因式.

(1) $f(x) = x^4 + x^3 - 3x^2 - 4x - 1$, $g(x) = x^3 + x^2 - x - 1$;

(2) $f(x) = x^4 - 4x^3 + 1$, $g(x) = x^3 - 3x^2 + 1$.

10. 求 $u(x)$, $v(x)$ 使 $f(x)u(x) + g(x)v(x) = (f(x), g(x))$.

(1) $f(x) = x^4 + 2x^3 - x^2 - 4x - 2$, $g(x) = x^4 + x^3 - x^2 - 2x - 2$;

(2) $f(x) = 4x^4 - 2x^3 - 16x^2 + 5x + 9$, $g(x) = 2x^3 - x^2 - 5x + 4$.

11. 设 $f(x) = x^3 + (1+t)x^2 + 2x + 2u$, $g(x) = x^3 + tx^2 + u$ 的最大公因式是一个二次多项式, 求 t, u 的值.

12. 证明: $(f(x)h(x), g(x)h(x)) = (f(x), g(x))h(x)$, ($h(x)$ 的首项系数为 1).

13. 如果 $f(x)$, $g(x)$ 不全为零, 证明: $\left(\dfrac{f(x)}{(f(x), g(x))}, \dfrac{g(x)}{(f(x), g(x))} \right) = 1$.

14. 设 $(f(x), g(x)) = 1$. 证明

$$(f(x), f(x) + g(x)) = (g(x), f(x) + g(x)) = (f(x)g(x), f(x) + g(x)) = 1.$$

15. 证明: 如果 $f(x)$, $g(x)$ 不全为零, 且 $f(x)u(x) + g(x)v(x) = (f(x), g(x))$, 那么 $(u(x), v(x)) = 1$.

16. 证明: 如果 $(f(x), g(x)) = 1$, $(f(x), h(x)) = 1$, 那么

$$(f(x), g(x)h(x)) = 1.$$

17. 分别在复数域和实数域上分解多项式 $x^n - 1$ 为不可约因式的乘积.

18. 证明: $g(x)^2 \mid f(x)^2$ 当且仅当 $g(x) \mid f(x)$.

19. 设 $p(x)$ 是 $P[x]$ 中一个次数大于零的多项式. 如果对于 $P[x]$ 中任意 $f(x)$, $g(x)$, 只要 $p(x) \mid f(x)g(x)$ 就有 $p(x) \mid f(x)$ 或 $p(x) \mid g(x)$, 那么 $p(x)$ 不可约.

20. 设 $p(x)$ 是 $f(x)$ 的导数 $f'(x)$ 的 $k-1$ 重因式. 证明

(1) $p(x)$ 未必是 $f(x)$ 的 k 重因式;

(2) $p(x)$ 是 $f(x)$ 的 k 重因式的充分必要条件是 $p(x) \mid f(x)$.

21. 判别下列多项式有无重因式.

(1) $f(x) = x^5 - 5x^4 + 7x^3 - 2x^2 + 4x - 8$;

(2) $f(x) = x^4 + 4x^2 - 4x - 3$.

22. 证明有理系数多项式

$$f(x) = 1 + x + \frac{x^2}{2!} + \cdots + \frac{x^n}{n!}$$

没有重因式.

23. a, b 应满足什么条件, 有理系数多项式

$$f(x) = x^4 + 4ax + b$$

才能有重因式?

24. 求 t 值使 $f(x) = x^3 - 3x^2 + tx - 1$ 有重根.

25. 设 $f(x) = x^4 - 5x^3 + 11x^2 + ax + b$, 求 a, b 使 1 是 $f(x)$ 的二重根.

26. 如果 $(x-1)^2 \mid Ax^4 + Bx^2 + 1$, 求 A, B.

27. 证明：如果 $(x^2 + x + 1) \mid (f_1(x^3) + xf_2(x^3))$，那么
$$(x-1) \mid f_1(x), \ (x-1) \mid f_2(x).$$

28. 求次数小于 3 的多项式 $f(x)$，使
$$f(1) = 1, f(-1) = 3, f(2) = 3.$$

29. 设 n 次多项式 $f(x) = a_n x^n + a_{n-1} x^{n-1} + \cdots + a_1 x + a_0$ 的根是 $\alpha_1, \alpha_2, \cdots, \alpha_n$. 求

(1) 以 $c\alpha_1, c\alpha_2, \cdots, c\alpha_n$ 为根的多项式，这里 c 是一个数；

(2) 以 $\dfrac{1}{\alpha_1}, \dfrac{1}{\alpha_2}, \cdots, \dfrac{1}{\alpha_n}$（假定 $\alpha_1, \alpha_2, \cdots, \alpha_n$ 都不等于零）为根的多项式.

30. 下列多项式在有理数域上是否可约?

(1) $x^2 + 1$；

(2) $x^6 + x^3 + 1$；

(3) $x^4 - 8x^3 + 12x^2 + 2$；

(4) $2x^5 + 18x^4 + 6x^2 + 6$.

31. 设 p 是一个素数，n 是大于 1 的整数，证明：$\sqrt[n]{p}$ 是无理数.

32. 求下列多项式的有理根.

(1) $x^3 - 6x^2 + 15x - 14$；

(2) $4x^4 - 7x^2 - 5x - 1$；

(3) $x^5 + x^4 - 6x^3 - 14x^2 - 11x - 3$.

33. 设 $f(x)$ 是一个整系数多项式. 证明：若是 $f(0)$ 和 $f(1)$ 都是奇数，那么 $f(x)$ 不能有整数根.

第5章

二 次 型

5.1 二次型及其矩阵表示

定义 5.1 数域 P 上 n 元二次齐次多项式

$$f(x_1, x_2, \cdots, x_n) = a_{11}x_1^2 + a_{22}x_2^2 + \cdots + a_{nn}x_n^2$$
$$+ 2a_{12}x_1x_2 + 2a_{13}x_1x_3 + \cdots + 2a_{n-1,n}x_{n-1}x_n \tag{5.1}$$

称为数域 P 上的一个 n 元二次型.

在式（5.1）中令

$$a_{ij} = a_{ji}, 1 \leqslant i < j \leqslant n.$$

由于

$$x_ix_j = x_jx_i,$$

所以式（5.1）可以写成以下形式

$$f(x_1, x_2, \cdots, x_n) = \sum_{i=1}^{n} \sum_{j=1}^{n} a_{ij}x_ix_j, a_{ij} = a_{ji}. \tag{5.2}$$

把式（5.2）的 n^2 个系数排成一个 $n \times n$ 矩阵

$$A = \begin{pmatrix} a_{11} & a_{12} & \cdots & a_{1n} \\ a_{21} & a_{22} & \cdots & a_{2n} \\ \vdots & \vdots & \vdots & \vdots \\ a_{n1} & a_{n2} & \cdots & a_{nn} \end{pmatrix}.$$

它就称为二次型（5.2）的矩阵. 因为 $a_{ij} = a_{ji}$，$i,j = 1, \cdots, n$，所以

$$A' = A.$$

即 A 是数域 P 上一个 n 级对称矩阵. 因此，**二次型的矩阵都是对称的. 二次型的秩**指的就是**二次型的矩阵 A 的秩**.

例如，二次型 $f(x_1, x_2, x_3) = 2x_1^2 - 4x_1x_2 + x_1x_3 + 3x_2^2 - 3x_2x_3$ 的矩阵为

$$A = \begin{pmatrix} 2 & -2 & \dfrac{1}{2} \\ -2 & 3 & -\dfrac{3}{2} \\ \dfrac{1}{2} & -\dfrac{3}{2} & 0 \end{pmatrix}.$$

它的秩等于矩阵 A 的秩等于 3.

利用矩阵乘法，式（5.2）式可以写成

$$f(x_1, x_2, \cdots, x_n) = (x_1, x_2, \cdots, x_n) A \begin{pmatrix} x_1 \\ x_2 \\ \vdots \\ x_n \end{pmatrix}.$$

令

$$X = \begin{pmatrix} x_1 \\ x_2 \\ \vdots \\ x_n \end{pmatrix}.$$

于是有

$$f(x_1, x_2, \cdots, x_n) = X'AX. \tag{5.3}$$

很多情况下我们都希望能简化有关的二次型，为此，我们引入

定义 5.2 变量 $x_1, \cdots, x_n; y_1, \cdots, y_n$ 满足下列关系式

$$\begin{cases} x_1 = c_{11} y_1 + c_{12} y_2 + \cdots + c_{1n} y_n \\ x_2 = c_{21} y_1 + c_{22} y_2 + \cdots + c_{2n} y_n \\ \qquad\qquad\qquad \vdots \\ x_n = c_{n1} y_1 + c_{n2} y_2 + \cdots + c_{nn} y_n \end{cases} \tag{5.4}$$

称为由 $x_1, \cdots, x_n$ 到 $y_1, \cdots, y_n$ 的一个线性替换，或简称**变量的线性替换**. 如果系数行列式

$$|c_{ij}| \neq 0,$$

那么线性替换式（5.4）就称为**非退化的（或非奇异的）**.

令 $C = (c_{ij})$ 是式（5.4）的系数所构成的矩阵，则式（5.4）可以写成

$$\begin{pmatrix} x_1 \\ x_2 \\ \vdots \\ x_n \end{pmatrix} = C \begin{pmatrix} y_1 \\ y_2 \\ \vdots \\ y_n \end{pmatrix},$$

即

$$X = CY. \tag{5.5}$$

将式（5.5）代入式（5.3）有

$$f(x_1, x_2, \cdots, x_n) = X'AX = (CY)'A(CY) = Y'C'ACY = Y'(C'AC)Y = Y'BY.$$

容易看出，矩阵 $B = C'AC$ 也是对称的，事实上，

$$B' = (C'AC)' = C'A'(C')' = C'AC = B.$$

于是就得到定理 5.1.

定理 5.1 设 $f(x_1, x_2, \cdots, x_n) = \sum\limits_{i=1}^{n} \sum\limits_{j=1}^{n} a_{ij} x_i x_j$，是数域 P 上一个以 A 为矩阵的 n 元二

次型. 对它的变量施行一次以 C 为矩阵的线性替换后所得到的二次型的矩阵是 $C'AC$.

若是非退化的线性替换, 那么, 秩$(C'AC)$ = 秩(A), 因此, 有推论 5.1.

推论 5.1 一个二次型的秩通过变量的非退化线性替换仍保持不变.

为此我们引入定义 5.3.

定义 5.3 对数域 P 上 n 级矩阵 A , B , 如果有数域 P 上 n 级可逆矩阵 C , 满足
$$B = C'AC .$$

那么, 就称 A , B 为合同的.

合同是矩阵之间的一个关系, 具有

(1) 反身性: $A = E'AE$.

(2) 对称性: 由 $B = C'AC$, 即得
$$A = (C^{-1})'BC^{-1} .$$

(3) 传递性: 由 $A_1 = C_1'AC_1$ 和 $A_2 = C_2'A_1C_2$ 即得
$$A_2 = (C_2'C_1')A(C_1C_2) = (C_1C_2)'A(C_1C_2) .$$

因之, 经过非退化的线性替换, 新二次型的矩阵与原二次型的矩阵是合同的.

数域 P 上两个二次型如果可以通过变量的非退化线性替换将其中一个变成另一个. 那么这两个二次型称为**等价的**, 于是有定理 5.2.

定理 5.2 数域 P 上两个二次型等价的必要且充分条件是它们的矩阵合同.

等价的二次型具有相同的秩.

5.2 标 准 形

这节讨论用非退化的线性替换化简二次型的问题. 二次型中最简单的一种应是只包含平方项的二次型
$$d_1x_1^2 + d_2x_2^2 + \cdots + d_nx_n^2 . \tag{5.6}$$

定理 5.3 数域 P 上任意一个二次型都可以经过非退化的线性替换变成平方和 (5.6) 的形式.

二次型 $f(x_1, x_2, \cdots, x_n)$ 经过非退化线性替换所变成的平方和 $d_1x_1^2 + d_2x_2^2 + \cdots + d_nx_n^2$ 称为 $f(x_1, x_2, \cdots, x_n)$ 的一个**标准形**.

用矩阵的语言, 定理 5.3 也可以叙述为定理 5.4.

定理 5.4 设数域 P 上一个 n 级对称矩阵 $A = (a_{ij})$. 总存在 P 上一个 n 级可逆矩阵 C , 使得

$$C'AC = \begin{pmatrix} d_1 & & & & 0 \\ & d_2 & & & \\ & & \cdot & & \\ & & & \cdot & \\ 0 & & & & d_n \end{pmatrix} = D .$$

即数域 P 上每一个 n 级对称矩阵都与一个对角形矩阵合同.

注意：在定理 5.3 的对角形矩阵 $C'AC$ 中，主对角线上的元素 $d_1, d_2, \cdots, d_n$ 的一部分甚至全部可以零. 显然，不为零的 d_i 的个数等于 A 的秩，如果秩（A）等于 $r > 0$，那么可知，$d_1, d_2, \cdots, d_r \neq 0$，而 $d_{r+1} = \cdots = d_n = 0$.

下面来看如何求非退化的线性替换和二次型的标准形. 也就是如何求可逆矩阵 C 和对角形矩阵 D.

对二次型的矩阵 A 施行列和行初等变换，将 A 变成 $C'AC$，使得 $C'AC$ 是一个对角形矩阵，同时对单位矩阵 E，施行同样的列初等变换而得到 C. 这种方法我们称为**合同变换**. 即

$$\left(\frac{A}{E}\right) \xrightarrow[\text{对 } E \text{ 只施行其中的列初等变换}]{\text{对 } A \text{ 施行同样类型的初等行变换与初等列变换}} \left(\frac{D}{C}\right).$$

例 5.1 设

$$A = \begin{pmatrix} 1 & 0 & 0 & 4 \\ 0 & 3 & -6 & 0 \\ 0 & -6 & 11 & -2 \\ 4 & 0 & -2 & 0 \end{pmatrix}.$$

求一可逆矩阵 C，使得 $C'AC$ 成对角形矩阵.

解 对矩阵 A 作合同变换

$$\begin{pmatrix} 1 & 0 & 0 & 4 \\ 0 & 3 & -6 & 0 \\ 0 & -6 & 11 & -2 \\ 4 & 0 & -2 & 0 \\ \hline 1 & 0 & 0 & 0 \\ 0 & 1 & 0 & 0 \\ 0 & 0 & 1 & 0 \\ 0 & 0 & 0 & 1 \end{pmatrix} \xrightarrow[\text{对 } E \text{ 只施行其中的列初等变换}]{\text{对 } A \text{ 施行同样类型的初等行变换与初等列变换}} \begin{pmatrix} 1 & 0 & 0 & 0 \\ 0 & 3 & 0 & 0 \\ 0 & 0 & -1 & 0 \\ 0 & 0 & 0 & -12 \\ \hline 1 & 0 & 0 & -4 \\ 0 & 1 & 2 & -4 \\ 0 & 0 & 1 & -2 \\ 0 & 0 & 0 & 1 \end{pmatrix},$$

由此得，可逆矩阵

$$C = \begin{pmatrix} 1 & 0 & 0 & -4 \\ 0 & 1 & 2 & -4 \\ 0 & 0 & 1 & -2 \\ 0 & 0 & 0 & 1 \end{pmatrix},$$

且

$$C'AC = \begin{pmatrix} 1 & 0 & 0 & 0 \\ 0 & 3 & 0 & 0 \\ 0 & 0 & -1 & 0 \\ 0 & 0 & 0 & -12 \end{pmatrix}.$$

由例 5.1 可知，以 A 为矩阵的二次型为

$$f(x_1, x_2, x_3, x_4) = x_1^2 + 3x_2^2 + 8x_1x_4 - 12x_2x_3 + 11x_3^2 - 4x_3x_4.$$

经过下列非退化的线性替换

$$X = CY.$$

即

$$\begin{pmatrix} x_1 \\ x_2 \\ x_3 \\ x_4 \end{pmatrix} = \begin{pmatrix} 1 & 0 & 0 & -4 \\ 0 & 1 & 2 & -4 \\ 0 & 0 & 1 & -2 \\ 0 & 0 & 0 & 1 \end{pmatrix} \begin{pmatrix} y_1 \\ y_2 \\ y_3 \\ y_4 \end{pmatrix}$$

化为它的一个标准形

$$y_1^2 + 3y_2^2 - y_3^2 - 12y_4^2.$$

例 5.2 化二次型

$$f(x_1, x_2, x_3) = 2x_1x_2 + 2x_1x_3 - 6x_2x_3$$

成标准形，并求所用的线性替换.

解 二次型 $f(x_1, x_2, x_3) = 2x_1x_2 + 2x_1x_3 - 6x_2x_3$ 的矩阵为

$$A = \begin{pmatrix} 0 & 1 & 1 \\ 1 & 0 & -3 \\ 1 & -3 & 0 \end{pmatrix}.$$

对矩阵 A 作合同变换

$$\begin{pmatrix} 0 & 1 & 1 \\ 1 & 0 & -3 \\ 1 & -3 & 0 \\ \hline 1 & 0 & 0 \\ 0 & 1 & 0 \\ 0 & 0 & 1 \end{pmatrix} \xrightarrow[\text{对}E\text{只施行其中的列初等变换}]{\text{对}A\text{施行同样类型的初等行变换与初等列变换}} \begin{pmatrix} 2 & 0 & 0 \\ 0 & -2 & 0 \\ 0 & 0 & 6 \\ \hline 1 & -1 & 3 \\ 1 & 1 & -1 \\ 0 & 0 & 1 \end{pmatrix},$$

即所用线性替换为

$$\begin{pmatrix} x_1 \\ x_2 \\ x_3 \end{pmatrix} = \begin{pmatrix} 1 & -1 & 3 \\ 1 & 1 & -1 \\ 0 & 0 & 1 \end{pmatrix} \begin{pmatrix} y_1 \\ y_2 \\ y_3 \end{pmatrix},$$

所得二次型的标准形为

$$f(x_1, x_2, x_3) = 2y_1^2 - 2y_2^2 + 6y_3^2.$$

在例 5.2 中若经过线性替换

$$\begin{pmatrix} x_1 \\ x_2 \\ x_3 \end{pmatrix} = \begin{pmatrix} 1 & -\dfrac{1}{2} & 1 \\ 1 & \dfrac{1}{2} & -\dfrac{1}{3} \\ 0 & 0 & \dfrac{1}{3} \end{pmatrix} \begin{pmatrix} y_1 \\ y_2 \\ y_3 \end{pmatrix}$$

就得到另一个标准形

$$f(x_1,x_2,x_3) = 2y_1^2 - \frac{1}{2}y_2^2 + \frac{2}{3}y_3^2.$$

这就说明，在**一般的数域**内，**二次型的标准形不是唯一的，而与所作的非退化线性替换有关**. 而我们知道，经过非退化线性替换之后，二次型矩阵的秩是不变的，因此，**在一个二次型的标准形中，系数不为零的平方项的个数是唯一确定的**，与所作的非退化线性替换无关.

下面只就复数域和实数域的情形来进一步讨论.

复数域和实数域上的二次型分别叫做**复二次型**和**实二次型**. 先看复二次型的情形.

定理 5.5 复数域上两个 n 级对称矩阵合同的充分且必要条件是它们有相同的秩. 两个复二次型等价的充分且必要条件是它们有相同的秩.

由定理 5.4 可知，复二次型 $f(x_1,x_2,\cdots,x_n)$ 经过一适当的非退化线性替换后，可变成

$$z_1^2 + z_2^2 + \cdots + z_r^2. \tag{5.7}$$

式（5.7）称为**复二次型 $f(x_1, x_2, \cdots, x_n)$ 的规范形**. 显然，规范形完全由原二次型矩阵的秩所决定，因此有定理 5.6：

定理 5.6 任意一个复二次型，可经过一适当的非退化线性替换变成规范形，且规范形是唯一的.

再来看实二次型的情形.

定理 5.7 实数域上每一 n 级对称矩阵 A 都合同于如下形式的一个矩阵

$$\begin{bmatrix} E_p & 0 & 0 \\ 0 & -E_{r-p} & 0 \\ 0 & 0 & 0 \end{bmatrix},$$

这里 r 等于秩 (A).

由定理 5.6 可知，实数域上每一 n 元二次型都与如下形式的一个二次型等价：

$$z_1^2 + z_2^2 + \cdots z_p^2 - z_{p+1}^2 - \cdots - z_r^2. \tag{5.8}$$

式（5.8）称为**实二次型 $f(x_1,x_2,\cdots,x_n)$ 的规范形**. 显然，规范形完全被 r,p 这两个数所决定，这里 r 是所给二次型的秩.

同样，我们也有定理 5.8.

定理 5.8（惯性定律） 任意一个实二次型，可经过一适当的非退化线性替换变成规范形，且规范形是唯一的.

由定理 5.7 知，实数域上每一个二次型 $f(x_1,x_2,\cdots,x_n)$ 都与唯一的规范形式（5.8）等价. 在式（5.8）中，正平方项的个数 p 称为 $f(x_1,x_2,\cdots,x_n)$ 的正惯性指标；负平方项的个数 $r-p$ 称为 $f(x_1,x_2,\cdots,x_n)$ 的负惯性指标；它们的差 $s = p-(r-p) = 2p-r$ 称为 $f(x_1,x_2,\cdots,x_n)$ 的符号差. 一个实二次型的秩，惯性指标和符号差都是唯一确定的.

定理 5.9 两个 n 元实二次型等价的充分且必要的条件是它们有相同的秩和符号差.

5.3 正定二次型

定义 5.4 如果对于变量 $x_1,x_2,\cdots,x_n$ 的每一组不全为零的值，实二次型 $f(x_1,$

x_2，…，x_n）都是正数，那么，就称 $f(x_1,x_2,\cdots,x_n)$ 是一个正定二次型．正定二次型的矩阵称为正定矩阵．

定理 5.10 n 元实二次型 $f(x_1,x_2,\cdots,x_n)$ 是正定的充分且必要条件是它的秩和符号差都等于 n．

定理 5.9 说明，正定二次型 $f(x_1,x_2,\cdots,x_n)$ 的规范形为
$$y_1^2 + y_2^2 + \cdots + y_n^2 .$$

推论 5.2 一个实对称矩阵是正定的当且仅当它与单位矩阵合同．

推论 5.3 正定矩阵的行列式为一正数．

证 设 A 是一正定矩阵，因为 A 与单位矩阵合同，所以有可逆矩阵 C 使
$$C'AC = E .$$

两边取行列式，就有
$$|C'AC| = |E| \Rightarrow |C'||A||C| = 1 \Rightarrow |A||C|^2 = 1 .$$

因为 C 可逆，即 $|C| \neq 0$，所以 $|A| > 0$．

推论 5.4 正定矩阵是可逆矩阵．

例 5.3 求证 n 级实矩阵 A 是正定矩阵的充要条件是存在实可逆矩阵 C，使得 $A = C'C$．

证 先证充分性．

由 A 是正定矩阵，有 A 与单位矩阵合同，即存在可逆矩阵 Q，使得
$$Q'AQ = E ,$$

那么
$$A = (Q')^{-1}EQ^{-1} = (Q^{-1})'Q^{-1} = C'C ,$$

这里 $C = Q^{-1}$．得证．

再证必要性．

因为 $A = C'C = C'EC$．所以，A 与单位矩阵合同，A 是正定矩阵．

定义 5.5 设 $A = (a_{ij})$ 是一个 n 级实对称矩阵．位于 A 的前 k 行和前 k 列的子式
$$\begin{vmatrix} a_{11} & a_{12} & \cdots & a_{1k} \\ a_{21} & a_{22} & \cdots & a_{2k} \\ \vdots & \vdots & \vdots & \vdots \\ a_{k1} & a_{k2} & \cdots & a_{kk} \end{vmatrix}$$

叫做 A 的 k 级主子式．令 $k = 1,2,\cdots,n$，就得到 A 的一切主子式．

定理 5.11 实二次型
$$f(x_1,x_2,\cdots,x_n) = \sum_{i=1}^{n} \sum_{j=1}^{n} a_{ij}x_ix_j = X'AX$$

是正定的充分必要条件为矩阵 A 的一切主子式都大于零．

对于正定性，下面结论是等价的．

（1）$f(x_1,x_2,\cdots,x_n)$ 是正定二次型．

（2）$f(x_1,x_2,\cdots,x_n)$ 的正惯性指标为 n．

(3) $f(x_1,x_2,\cdots,x_n)$ 的规范形是 $y_1^2+y_2^2+\cdots+y_n^2$.

(4) $f(x_1,x_2,\cdots,x_n)$ 的矩阵 A 与单位矩阵合同.

(5) A 的一切主子式全大于零.

(6) $A=C'C$，C 是实可逆矩阵.

例 5.4 判断二次型
$$f(x_1,x_2,x_3)=5x_1^2+x_2^2+5x_3^2+4x_1x_2-8x_1x_3-4x_2x_3$$
是否正定.

解 $f(x_1,x_2,x_3)$ 的矩阵为
$$\begin{bmatrix} 5 & 2 & -4 \\ 2 & 1 & -2 \\ -4 & -2 & 5 \end{bmatrix},$$

它的一切主子式
$$\Delta_1=5>0,\quad \Delta_2=\begin{vmatrix} 5 & 2 \\ 2 & 1 \end{vmatrix}>0,\quad \Delta_3=\begin{vmatrix} 5 & 2 & -4 \\ 2 & 1 & -2 \\ -4 & -2 & 5 \end{vmatrix}>0,$$

因之，$f(x_1,x_2,x_3)$ 正定.

例 5.5 求 λ 的值，使二次型
$$f(x_1,x_2,x_3)=x_1^2+2x_2^2+3x_3^2+2x_1x_2-2x_1x_3+2\lambda x_2x_3$$
是正定的.

解 $f(x_1,x_2,x_3)$ 的矩阵为
$$\begin{bmatrix} 1 & 1 & -1 \\ 1 & 2 & \lambda \\ -1 & \lambda & 3 \end{bmatrix},$$

它的一切主子式
$$\Delta_1=1>0,\quad \Delta_2=\begin{vmatrix} 1 & 1 \\ 1 & 2 \end{vmatrix}>0,\quad \Delta_3=\begin{vmatrix} 1 & 1 & -1 \\ 1 & 2 & \lambda \\ -1 & \lambda & 3 \end{vmatrix}=1-2\lambda-\lambda^2>0,$$

因之，当 $-1-\sqrt{2}<\lambda<-1+\sqrt{2}$ 时，$f(x_1,x_2,x_3)$ 正定.

习 题 5

1. 写出下列二次型的矩阵

(1) $f(x_1,x_2,x_3)=-4x_1x_2+2x_1x_3+2x_2x_3$；

(2) $f(x_1,x_2,x_3)=x_1^2+2x_1x_2-x_1x_3+2x_3^2$；

(3) $f(x_1,x_2,x_3)=x_1^2+x_2^2+x_3^2+x_1x_2+x_1x_3+x_2x_3$；

(4) $f(x_1,x_2,x_3,x_4)=x_1x_2-x_3x_4$.

2. 对下列每一矩阵 A，分别求可逆矩阵 C，使 $C'AC$ 是对角形式.

$$(1)\ A = \begin{pmatrix} 1 & 2 & 1 \\ 2 & 1 & 1 \\ 1 & 1 & 3 \end{pmatrix};\quad (2)\ A = \begin{pmatrix} 0 & 1 & 1 & 1 \\ 1 & 0 & 1 & 1 \\ 1 & 1 & 0 & 1 \\ 1 & 1 & 1 & 0 \end{pmatrix}.$$

3. 证明：一个非奇异的对称矩阵必与它的逆矩阵合同.

4. （1）用非退化线性替换化下列二次型为标准形：

① $x_1^2 + 2x_1x_2 + 2x_2^2 + 4x_2x_3 + 4x_3^2$；

② $x_1^2 - 3x_2^2 - 2x_1x_2 + 2x_1x_3 - 6x_2x_3$；

③ $x_1x_2 + x_1x_3 + x_1x_4 + x_2x_3 + x_2x_4 + x_3x_4$；

④ $8x_1x_4 + 2x_3x_4 + 2x_2x_3 + 8x_2x_4$；

（2）把上述二次型进一步化为规范形，分实系数、复系数两种情形；并写出所用的非退化线性替换.

5. 证明：秩等于 r 的对称矩阵可以表成 r 个秩等于 1 的对称矩阵之和.

6. 令

$$A = \begin{pmatrix} 5 & 4 & 3 \\ 4 & 5 & 3 \\ 3 & 3 & 2 \end{pmatrix}, \quad B = \begin{pmatrix} 4 & 0 & -6 \\ 0 & 1 & 0 \\ -6 & 0 & 9 \end{pmatrix}.$$

证明 A 与 B 在实数域上合同，并且求一可逆实矩阵 C，使 $C'AC = B$.

7. 确定实二次型

$$x_1x_2 + + x_3x_4 + \cdots + x_{2n-1}x_{2n}$$

的秩和符号差.

8. 判别下列二次型是否正定.

（1）$10x_1^2 - 2x_2^2 + 3x_3^2 + 4x_1x_2 + 4x_1x_3$；

（2）$-2x_1^2 - 6x_2^2 - 4x_3^2 + 2x_1x_2 + 2x_1x_3$.

9. t 取什么值时，下列二次型是正定的.

（1）$x_1^2 + x_2^2 + 5x_3^2 + 2tx_1x_2 - 2x_1x_3 + 4x_2x_3$；

（2）$x_1^2 + 4x_2^2 + x_3^2 + 2tx_1x_2 + 10x_1x_3 + 6x_2x_3$；

（3）$t(x_1^2 + x_2^2 + x_3^2) + 2x_1x_2 - 2x_1x_3 - 2x_2x_3 + x_4^2$.

10. 设 A 是实对称矩阵，证明：当实数 t 充分大之后，$tE + A$ 是正定矩阵.

11. 证明：如果 A 是正定矩阵，那么 A^{-1} 也是正定矩阵.

12. 如果 A，B 都是 n 级正定矩阵，证明：$A + B$ 也是正定矩阵.

13. A 是一个实矩阵，证明秩$(A'A)$＝秩(A).

14. 设 A 为一个 n 级实对称矩阵，且 $|A| < 0$，证明：必存在实 $n \times 1$ 矩阵 $X \neq 0$ 使 $X'AX < 0$.

第6章

线 性 空 间

6.1 集合·映射

这一节我们先来介绍一些基本概念,这些基本概念对于代数的学习是必要的.

集合就是指作为整体看的一堆东西. 例如,一班同学,一组自然数,一队士兵等,组成集合的东西称为**这个集合的元素**. 我们常用字母 $A,B,C,\cdots$ 表示集合,用字母 a, $b,c,\cdots$ 表示元素. 用

$$a \in A$$

表示 a 是集合 A 的元素,读作:a 属于 A. 用

$$a \notin A$$

表示 a 不是集合 A 的元素,读作:a 不属于 A.

一个集合的表示方式两种,一种是列举法(列举出它全部的元素),例如,M 是由数 1,2,3,4 组成的集合,记为

$$M = \{1,2,3,4\}.$$

一种是描述法(给出这个集合的元素所具有的特征性质),例如:适合方程

$$\frac{x^2}{3^2} + \frac{y^2}{4^2} = 1$$

的全部点的集合,记为

$$N = \left\{ (x,y) \,\middle|\, \frac{x^2}{3^2} + \frac{y^2}{4^2} = 1 \right\}.$$

一个集合可能只含有有限多个元素,这样的集合叫做**有限集合**. 例如,前十个正整数的集合;一个学校里全体学生的集合等等都是有限集合.

如果一个集合是由无限多个元素组成的,就叫做**无限集合**. 例如,全体自然数的集合;全体实数的集合等都是无限集合.

不包含任何元素的集合称为**空集合**. 用符号 φ 表示空集. 例如,一个无解的方程组的解的集合就是空集合. 把空集合也看作是集合.

如果两个集合 M 与 N 含有完全相同的元素,即 $a \in M$ 当且仅当 $a \in N$,那么它们就称为**相等**,记为

$$M = N.$$

即
$$(M = N) \Longleftrightarrow (\text{对一切 } a : a \in M \Longleftrightarrow a \in N).$$

如果集合 M 的元素全是集合 N 的元素，即由 $a \in M$ 可以推出 $a \in N$，那么 M 就称为 N 的**子集合**. 记为
$$M \subseteq N \text{（读作 } M \text{ 包含于 } N \text{）或 } N \supseteq M \text{（读作 } N \text{ 包含 } M \text{）}.$$
即
$$(M \subseteq N) \Longleftrightarrow (\text{对一切 } a : a \in M \Longrightarrow a \in N).$$

按定义，每个集合都是它自身的子集合. 我们规定，**空集合是任一集合的子集合**.

如果两个集合 M 和 N 同时满足 $M \subseteq N$ 和 $N \subseteq M$，则 $M = N$.

设 M 和 N 是两个集合，既属于 M 又属于 N 的全体元素所成的集合称为 M 和 N 的**交**，记为
$$M \cap N.$$

显然，$M \cap N \subseteq N$，$M \cap N \subseteq M$；且
$$a \in M \cap N \Longleftrightarrow a \in M \text{ 且 } a \in N;$$
$$a \notin M \cap N \Longleftrightarrow a \notin M \text{ 或 } a \notin N.$$

属于集合 M 或者属于 N 的全体元素所成的集合称为 M 和 N 的**并集**，记为
$$M \cup N.$$

显然，$M \subseteq M \cup N$，$N \subseteq M \cup N$；且
$$a \in M \cup N \Longleftrightarrow a \in M \text{ 或 } a \in N;$$
$$a \notin M \cup N \Longleftrightarrow a \notin M \text{ 且 } a \notin N.$$

上面介绍了有关集合的一些概念，下面再来介绍映射的概念.

集合 M 到集合 N 的一个映射 σ 指的是一个对应法则，这个法则使 M 中每一个元素 x 都有 N 中一个确定的元素 y 与之对应. y 称为 x 在映射 σ 下的像，而 x 称为 y 在映射下的一个**原像**，可以记为
$$\sigma(x) = y.$$

M 到 M 自身的映射，称为 M 的一个**变换**.

集合 M 到集合 N 两个映射 σ 及 τ，若对 M 的每个元素 x 都有 $\sigma(x) = \tau(x)$. 则称**这两个映射相等**，记作
$$\sigma = \tau.$$

下面来看几个例子.

例 6.1 设 M 是一集合，定义
$$\sigma(x) = x, \quad x \in M,$$
即 σ 把每个元素映到它自身，称为集合 M 的**恒等映射**或**单位映射**. 记为 ι_M.

例 6.2 M 是数域 P 上全体 n 级矩阵的集合，定义
$$\sigma(A) = |2A|, \quad A \in M,$$
这是 M 到 P 的一个映射.

例 6.3 M 是全体整数的集合，N 是全体偶数的集合，定义

$$\sigma(n) = 4n, \quad n \in M,$$

这是 M 到 N 的一个映射.

例 6.4 M 是全体整数的集合，N 是全体奇数的集合，定义

$$\sigma(n) = 2n + 1, \quad n \in M,$$

这是 M 到 N 的一个映射.

设 σ, τ 分别是集合 M 到集合 N，N 到集合 M' 两个映射，定义**乘法** $\sigma\tau$ 为

$$(\sigma\tau)(x) = \sigma(\tau(x)), x \in M,$$

即 $\sigma\tau$ 是集合 M 到集合 M' 的一个映射.

映射的乘法适合结合律. 设 σ, τ, ψ 分别是集合 M 到 N，N 到 M'，M' 到 M'' 的映射，映射乘法的结合律就是

$$(\sigma\tau)\psi(x) = \sigma(\tau\psi)(x), x \in M.$$

设 σ 是集合 M 到 N 的一个映射，我们用

$$\sigma(M)$$

代表 M 在映射 σ 下像的全体，称为 M 在映射 σ 下的像集合. 显然

$$\sigma(M) \subseteq N.$$

如果 $\sigma(M) = N$，映射 σ 就称为**满射**. 即 σ 是集合 M 到 N 的一个满射 $\Leftrightarrow$ 对于 N 中每一元素 y，都有 M 中一个元素 x，使得 $\sigma(x) = y$.

例 6.1，例 6.2，例 6.4 都是满射，而例 6.3 中的映射集合 N 中的 2 在 M 中找不到原象，所以不是满射.

如果 M 中不同元素在映射 σ 下的像也一定不同，即由 $a_1 \neq a_2$，一定有 $\sigma(a_1) \neq \sigma(a_2)$，或由 $\sigma(a_1) = \sigma(a_2)$，一定有 $a_1 = a_2$，那么映射 σ 就称为**单射**.

例 6.1，例 6.3，例 6.4 是单射，而例 6.2 就不是单射.

一个映射如果既是单射又是满射就称为**一一映射**或**双射**. 如例 6.1，例 6.4 中的映射都是双射.

对于 M 到 N 的双射 σ 我们可以自然定义它的**逆映射**，记为 σ^{-1}. 因为 σ 是满射，所以 N 中每个元素 y 都有原像 x，又因为 σ 是单射，所以每个元素 y 只有一个原像 x，我们定义

$$\sigma^{-1}(y) = x, \quad \text{当 } \sigma(x) = y.$$

显然，σ^{-1} 是集合 N 到集合 M 的一个双射，并且

$$\sigma^{-1}\sigma = \iota_M, \sigma\sigma^{-1} = \iota_N.$$

6.2 线性空间的定义

线性空间是线性代数最基本的概念之一. 这一节我们来介绍它的定义，并讨论它的一些最简单的性质.

定义 6.1 设非空集合 V 和数域 P，我们把 V 中的元素叫做向量，P 中的元素叫做标量，如果下列条件被满足，就称 V 是 P 上的线性空间：

（1）在 V 给出了一个法则，对于 V 中任意两个向量 α,β，在 V 中都有唯一的一个向量 γ 与它们对应，称为 α 与 β 的和，记为 $\gamma = \alpha + \beta$．叫做**加法**．

（2）在数域 P 与集合 V 的元素之间定义了一种运算，叫做**数量乘法**，对于数域 P 中任一数 k 与 V 中任一向量 α，在 V 中都有唯一的一个向量 δ 与它们对应，称为 k 与 α 的数量乘法，记为 $\delta = k\alpha$．

（3）向量的加法和数量乘法满足下列规则．

① $\alpha + \beta = \beta + \alpha$；

② $(\alpha + \beta) + \gamma = \alpha + (\beta + \gamma)$；

③ 在 V 中存在一个零向量，记作 0，它具有以下性质：对于 V 中每一个向量 α，都有 $0 + \alpha = \alpha$；

④ 对于 V 中每一向量 α，在 V 中存在一个向量 α'，使得 $\alpha' + \alpha = 0$，这样的 α' 叫做 α 的负向量；

⑤ $a(\alpha + \beta) = a\alpha + a\beta$；

⑥ $(a + b)\alpha = a\alpha + b\alpha$；

⑦ $(ab)\alpha = a(b\alpha)$；

⑧ $1\alpha = \alpha$．

这里 α, β, γ 是 V 中任意向量，而 a, b 是 P 中任意数．

例 6.5 数域 P 上一切 $m \times n$ 矩阵所成的集合对于矩阵的加法和数与矩阵的乘法来说作成 P 上一个线性空间，用 $P^{m \times n}$ 表示．

特别，P 上一切 $1 \times n$ 矩阵所成的集合和一切 $n \times 1$ 矩阵所成的集合分别作成 P 上线性空间．前者称为 P 上 n 元行空间，如 $1 \times n$ 矩阵 $(a_1, a_2, \cdots, a_n)$ 称为**行向量**；后者称为 P 上 n 元列空间，如 $n \times 1$ 矩阵

$$\begin{bmatrix} a_1 \\ a_2 \\ \vdots \\ a_n \end{bmatrix}$$

称为**列向量**．我们用同一个符号 P^n 来表示这两个线性空间．

例 6.6 复数域 $\mathbf{C}$ 可以看成实数域 $\mathbf{R}$ 上的线性空间；复数域 $\mathbf{C}$ 又可以看成复数域 $\mathbf{C}$ 上的线性空间；任意数域 P 都可以看成它自身上的线性空间．

例 6.7 在解析几何里，平面或空间中从一个定点引出的一切向量对于向量的加法和实数与向量的乘法来说都作成实数域上的线性空间．前者用 V_2 表示，后者用 V_3 表示．

例 6.8 一个齐次线性方程组的解集合对于矩阵的加法和数与矩阵的乘法来说作成数域上的线性空间，称为这个齐次线性方程组的**解空间**．

下面我们直接从定义来证明线性空间的一些简单性质.

（1）零向量是唯一的.

假设线性空间 V 中有两个零向量 $0_1, 0_2$ 考虑和

$$0_1 + 0_2 .$$

由于 0_1 是零向量，所以 $0_1 + 0_2 = 0_2$. 又由于 0_2 也是零向量，所以

$$0_1 + 0_2 = 0_2 + 0_1 = 0_1 .$$

于是

$$0_1 = 0_1 + 0_2 = 0_2 .$$

即零向量是唯一性的.

（2）负向量是唯一的.

这就是说，适合条件 $\alpha + \alpha' = 0$ 的向量 α' 是由向量 α 唯一决定的.

假设 α 有两个负向量 α' 和 α''，

$$\alpha + \alpha' = 0 , \quad \alpha + \alpha'' = 0 .$$

那么

$$\alpha' = \alpha' + 0 = \alpha' + (\alpha + \alpha'') = (\alpha' + \alpha) + \alpha'' = 0 + \alpha'' = \alpha'' .$$

向量 α 的负向量记为 $-\alpha$.

利用负向量，我们定义减法如下

$$\alpha - \beta = \alpha + (-\beta) .$$

由此，有

$$\alpha + \beta = \gamma \Leftrightarrow \alpha = \gamma - \beta ; \quad \alpha + \beta = \alpha + \gamma \Rightarrow \beta = \gamma .$$

（3）$0\alpha = 0 ; k0 = 0 ; (-1)\alpha = -\alpha ; a(-\alpha) = (-a)\alpha = -a\alpha .$

我们先来证 $0\alpha = 0$. 因为

$$\alpha + 0\alpha = 1\alpha + 0\alpha = (1+0)\alpha = 1\alpha = \alpha$$

两边加上 $-\alpha$，即得

$$0\alpha = 0 .$$

再证 $(-1)\alpha = -\alpha$. 我们有

$$\alpha + (-1)\alpha = 1\alpha + (-1)\alpha = (1-1)\alpha = 0\alpha = 0$$

两边加上 $-\alpha$，即得

$$(-1)\alpha = -\alpha .$$

最后来证明 $a(-\alpha) = (-a)\alpha = -a\alpha$.

由

$$a\alpha + a(-\alpha) = a[\alpha + (-\alpha)] = a0 = 0 .$$

这就是说，$a(-\alpha)$ 是 $a\alpha$ 的负向量，所以 $a(-\alpha) = -a\alpha$. 同理可证 $(-a)\alpha = -a\alpha$.

4）如果 $k\alpha = 0$，那么 $k = 0$ 或者 $\alpha = 0$.

假设 $k \neq 0$，由

$$k^{-1}(k\alpha) = k^{-1}0 = 0 .$$

而
$$k^{-1}(k\alpha) = (k^{-1}k)\alpha = 1\alpha = \alpha .$$

由此可得 $\alpha = 0$.

例 6.9 令 $\varepsilon_1 = (1,0,0), \varepsilon_2 = (0,1,0), \varepsilon_3 = (0,0,1)$ ，证明，$\mathbf{R}^3$ 中每一向量 α 可以唯一地表示为 $\alpha = a_1\varepsilon_1 + a_2\varepsilon_2 + a_3\varepsilon_3$ 的形式，这里 $a_1, a_2, a_3 \in \mathbf{R}$.

证 设 $\forall \alpha = (a_1, a_2, a_3) \in \mathbf{R}^3$ ，其中 $a_1, a_2, a_3 \in \mathbf{R}$

则有
$$\alpha = (a_1, a_2, a_3) = a_1(1,0,0) + a_2(0,1,0) + a_3(0,0,1) ,$$

所以，
$$\alpha = a_1\varepsilon_1 + a_2\varepsilon_2 + a_3\varepsilon_3 .$$

下证唯一性.

若 $\alpha = b_1\varepsilon_1 + b_2\varepsilon_2 + b_3\varepsilon_3$ ，则
$$\alpha = a_1\varepsilon_1 + a_2\varepsilon_2 + a_3\varepsilon_3 = b_1\varepsilon_1 + b_2\varepsilon_2 + b_3\varepsilon_3 .$$

有 $\alpha = (a_1, a_2, a_3) = (b_1, b_2, b_3)$ ，即
$$a_i = b_i, i = 1,2,3 ,$$

唯一性得证.

6.3 向量的线性相关性

定义 6.2 设 V 是数域 P 上的一个线性空间，$\alpha_1, \alpha_2, \cdots, \alpha_r$ 是 V 中一组向量，$k_1, k_2, \cdots k_r$ 是数域 P 中的数，那么向量
$$\alpha = k_1\alpha_1 + k_2\alpha_2 + \cdots + k_r\alpha_r$$
称为向量组 $\alpha_1, \alpha_2, \cdots, \alpha_r$ 的一个线性组合，也说向量 α 可以由向量组 $\alpha_1, \alpha_2, \cdots, \alpha_r$ 线性表示.

向量的线性组合也可表示为
$$\alpha = (\alpha_1, \alpha_2, \cdots, \alpha_r) \begin{pmatrix} k_1 \\ k_2 \\ \vdots \\ k_r \end{pmatrix} .$$

零向量显然可以由任意一组向量 $\alpha_1, \alpha_2, \cdots, \alpha_r$ 线性表示，因为 $0 = 0\alpha_1 + 0\alpha_2 + \cdots + 0\alpha_r$.

例 6.10 判断在 $\mathbf{R}^3$ 里，向量 $\beta = (7, -3, -5)$ 能否由向量组 $\alpha_1 = (1, -1, 2)$，$\alpha_2 = (2, 0, -1), \alpha_3 = (0, 1, 2)$ 线性表示？

解 设 $\beta = a_1\alpha_1 + a_2\alpha_2 + a_3\alpha_3$ ，即
$(7, -3, -5) = a_1(1, -1, 2) + a_2(2, 0, -1) + a_3(0, 1, 2)$ ，由此有
$$\begin{cases} a_1 + 2a_2 = 7 \\ -a_1 + a_3 = -3 \\ 2a_1 - a_2 + 2a_3 = -5 \end{cases} ,$$

解得 $a_1 = 1, a_2 = 3, a_3 = -2$. 即方程组有解. 所以，向量 $\beta = (7, -3, -5)$ 可以由 α_1, α_2, α_3 线性表示.

由第 3 章所学线性方程组有解的判定，也可用下面方法来判断向量是否由一个向量组线性表示.

例如，t 为何值时，$\beta = (7, -2, t)$ 可由 $\alpha_1 = (1,3,0)$, $\alpha_2 = (3,7,8)$, $\alpha_3 = (1, -6, 36)$ 线性表示?

可设计一个矩阵

$$\left[\begin{array}{ccc|c} 1 & 3 & 1 & 7 \\ 3 & 7 & -6 & -2 \\ 0 & 8 & 36 & t \end{array} \right],$$

对这个矩阵作行初等变换，即，

$$\left[\begin{array}{ccc|c} 1 & 3 & 1 & 7 \\ 3 & 7 & -6 & -2 \\ 0 & 8 & 36 & t \end{array} \right] \rightarrow \left[\begin{array}{ccc|c} 1 & 3 & 1 & 7 \\ 0 & -2 & -9 & -23 \\ 0 & 0 & 0 & t-92 \end{array} \right].$$

那么由所得矩阵的第三行可知，当且仅当 $t = 92$ 时，β 可由 $\alpha_1, \alpha_2, \alpha_3$ 线性表示.

定义 6.3 设

$$\alpha_1, \alpha_2, \cdots, \alpha_r; \tag{6.1}$$

$$\beta_1, \beta_2, \cdots, \beta_s \tag{6.2}$$

是 V 中两个向量组. 如果 (6.1) 中每个向量 α_i 都可以由向量组 (6.2) 线性表示，那么称向量组 (6.1) 可以用向量组 (6.2) 线性表示. 如果 (6.1) 与 (6.2) 可以互相线性表示，那么向量组 (6.1) 与 (6.2) 称为等价的.

例如：向量组 $\alpha_1 = (1,1,3)$, $\alpha_2 = (1,0,2)$ 与向量组 $\beta_1 = (3,2,8)$, $\beta_2 = (2,1,5)$, $\beta_3 = (0,1,1)$ 等价. 因为

$$\alpha_1 = \beta_1 - \beta_2 + 0\beta_3, \alpha_2 = -\beta_1 + 2\beta_2 + 0\beta_3,$$

且

$$\beta_1 = 2\alpha_1 + \alpha_2, \beta_2 = \alpha_1 + \alpha_2, \beta_3 = \alpha_1 - \alpha_2.$$

定义 6.4 对向量空间 V 中 r 个向量 α_1, α_2, $\cdots$, α_r, 若存在 P 中不全为零的数 $k_1, k_2, \cdots, k_r$, 使得

$$k_1\alpha_1 + k_2\alpha_2 + \cdots + k_r\alpha_r = 0. \tag{6.3}$$

那么就说 $\alpha_1, \alpha_2, \cdots, \alpha_r$ 线性相关.

如果找不到 P 中不全为零的数 $k_1, k_2, \cdots k_r$ 使得等式 (6.3) 成立，或者说，等式 (6.3) 只有在 $k_1 = k_2 = \cdots = k_r = 0$ 时才成立，那么就说，向量组 $\alpha_1, \alpha_2, \cdots, \alpha_r$ 线性无关.

例 6.11 判断下列 P^3 中向量组是否线性相关.

(1) $\alpha_1 = (1,0,0)$, $\alpha_2 = (1,1,0)$, $\alpha_3 = (1,1,1)$.

(2) $\alpha_1 = (1,2,3)$, $\alpha_2 = (2,4,6)$, $\alpha_3 = (3,5,-4)$.

解 (1) 设 $a_1\alpha_1 + a_2\alpha_2 + a_3\alpha_3 = 0$,

得

$$\begin{cases} a_1 + a_2 + a_3 = 0 \\ a_2 + a_3 = 0 \\ a_3 = 0 \end{cases} \Rightarrow \begin{cases} a_1 = 0 \\ a_2 = 0 \\ a_3 = 0 \end{cases}.$$

即，向量组线性无关.

(2) 设 $a_1\alpha_1 + a_2\alpha_2 + a_3\alpha_3 = 0$，得

$$\begin{cases} a_1 + 2a_2 + 3a_3 = 0 \\ 2a_1 + 4a_2 + 5a_3 = 0 \\ 3a_1 + 6a_2 - 4a_3 = 0 \end{cases} \Rightarrow \begin{cases} a_1 = 2 \\ a_2 = -1 \\ a_3 = 0 \end{cases}.$$

即，向量组线性相关. 也可用如下方法来判断.

作一个矩阵

$$A = \begin{pmatrix} 1 & 2 & 3 \\ 2 & 4 & 5 \\ 3 & 6 & -4 \end{pmatrix},$$

由秩（A）与未知量个数的关系来判断有唯一解（线性无关）还是有无穷多解（线性相关）.

例如：判断向量组

$$\alpha_1 = \begin{pmatrix} 1 \\ 1 \\ 1 \\ 3 \end{pmatrix}, \alpha_2 = \begin{pmatrix} 1 \\ 3 \\ -5 \\ -1 \end{pmatrix}, \alpha_3 = \begin{pmatrix} 3 \\ 1 \\ 10 \\ 15 \end{pmatrix}, \alpha_4 = \begin{pmatrix} 3 \\ 7 \\ -9 \\ 1 \end{pmatrix}$$

是否线性相关，若线性相关，α_4 能否由 $\alpha_1, \alpha_2, \alpha_3$ 线性表示？α_3 能否由 $\alpha_1, \alpha_2, \alpha_4$ 线性表示？

可构造一个矩阵

$$(\alpha_1, \alpha_2, \alpha_3, \alpha_4) = \begin{pmatrix} 1 & 1 & 3 & 3 \\ 1 & 3 & 1 & 7 \\ 1 & -5 & 10 & -9 \\ 3 & -1 & 15 & 1 \end{pmatrix},$$

对这个矩阵作行初等变换，得矩阵

$$\begin{pmatrix} 1 & 0 & 0 & 1 \\ 0 & 1 & 0 & 2 \\ 0 & 0 & 1 & 0 \\ 0 & 0 & 0 & 0 \end{pmatrix} = (\beta_1, \beta_2, \beta_3, \beta_4).$$

可知 $\beta_1, \beta_2, \beta_3, \beta_4$ 线性相关，从而 $\alpha_1, \alpha_2, \alpha_3, \alpha_4$ 线性相关，且由矩阵（$\beta_1, \beta_2, \beta_3, \beta_4$）可知 $\beta_4 = \beta_1 + 2\beta_2$，从而对应有 $\alpha_4 = \alpha_1 + 2\alpha_2$，即 α_4 可由 $\alpha_1, \alpha_2, \alpha_3$ 线性表示. 但

$$(\beta_1,\beta_2,\beta_4,\beta_3)=\begin{pmatrix}1&0&1&0\\0&1&2&0\\0&0&0&1\\0&0&0&0\end{pmatrix},$$

可知 β_3 不能由 β_1,β_2,β_4 线性表示，从而对应 α_3 不能由 $\alpha_1,\alpha_2,\alpha_4$ 线性表示.

下面我们给出线性表示和线性相关一些结论：

（1）向量组 $\alpha_1,\alpha_2,\cdots,\alpha_r$ 中每一个向量 α_i 都可以由这一组向量线性表示.
即，$\alpha_i=0\alpha_1+0\alpha_2+\cdots0\alpha_{i-1}+\alpha_i+0\alpha_{i+1}+\cdots+0\alpha_r$.

（2）向量线性表示的传递性.

如果向量 γ 可以由向量组 $\beta_1,\beta_2,\cdots,\beta_s$ 线性表示，而每一 β_i 又都可以由 $\alpha_1,\alpha_2,\cdots,\alpha_r$ 线性表示，那么 γ 可以由 $\alpha_1,\alpha_2,\cdots,\alpha_r$ 线性表示.

由线性表示的传递性可得向量组的等价关系具有传递性、反身性、对称性.

（3）若向量组 $\alpha_1,\alpha_2,\cdots,\alpha_r$ 中有一个向量是零向量，则向量组一定线性相关.

因为若设 $\alpha_1=0$，则有 $1\alpha_1+0\alpha_2+\cdots+0\alpha_r=0$，由定义 6.6 可知，这组向量线性相关.

（4）单个向量 α 是线性相关的充分必要条件是 $\alpha=0$. 两个以上向量 $\alpha_1,\alpha_2,\cdots,\alpha_r$ 线性相关的充分必要条件是其中一个向量是其余向量的线性组合. 即，两个以上向量 $\alpha_1,\alpha_2,\cdots,\alpha_r$ 线性无关的充分必要条件是其中每一个向量都不是其余向量的线性组合.

（5）如果向量组 $\alpha_1,\alpha_2,\cdots,\alpha_r$ 线性无关，则它的任意一部分组也线性无关. 即，如果向量组 $\alpha_1,\alpha_2,\cdots,\alpha_r$ 有一部分向量组线性相关，则整个向量组 $\alpha_1,\alpha_2,\cdots,\alpha_r$ 也线性相关.

因为如果向量组 $\alpha_1,\alpha_2,\cdots,\alpha_r$ 中有 p 个向量 $\alpha_1,\alpha_2,\cdots,\alpha_p$ 线性相关，则存在不全为零的数 $k_1,k_2,\cdots,k_p$，使得

$$k_1\alpha_1+k_2\alpha_2+\cdots+k_p\alpha_p=0.$$

那么有

$$k_1\alpha_1+k_2\alpha_2+\cdots+k_p\alpha_p+0\alpha_{p+1}+\cdots+0\alpha_r=0.$$

由线性相关定义，可知向量组 $\alpha_1,\alpha_2,\cdots,\alpha_r$ 线性相关.

（6）设向量组 $\alpha_1,\alpha_2,\cdots,\alpha_r(r\geqslant 2)$ 线性无关，而 $\alpha_1,\alpha_2,\cdots,\alpha_r,\beta$ 线性相关，那么 β 一定可以由 $\alpha_1,\alpha_2,\cdots,\alpha_r$ 线性表示，且表示法唯一.

因为，由 $\alpha_1,\alpha_2,\cdots,\alpha_r,\beta$ 线性相关，有不全为零的数 $k_1,k_2,\cdots,k_r,b$，使得

$$k_1\alpha_1+k_2\alpha_2+\cdots+k_r\alpha_r+b\beta=0.$$

若 $b=0$，则 $k_1\alpha_1+k_2\alpha_2+\cdots+k_r\alpha_r=0$，那么有 $k_1,k_2,\cdots,k_r$ 不全为零，这与 $\alpha_1,\alpha_2,\cdots,\alpha_r$ 线性无关矛盾，所以 $b\neq 0$. 有

$$b\beta=-k_1\alpha_1-k_2\alpha_2-\cdots-k_r\alpha_r\Rightarrow\beta=-\frac{k_1}{b}\alpha_1-\frac{k_2}{b}\alpha_2-\cdots-\frac{k_r}{b}\alpha_r.$$

唯一性的证明由读者自己完成.

（7）如果向量 β 可唯一地由向量组 $\alpha_1,\alpha_2,\cdots,\alpha_r$ 线性表示，那么 $\alpha_1,\alpha_2,\cdots,\alpha_r$ 线性无关.

假设 $k_1\alpha_1 + k_2\alpha_2 + \cdots + k_r\alpha_r = 0$ ，由 β 可由向量组 $\alpha_1,\alpha_2,\cdots,\alpha_r$ 线性表示，得
$$\beta = l_1\alpha_1 + l_2\alpha_2 + \cdots + l_r\alpha_r.$$
所以，有
$$\beta = \beta + 0 = (l_1 + k_1)\alpha_1 + (l_2 + k_1)\alpha_2 + \cdots + (l_r + k_1)\alpha_r.$$
由唯一性，有
$$\begin{cases} l_1 + k_1 = l_1 \\ l_2 + k_2 = l_2 \\ \quad\vdots \\ l_r + k_r = l_r \end{cases},$$
即得，$k_1 = k_2 = \cdots = k_r = 0$ ，所以 $\alpha_1,\alpha_2,\cdots,\alpha_r$ 线性无关.

（8）若 $\alpha_i = (a_{i1},a_{i2},\cdots,a_{in}) \in P^n, i=1,2,\cdots,m$ ，线性无关. 对每一个 α_i 任意添上 p 个数，得到 P^{n+p} 的 m 个向量
$$\beta_i = (a_{i1},a_{i2},\cdots,a_{in},b_{i1},\cdots,b_{ip}), i=1,2,\cdots,m.$$
那么，$\beta_1,\beta_2,\cdots,\beta_m$ 也线性无关.

假设 $y_1\beta_1 + y_2\beta_2 + \cdots + y_m\beta_m = 0$ ，则有
$$\begin{cases} y_1a_{11} + y_2a_{21} + \cdots + y_ma_{m1} = 0 \\ y_1a_{12} + y_2a_{22} + \cdots + y_ma_{m2} = 0 \\ \qquad\qquad\qquad\vdots \\ y_1a_{1n} + y_2a_{2n} + \cdots + y_ma_{mn} = 0 \\ y_1b_{11} + y_2b_{21} + \cdots + y_mb_{m1} = 0 \\ \qquad\qquad\qquad\vdots \\ y_1b_{1p} + y_2b_{2p} + \cdots + y_mb_{mp} = 0 \end{cases}$$
由 $\alpha_1,\alpha_2,\cdots,\alpha_m$ 线性无关，依据前面 n 个等式可得 $y_1 = y_2 = \cdots = y_m = 0$ ，而这个结果又满足后面 p 个等式，所以 $y_1 = y_2 = \cdots = y_m = 0$ 就是这个方程组的解. 即 $\beta_1,\beta_2,\cdots,$ β_m 也线性无关.

（9）令 $\alpha_i = (a_{i1},a_{i2},\cdots,a_{in}) \in P^n, i=1,2,\cdots,n$ ，则 $\alpha_1,\alpha_2,\cdots,\alpha_n$ 线性无关必要且只要行列式
$$\begin{vmatrix} a_{11} & a_{12} & \cdots & a_{1n} \\ a_{21} & a_{22} & \cdots & a_{2n} \\ \vdots & \vdots & & \vdots \\ a_{n1} & a_{n2} & \cdots & a_{nn} \end{vmatrix} \neq 0.$$

因为 $\alpha_1,\alpha_2,\cdots,\alpha_n$ 线性无关 $\Leftrightarrow$ 方程 $x_1\alpha_1 + x_2\alpha_2 + \cdots + x_n\alpha_n = 0$ 只有在 $x_1 = x_2 = \cdots = x_n = 0$ 时才成立.

即，n 元线性方程组
$$\begin{cases} a_{11}x_1 + a_{21}x_2 + \cdots + a_{n1}x_n = 0 \\ a_{12}x_1 + a_{22}x_2 + \cdots + a_{n2}x_n = 0 \\ \qquad\qquad\qquad\vdots \\ a_{1n}x_1 + a_{2n}x_2 + \cdots + a_{nn}x_n = 0 \end{cases}$$

只有唯一零解．

$$\Leftrightarrow 行列式 \begin{vmatrix} a_{11} & a_{12} & \cdots & a_{1n} \\ a_{21} & a_{22} & \cdots & a_{2n} \\ \vdots & \vdots & & \vdots \\ a_{n1} & a_{n2} & \cdots & a_{nn} \end{vmatrix} \neq 0 （由齐次线性方程组有非零解的判定及行列式与$$

转置行列式相等可得）．

（10）（替换定理）若 $\alpha_1, \alpha_2, \cdots, \alpha_r$ 线性无关，且每一向量 α_i 都可以由向量组 $\beta_1, \beta_2, \cdots,$ β_s 线性表示，那么 $r \leqslant s$．并且必要时可以对 $\beta_1, \beta_2, \cdots, \beta_s$ 中向量重新编号，使得用 $\alpha_1,$ $\alpha_2, \cdots, \alpha_r$ 替换 $\beta_1, \beta_2, \cdots, \beta_r$ 后，所得的向量组

$$\alpha_1, \alpha_2, \cdots, \alpha_r, \beta_{r+1}, \cdots, \beta_s$$

与向量组 $\beta_1, \beta_2, \cdots, \beta_s$ 等价．

（11）等价的线性无关的两个向量组，必定含有相同个数的向量．

因为，若向量组 $\alpha_1, \alpha_2, \cdots, \alpha_r$ 和向量组 $\beta_1, \beta_2, \cdots, \beta_s$ 等价且线性无关，由替换定理可知，$r \leqslant s$ 且 $s \leqslant r$，所以 $r = s$．

由以上结论知，在一个向量组中总可以找到一个部分向量组线性无关，而使得这个向量组中每一个向量都可由这个部分组线性表示．具有这样特点的部分向量组，我们给它下一个定义．

定义 6.5　向量组 $\alpha_1, \alpha_2, \cdots, \alpha_r$ 的一个部分向量组 $\alpha_{i_1}, \alpha_{i_2}, \cdots, \alpha_{i_r}$ 叫做一个**极大线性无关部分组（简称极大无关组）**，前提是

（1）$\alpha_{i_1}, \alpha_{i_2}, \cdots, \alpha_{i_r}$ 线性无关．

（2）每一 $\alpha_j, j = 1, \cdots, n$，都可以由 $\alpha_{i_1}, \alpha_{i_2}, \cdots, \alpha_{i_r}$ 线性表示．

例 6.12　已知 $\alpha_1 = (1,0,0), \alpha_2 = (1,2,0), \alpha_3 = (2,2,0)$，求 $\alpha_1, \alpha_2, \alpha_3$ 的极大无关组．

解　设 $k_1 \alpha_1 + k_2 \alpha_2 = 0$，则

$$k_1(1,0,0) + k_2(1,2,0) = 0.$$

所以，有 $\begin{cases} k_1 + k_2 = 0 \\ 2k_2 = 0 \end{cases} \Rightarrow k_1 = k_2 = 0$，即 α_1, α_2 线性无关．

又 $\alpha_3 = \alpha_1 + \alpha_2$，有 $\alpha_1, \alpha_2, \alpha_3$ 线性相关，则 α_1, α_2 是 $\alpha_1, \alpha_2, \alpha_3$ 的一个极大无关组．

同样可以看出，α_2, α_3 和 α_1, α_3 也是 $\alpha_1, \alpha_2, \alpha_3$ 的一个极大无关组．

由此可知，**一个向量组的极大无关组不唯一，但极大无关组所含向量的个数唯一**．因而我们有推论 6.1 和定义 6.6.

推论 6.1　等价的向量组的极大无关组含有相同个数的向量．特别，一个向量组的任意两个极大无关组含有相同个数的向量．

定义 6.6　向量组的极大无关组所含向量的个数称为该向量组的秩．

向量组 $\alpha_1, \alpha_2, \cdots, \alpha_r$ 的秩记作：秩 $\{\alpha_1, \alpha_2, \cdots, \alpha_r\}$．

例 6.13　求 $\alpha_1 = (1,0,0,0), \alpha_2 = (1,2,0,0), \alpha_3 = (1,2,3,0), \alpha_4 = (2,3,4,0)$ 的极

大无关组与秩.

解 先看 α_1, α_2. 因为

$$\begin{vmatrix} 1 & 0 \\ 1 & 2 \end{vmatrix} = 2 \neq 0.$$

所以 α_1, α_2 线性无关.

再看 $\alpha_1, \alpha_2, \alpha_3$. 因为

$$\begin{vmatrix} 1 & 0 & 0 \\ 1 & 2 & 0 \\ 1 & 2 & 3 \end{vmatrix} = 6 \neq 0.$$

所以 $\alpha_1, \alpha_2, \alpha_3$ 线性无关.

再看 $\alpha_1, \alpha_2, \alpha_3, \alpha_4$. 因为

$$\begin{vmatrix} 1 & 0 & 0 & 0 \\ 1 & 2 & 0 & 0 \\ 1 & 2 & 3 & 0 \\ 2 & 3 & 4 & 0 \end{vmatrix} = 0.$$

所以 $\alpha_1, \alpha_2, \alpha_3, \alpha_4$ 线性相关.

所以, $\alpha_1, \alpha_2, \alpha_3$ 是 $\alpha_1, \alpha_2, \alpha_3, \alpha_4$ 的一个极大无关组, 秩 $\{\alpha_1, \alpha_2, \alpha_3, \alpha_4\} = 3$.

6.4 维数·基与坐标

1. 维数和基

由上节我们知道, 向量组的极大无关组至关重要, 那么, 在一个线性空间中, 究竟最多能有几个线性无关的向量, 也是线性空间的一个重要属性. 由此, 我们引入定义 6.7.

定义 6.7 如果在线性空间 V 中有 n 个线性无关的向量, 但是没有更多数目的线性无关的向量, 那么 V 就称为 **n 维** 的; 如果在 V 中可以找到任意多个线性无关的向量, 那么 V 就称为无限维的.

在本课程中, 我们主要讨论有限维空间. 由定义可知, V_2 是二维的, V_3 是三维的, 线性空间 P^n 和 $P^{m \times n}$ 分别是 n 维的和 mn 维的, 因为它们最多只有 n 个矩阵和 mn 个矩阵线性无关.

由以上可知, 一个线性空间中最大线性无关向量组起着很重要的作用, 我们给它一个定义.

定义 6.8 设 V 是数域 P 上一个线性空间, V 中满足下列两个条件的向量组 $\{\alpha_1, \alpha_2, \cdots, \alpha_n\}$ 叫做 V 的一个基:

(1) $\alpha_1, \alpha_2, \cdots, \alpha_n$ 线性无关.

（2）V 中每一向量都可以由 $\alpha_1, \alpha_2, \cdots, \alpha_n$ 线性表示.

例 6.14　P^n 中 n 个向量 $\varepsilon_i = (0, \cdots, 0, 1, 0, \cdots, 0), i = 1, 2, \cdots, n$，是 P^n 的一个基，这个基叫做 P^n 的**标准基**. 这里 ε_i 除第 i 位置是 1 外，其余位置的元素都是零. 而 $P^{m \times n}$ 中 mn 个矩阵

$$
E_{ij} = \begin{bmatrix}
& & & \overset{(j)}{0} & & & \\
& & & \vdots & & & \\
& & & 0 & & & \\
0 & \cdots & 0 & 1 & 0 & \cdots & 0 \\
& & & 0 & & & \\
& & & \vdots & & & \\
& & & 0 & & &
\end{bmatrix} (i)
$$

是 $P^{m \times n}$ 的一个标准基. 这里 E_{ij} 是除了第 i 行第 j 列位置上是 1 外，其余位置上都是 0 的矩阵，$i = 1, 2, \cdots, m; j = 1, 2, \cdots, n$.

一个有限维线性空间的基一般不只有一个，由基的定义可知，一个线性空间的任意两个基是彼此等价的，而等价的线性无关向量组含有相同个数的向量，由此可知，一个线性空间任意两个基所含向量的个数是相等的，由维数的定义可知，**一个线性空间的基所含向量的个数就是这个线性空间的维数. 线性空间 V 的维数记作 $\dim V$，零空间的维数定义为 0.**

基的重要意义体现在以下的定理中.

定理 6.1　设线性空间 V 的一个基 $\alpha_1, \alpha_2, \cdots, \alpha_n$，那么 V 的任一个向量可以唯一地被表示成基向量 $\alpha_1, \alpha_2, \cdots, \alpha_n$ 的线性组合.

证　由基的定义可知 V 中每一向量 α 可由 $\alpha_1, \alpha_2, \cdots, \alpha_n$ 线性表示

$$\alpha = a_1 \alpha_1 + a_2 \alpha_2 + \cdots + a_n \alpha_n.$$

我们只需证明，这种表示法是唯一的. 如果 α 还可以表示成

$$\alpha = a_1' \alpha_1 + a_2' \alpha_2 + \cdots + a_n' \alpha_n.$$

那么就有

$$(a_1 - a_1') \alpha_1 + (a_2 - a_2') \alpha_2 + \cdots + (a_n - a_n') \alpha_n = 0.$$

由于 $\alpha_1, \alpha_2, \cdots, \alpha_n$ 线性无关，所以 $\alpha_i - \alpha'_i = 0$，即 $a_i = a'_i, i = 1, 2 \cdots, n$.

定理 6.2　n 维线性空间中任意多于 n 个向量的向量组一定线性相关.

证　当 $n > 0$. 令 $\{\beta_1, \beta_2, \cdots, \beta_n\}$ 是 n 维线性空间 V 的一个基，对于 V 中任意 s 个向量 $\alpha_1, \alpha_2, \cdots, \alpha_s$ 来说，每一个 α_i 都可以由 $\beta_1, \beta_2, \cdots, \beta_n$ 线性表示. 假设 $s > n$，若 $\alpha_1, \alpha_2, \cdots, \alpha_s$ 线性无关，那么由替换定理可推出 $s \leqslant n$，这就导致矛盾. 而 $n = 0$ 时，论断显然正确.

定理 6.3（扩基定理）　设 n 维线性空间 V 中一组线性无关的向量 $\alpha_1, \alpha_2, \cdots, \alpha_r$，那么总可以添加 $n - r$ 个向量 $\alpha_{r+1}, \cdots, \alpha_n$，使得 $\{\alpha_1, \alpha_2, \cdots, \alpha_r, \alpha_{r+1}, \cdots, \alpha_n\}$ 作成 V 的一个基. 特别，n 维线性空间中任意 n 个线性无关的向量都可以取作基.

证　设 $\{\beta_1, \beta_2, \cdots, \beta_n\}$ 是 n 维线性空间 V 的一个基，那么每一 α_i 都可以由 $\beta_1, \beta_2, \cdots$，

β_n 线性表示，又因为 $\alpha_1,\alpha_2,\cdots,\alpha_r$ 线性无关，所以由替换定理，适当对 $\beta_1,\beta_2,\cdots,\beta_n$ 编号，可以用 $\alpha_1,\alpha_2,\cdots,\alpha_r$ 替换前 r 个基向量 $\beta_1,\beta_2,\cdots,\beta_r$，得到一个与 $\{\beta_1,\beta_2,\cdots,\beta_n\}$ 等价的向量组 $\{\alpha_1,\alpha_2,\cdots,\alpha_r,\beta_{r+1},\cdots,\beta_n\}$，又由推论 6.1 知，$\{\alpha_1,\alpha_2,\cdots,\alpha_r,\beta_{r+1},\cdots,\beta_n\}$ 的极大无关组应含有 n 个向量，所以 $\{\alpha_1,\alpha_2,\cdots,\alpha_r,\beta_{r+1},\cdots,\beta_n\}$ 就是它本身的唯一的极大无关组，因而就是 V 的一个基，取 $\alpha_j=\beta_j,j=r+1,\cdots,n$，定理被证明.

例 6.15 把向量组 $\alpha_1=(2,4,1,2),\alpha_2=(3,6,3,4)$ 扩充为 $\mathbf{R}^4$ 的一个基.

解 对 α_1,α_2 来说，因为 $\begin{vmatrix} 2 & 1 \\ 3 & 3 \end{vmatrix}=3\neq0$，知 α_1,α_2 线性无关.

由

$$\begin{vmatrix} 2 & 4 & 1 & 2 \\ 3 & 6 & 3 & 4 \\ 0 & 1 & 0 & 0 \\ 0 & 0 & 0 & 1 \end{vmatrix}=-3\neq0,$$

得

$$\alpha_3=(0,1,0,0),\alpha_4=(0,0,0,1).$$

所以，$\alpha_1,\alpha_2,\alpha_3,\alpha_4$ 是 $\mathbf{R}^4$ 的一个基.

2. 坐标

定义 6.9 设 $\alpha_1,\alpha_2,\cdots,\alpha_n$ 是 n 维线性空间 V 的一个基，那么 V 中任一向量 α 可以唯一地表示成

$$\alpha=a_1\alpha_1+a_2\alpha_2+\cdots+a_n\alpha_n=(\alpha_1,\alpha_2,\cdots,\alpha_n)\begin{pmatrix} a_1 \\ a_2 \\ \vdots \\ a_n \end{pmatrix},$$

其中系数 $a_1,a_2,\cdots,a_n$ 是由向量 α 和基 $\alpha_1,\alpha_2,\cdots,\alpha_n$ 唯一确定的，这组数就称为 α 在基 $\alpha_1,\alpha_2,\cdots,\alpha_n$ 下的坐标，记为 $(a_1,a_2,\cdots,a_n)$. 数 a_i 叫做向量 α 关于基 $\alpha_1,\alpha_2,\cdots,\alpha_n$ 的第 i 个坐标.

例 6.16 P^n 的向量 $\alpha=(a_1,a_2,\cdots,a_n)$ 关于标准基 $\varepsilon_1,\varepsilon_2,\cdots,\varepsilon_n$ 的坐标就是 $(a_1,a_2,\cdots,a_n)$.

例 6.17 在 P^n 中，分别求出向量 $\alpha=(1,2,\cdots,n)$ 关于 P^n 的标准基 $\varepsilon_1,\varepsilon_2,\cdots,\varepsilon_n$ 和基 $\alpha_1=(1,1,\cdots,1),\alpha_2=(0,1,\cdots,1),\cdots,\alpha_n=(0,\cdots,0,1)$ 的坐标.

解 由例 6.16 可知，向量 α 关于标准基 $\varepsilon_1,\varepsilon_2,\cdots,\varepsilon_n$ 的坐标就是它本身 $(1,2,\cdots,n)$.
设 $\alpha=x_1\alpha_1+x_2\alpha_2+\cdots+x_n\alpha_n$，则有

$$\begin{cases} x_1=1 \\ x_1+x_2=2 \\ \quad\vdots \\ x_1+x_2+\cdots+x_n=n \end{cases} \Rightarrow x_1=x_2=\cdots=x_n=1.$$

所以，α 关于基 $\alpha_1 = (1,1,\cdots,1), \alpha_2 = (0,1,\cdots,1),\cdots,\alpha_n = (0,\cdots,0,1)$ 的坐标是 $(1,1,\cdots,1)$.

由以上可得如下结论：

(1) 向量 α 关于标准基的坐标恰为 α 的各个分量.

(2) 一般，同一向量关于不同基的坐标是不同的.

例 6.18 证明向量组 $\alpha_1 = (1,-1,0), \alpha_2 = (2,1,3), \alpha_3 = (3,1,2)$ 是 P^3 的一个基，并求向量 $\beta = (5,0,7)$ 关于这个基的坐标.

证 由定理 6.3 可知，只需证明 a_1,a_2,a_3 线性无关. 因为

$$\begin{vmatrix} 1 & -1 & 0 \\ 2 & 1 & 3 \\ 3 & 1 & 2 \end{vmatrix} = -6 \neq 0.$$

所以 a_1,a_2,a_3 是 P^3 的一个基.

设 $\beta = x_1 a_1 + x_2 a_2 + x_3 a_3$ ，则有下面线性方程组

$$\begin{cases} x_1 + 2x_2 + 3x_3 = 5 \\ -x_1 + x_2 + x_3 = 0 , \\ 3x_2 + 2x_3 = 7 \end{cases}$$

解得

$$x_1 = 2, x_2 = 3, x_3 = -1.$$

所以，$\beta = (5,0,7)$ 关于基 a_1,a_2,a_3 的坐标为 $(2，3，-1)$.

另解，以 $\alpha_1,\alpha_2,\alpha_3 ，\beta$ 为列作一矩阵 $A = (\alpha_1 \quad \alpha_2 \quad \alpha_3 \quad \vdots \quad \beta)$ 对这个矩阵作行初等变换即可得到 $\beta = (5,0,7)$ 关于基 a_1,a_2,a_3 的坐标.

设 n 维线性空间的向量 ξ,η 关于基 $\{\alpha_1,\alpha_2,\cdots,\alpha_n\}$ 的坐标分别是 $(x_1,x_2,\cdots,x_n)$ 和 $(y_1,y_2,\cdots,y_n)$ 即，

$$\xi = x_1\alpha_1 + x_2\alpha_2 + \cdots + x_n\alpha_n, \qquad \eta = y_1\alpha_1 + y_2\alpha_2 + \cdots + y_n\alpha_n,$$

那么

$$\xi + \eta = (x_1+y_1)\alpha_1 + (x_1+y_2)\alpha_2 + \cdots + (x_n+y_n)\alpha_n.$$

如果 a 是数域 P 中一个数，那么 $a\xi = (ax_1)\alpha_1 + (ax_2)\alpha_2 + \cdots + (ax_n)\alpha_n$ ，于是有定理 6.4.

定理 6.4 设 $\{\alpha_1,\alpha_2,\cdots,\alpha_n\}$ 是数域 P 上（$n > 0$) 维线性空间 V 的一个基，V 中向量 ξ,η 关于基 $\{\alpha_1,\alpha_2,\cdots,\alpha_n\}$ 的坐标分别是 $(x_1,x_2,\cdots,x_n)$ 和 $(y_1,y_2,\cdots,y_n)$. 那么 $\xi + \eta$ 关于这个基的坐标就是 $(x_1+y_1,x_2+y_2,\cdots,x_n+y_n)$. 又设 $a \in P$ ，那么 $a\xi$ 关于这个基的坐标就是 $(ax_1,ax_2,\cdots,ax_n)$.

3. 基变换和坐标变换

设 n 维线性空间 V 的两个基 $\alpha_1,\alpha_2,\cdots,\alpha_n$ 和 $\beta_1,\beta_2,\cdots,\beta_n$. 那么基向量 $\beta_j, j = 1,2\cdots,n$ ，可以由基 $\alpha_1,\alpha_2,\cdots,\alpha_n$ 线性表示为

$$\beta_1 = a_{11}\alpha_1 + a_{21}\alpha_2 + \cdots + a_{n1}\alpha_n,$$
$$\beta_2 = a_{12}\alpha_1 + a_{22}\alpha_2 + \cdots + a_{n2}\alpha_n,$$
$$\vdots$$
$$\beta_n = a_{1n}\alpha_1 + a_{2n}\alpha_2 + \cdots + a_{nn}\alpha_n.$$
(6.4)

则 $\beta_j (j = 1,2,\cdots,n)$ 关于基 $\{\alpha_1,\alpha_2,\cdots,\alpha_n\}$ 的坐标为 $(a_{1j},a_{2j},\cdots,a_{nj})$. 以这 n 个坐标为列，作一个 n 级矩阵

$$T = \begin{pmatrix} a_{11} & a_{12} & \cdots & a_{1n} \\ a_{21} & a_{22} & \cdots & a_{2n} \\ \vdots & \vdots & \vdots & \vdots \\ a_{n1} & a_{n2} & \cdots & a_{nn} \end{pmatrix}.$$

矩阵 T 叫做基 $\{\alpha_1,\alpha_2,\cdots,\alpha_n\}$ 到基 $\{\beta_1,\beta_2,\cdots,\beta_n\}$ 的过渡矩阵.

利用线性方程组的矩阵表示法，（4）式可以写成矩阵的等式：

$$(\beta_1,\beta_2,\cdots,\beta_n) = (\alpha_1,\alpha_2,\cdots,\alpha_n)T \text{（基变换）}.$$
(6.5)

例 6.19 在 P^3 中，求由标准基 $\varepsilon_1 = (1,0,0)$，$\varepsilon_2 = (0,1,0)$，$\varepsilon_3 = (0,0,1)$ 到基 $\alpha_1 = (1,1,1)$，$\alpha_2 = (2,1,-1)$，$\alpha_3 = (3,0,2)$ 的过渡矩阵 T.

解 由前面可知任一向量关于标准基的坐标就是它本身，即

$$\alpha_1 = (1,1,1) = \varepsilon_1 + \varepsilon_2 + \varepsilon_3,$$
$$\alpha_2 = (2,1,-1) = 2\varepsilon_1 + \varepsilon_2 - \varepsilon_3,$$
$$\alpha_3 = (3,0,2) = 3\varepsilon_1 + 2\varepsilon_3.$$

所以，有

$$(\alpha_1,\alpha_2,\alpha_3) = (\varepsilon_1,\varepsilon_2,\varepsilon_3) \begin{pmatrix} 1 & 2 & 3 \\ 1 & 1 & 0 \\ 1 & -1 & 2 \end{pmatrix}.$$

即

$$T = \begin{pmatrix} 1 & 2 & 3 \\ 1 & 1 & 0 \\ 1 & -1 & 2 \end{pmatrix}.$$

设 V 中向量 ξ 关于基 $\{\alpha_1,\alpha_2,\cdots,\alpha_n\}$ 的坐标是 $(x_1,x_2,\cdots,x_n)$；关于基 $\{\beta_1,\beta_2,\cdots,\beta_n\}$ 的坐标是 $(y_1,y_2,\cdots,y_n)$. 于是一方面，

$$\xi = \sum_{i=1}^{n} x_i\alpha_i = (\alpha_1,\alpha_2,\cdots,\alpha_n) \begin{pmatrix} x_1 \\ x_2 \\ \vdots \\ x_n \end{pmatrix},$$
(6.6)

另一方面，

$$\xi = \sum_{i=1}^{n} y_i\beta_i = (\beta_1,\beta_2,\cdots,\beta_n) \begin{pmatrix} y_1 \\ y_2 \\ \vdots \\ y_n \end{pmatrix}.$$
(6.7)

把（6.5）式代入（6.7），得

$$\xi = (\alpha_1, \alpha_2, \cdots, \alpha_n) T \begin{bmatrix} y_1 \\ y_2 \\ \vdots \\ y_n \end{bmatrix} = (\alpha_1, \alpha_2, \cdots, \alpha_n) \left[T \begin{bmatrix} y_1 \\ y_2 \\ \vdots \\ y_n \end{bmatrix} \right]. \tag{6.8}$$

等式（6.8）表明，向量 ξ 关于基 $\{\alpha_1, \alpha_2, \cdots, \alpha_n\}$ 的坐标是

$$T \begin{bmatrix} y_1 \\ y_2 \\ \vdots \\ y_n \end{bmatrix}.$$

然而向量 ξ 关于基 $\{\alpha_1, \alpha_2, \cdots, \alpha_n\}$ 的坐标是唯一确定的，比较式（6.6）和式（6.8）得

$$\begin{bmatrix} x_1 \\ x_2 \\ \vdots \\ x_n \end{bmatrix} = T \begin{bmatrix} y_1 \\ y_2 \\ \vdots \\ y_n \end{bmatrix}. （坐标变换）. \tag{6.9}$$

定理 6.5 设 T 是数域 P 上 n 维线性空间 V 中基 $\{\alpha_1, \alpha_2, \cdots, \alpha_n\}$ 到基 $\{\beta_1, \beta_2, \cdots, \beta_n\}$ 的过渡矩阵，那么 V 中向量 ξ 关于基 $\{\alpha_1, \alpha_2, \cdots, \alpha_n\}$ 的坐标 $(x_1, x_2, \cdots, x_n)$ 与关于基 $\{\beta_1, \beta_2, \cdots, \beta_n\}$ 的坐标 $(y_1, y_2, \cdots, y_n)$ 由等式（6.9）联系着.

例 6.20 设 $\{\alpha_1, \alpha_2, \alpha_3\}$ 和 $\{\beta_1, \beta_2, \beta_3\}$ 是三维线性空间 V 的两个基，并且

$$\beta_1 = \alpha_1 - \alpha_2,$$
$$\beta_2 = 2\alpha_1 + 3\alpha_2 + 2\alpha_3,$$
$$\beta_3 = \alpha_1 + 3\alpha_2 + 2\alpha_3.$$

求向量 $\alpha = 2\beta_1 - \beta_2 + 3\beta_3$ 关于基 $\{\alpha_1, \alpha_2, \alpha_3\}$ 的坐标.

解 设 $\alpha = (\alpha_1, \alpha_2, \alpha_3) \begin{bmatrix} x_1 \\ x_2 \\ x_3 \end{bmatrix}$，由已知可得

$$(\beta_1, \beta_2, \beta_3) = (\alpha_1, \alpha_2, \alpha_3) \begin{bmatrix} 1 & 2 & 1 \\ -1 & 3 & 3 \\ 0 & 2 & 2 \end{bmatrix}.$$

且

$$\alpha = 2\beta_1 - \beta_2 + 3\beta_3 = (\beta_1, \beta_2, \beta_3) \begin{bmatrix} 2 \\ -1 \\ 3 \end{bmatrix},$$

由坐标变换可得

$$\begin{pmatrix} x_1 \\ x_2 \\ x_3 \end{pmatrix} = \begin{pmatrix} 1 & 2 & 1 \\ -1 & 3 & 3 \\ 0 & 2 & 2 \end{pmatrix} \begin{pmatrix} 2 \\ -1 \\ 3 \end{pmatrix} = \begin{pmatrix} 3 \\ 4 \\ 4 \end{pmatrix}.$$

4. 过渡矩阵的性质

现在设 $\{\alpha_1,\alpha_2,\cdots,\alpha_n\}$, $\{\beta_1,\beta_2,\cdots,\beta_n\}$ 和 $\{\gamma_1,\gamma_2,\cdots,\gamma_n\}$ 都是 n 维线性空间 V 的基,并且设由 $\{\alpha_1,\alpha_2,\cdots,\alpha_n\}$ 到 $\{\beta_1,\beta_2,\cdots,\beta_n\}$ 的过渡矩阵是 $A = (a_{ij})$,由 $\{\beta_1,\beta_2,\cdots,\beta_n\}$ 到 $\{\gamma_1,\gamma_2,\cdots,\gamma_n\}$ 的过渡矩阵是 $B = (b_{ij})$. 于是有

$$(\beta_1,\beta_2,\cdots,\beta_n) = (\alpha_1,\alpha_2,\cdots,\alpha_n)A,$$
$$(\gamma_1,\gamma_2,\cdots,\gamma_n) = (\beta_1,\beta_2,\cdots,\beta_n)B.$$

设由 $\{\alpha_1,\alpha_2,\cdots,\alpha_n\}$ 到 $\{\gamma_1,\gamma_2,\cdots,\gamma_n\}$ 的过渡矩阵是 $C = (c_{ij})$,即 $C = AB$. 因为 $(\gamma_1,\gamma_2,\cdots,\gamma_n) = (\beta_1,\beta_2,\cdots,\beta_n)B = ((\alpha_1,\alpha_2,\cdots,\alpha_n)A)B = (\alpha_1,\alpha_2,\cdots,\alpha_n)AB$. **(传递性)**

设由基 $\{\alpha_1,\alpha_2,\cdots,\alpha_n\}$ 到基 $\{\beta_1,\beta_2,\cdots,\beta_n\}$ 的过渡矩阵是 $A = (a_{ij})$. 我们有

$$(\beta_1,\beta_2,\cdots,\beta_n) = (\alpha_1,\alpha_2,\cdots,\alpha_n)A.$$

然而由基 $\{\beta_1,\beta_2,\cdots,\beta_n\}$ 到基 $\{\alpha_1,\alpha_2,\cdots,\alpha_n\}$ 也有一个过渡矩阵 $B = (b_{ij})$

$$(\alpha_1,\alpha_2,\cdots,\alpha_n) = (\beta_1,\beta_2,\cdots,\beta_n)B.$$

比较这两个等式,我们有

$$(\beta_1,\beta_2,\cdots,\beta_n) = (\beta_1,\beta_2,\cdots,\beta_n)BA,$$
$$(\alpha_1,\alpha_2,\cdots,\alpha_n) = (\alpha_1,\alpha_2,\cdots,\alpha_n)AB.$$

由此,可得

$$AB = BA = E.$$

E 是 n 级单位矩阵. 由此可知,A 是可逆矩阵且 $B = A^{-1}$. **(可逆性)**

反过来,对任意一个 n 级可逆矩阵 $A = (a_{ij})$ 和 n 维线性空间 V 的一个基 $\{\alpha_1,\alpha_2,\cdots,\alpha_n\}$. 我们取

$$\beta_j = \sum_{i=1}^{n} a_{ij}\alpha_i, \ j = 1,2,\cdots,n.$$

那么有

$$(\beta_1,\beta_2,\cdots,\beta_n) = (\alpha_1,\alpha_2,\cdots,\alpha_n)A.$$

因为 A 可逆,用 A^{-1} 右乘等式两端得

$$(\alpha_1,\alpha_2,\cdots,\alpha_n) = (\beta_1,\beta_2,\cdots,\beta_n)A^{-1}.$$

以上等式表明,向量 $\alpha_1,\alpha_2,\cdots,\alpha_n$ 都可以由 $\{\beta_1,\beta_2,\cdots,\beta_n\}$ 线性表示,然而 $\{\alpha_1,\alpha_2,\cdots,\alpha_n\}$ 线性无关,所以 $\{\beta_1,\beta_2,\cdots,\beta_n\}$ 也线性无关,因而也是 V 的一个基,并且 A 就是基 $\{\alpha_1,\alpha_2,\cdots,\alpha_n\}$ 到基 $\{\beta_1,\beta_2,\cdots,\beta_n\}$ 的过渡矩阵. 因而有定理 6.6.

定理 6.6 设 A 是 n($n > 0$)维线性空间 V 中由基 $\{\alpha_1,\alpha_2,\cdots,\alpha_n\}$ 到基 $\{\beta_1,\beta_2,\cdots,\beta_n\}$ 的过渡矩阵,则 A 是一个可逆矩阵,且由 $\{\beta_1,\beta_2,\cdots,\beta_n\}$ 到 $\{\alpha_1,\alpha_2,\cdots,\alpha_n\}$ 的过渡矩阵就是 A^{-1}. 反过来,任意一个 n 级可逆矩阵 A 都可以作为 n 维线性空间中由一个基到另一个基的过渡矩阵.

例 6.21 在 P^3 中，求由基 $\alpha_1 = (-3, 1, -2), \alpha_2 = (1, -1, 1), \alpha_3 = (2, 3, -1)$ 到基 $\beta_1 = (1, 1, 1), \beta_2 = (1, 2, 3), \beta_3 = (2, 0, 1)$ 的过渡矩阵 T.

解法一 先分别求标准基 $\varepsilon_1 = (1, 0, 0), \varepsilon_2 = (0, 1, 0), \varepsilon_3 = (0, 0, 1)$ 到基 $\alpha_1, \alpha_2, \alpha_3$ 和基 $\beta_1, \beta_2, \beta_3$ 的过渡矩阵 T_1, T_2. 由前面可知，

$$(\alpha_1, \alpha_2, \alpha_3) = (\varepsilon_1, \varepsilon_2, \varepsilon_3) \begin{pmatrix} -3 & 1 & 2 \\ 1 & -1 & 3 \\ -2 & 1 & -1 \end{pmatrix}.$$

$$(\beta_1, \beta_2, \beta_3) = (\varepsilon_1, \varepsilon_2, \varepsilon_3) \begin{pmatrix} 1 & 1 & 2 \\ 1 & 2 & 0 \\ 1 & 3 & 1 \end{pmatrix}.$$

即

$$T_1 = \begin{pmatrix} -3 & 1 & 2 \\ 1 & -1 & 3 \\ -2 & 1 & -1 \end{pmatrix}, \quad T_2 = \begin{pmatrix} 1 & 1 & 2 \\ 1 & 2 & 0 \\ 1 & 3 & 1 \end{pmatrix},$$

因为 T_1, T_2 可逆，所以由第一个等式得，$(\varepsilon_1, \varepsilon_2, \varepsilon_3) = (\alpha_1, \alpha_2, \alpha_3) T_1^{-1}$，把它代入第二个等式，得

$$(\beta_1, \beta_2, \beta_3) = (\alpha_1, \alpha_2, \alpha_3) T_1^{-1} T_2.$$

即

$$T = T_1^{-1} T_2 = \begin{pmatrix} 2 & -3 & -5 \\ 5 & -7 & -11 \\ 1 & -1 & -2 \end{pmatrix} \begin{pmatrix} 1 & 1 & 2 \\ 1 & 2 & 0 \\ 1 & 3 & 1 \end{pmatrix} = \begin{pmatrix} -6 & -19 & -1 \\ -13 & -42 & -1 \\ -2 & -7 & 0 \end{pmatrix}.$$

解法二 以 $\alpha_1, \alpha_2, \alpha_3, \beta_1, \beta_2, \beta_3$ 为列作一矩阵 $A = (T_1 \vdots T_2)$，即

$$A = \begin{pmatrix} -3 & 1 & 2 & \vdots & 1 & 1 & 2 \\ 1 & -1 & 3 & \vdots & 1 & 2 & 0 \\ 2 & 1 & -1 & \vdots & 1 & 3 & 1 \end{pmatrix} \xrightarrow{\text{行初等变换}} \begin{pmatrix} 1 & 0 & 0 & \vdots & -6 & -19 & -1 \\ 0 & 1 & 0 & \vdots & -13 & -42 & -1 \\ 0 & 0 & 1 & \vdots & -2 & -7 & 0 \end{pmatrix} = (E \vdots T)$$

所以

$$T = \begin{pmatrix} -6 & -19 & -1 \\ -13 & -42 & -1 \\ -2 & -7 & 0 \end{pmatrix}.$$

例 6.22 已知两组向量 $\alpha_1 = (1, 0, 0, 0), \alpha_2 = (1, 1, 0, 0), \alpha_3 = (1, 1, 1, 0), \alpha_4 = (1, 1, 1, 1)$ 和 $\beta_1 = (1, 1, 1, 1), \beta_2 = (0, -1, 1, 0), \beta_3 = (1, -1, 0, 0), \beta_4 = (1, 0, 0, 0)$.

(1) 证明 $\alpha_1, \alpha_2, \alpha_3, \alpha_4$ 与 $\beta_1, \beta_2, \beta_3, \beta_4$ 都是 $\mathbf{R}^4$ 的基.

(2) 求由基 $\alpha_1, \alpha_2, \alpha_3, \alpha_4$ 到基 $\beta_1, \beta_2, \beta_3, \beta_4$ 的过渡矩阵 T.

(3) 求向量 $\alpha = (1, 0, 0, -1)$ 关于基 $\beta_1, \beta_2, \beta_3, \beta_4$ 的坐标.

解 (1) 因为

$$(\alpha_1,\alpha_2,\alpha_3,\alpha_4) = (\varepsilon_1,\varepsilon_2,\varepsilon_3,\varepsilon_4)\begin{pmatrix} 1 & 1 & 1 & 1 \\ 0 & 1 & 1 & 1 \\ 0 & 0 & 1 & 1 \\ 0 & 0 & 0 & 1 \end{pmatrix},$$

$$(\beta_1,\beta_2,\beta_3,\beta_4) = (\varepsilon_1,\varepsilon_2,\varepsilon_3,\varepsilon_4)\begin{pmatrix} 1 & 0 & 1 & 1 \\ 1 & -1 & -1 & 0 \\ 1 & 1 & 0 & 0 \\ 1 & 0 & 0 & 0 \end{pmatrix}.$$

设

$$A = \begin{pmatrix} 1 & 1 & 1 & 1 \\ 0 & 1 & 1 & 1 \\ 0 & 0 & 1 & 1 \\ 0 & 0 & 0 & 1 \end{pmatrix}, B = \begin{pmatrix} 1 & 0 & 1 & 1 \\ 1 & -1 & -1 & 0 \\ 1 & 1 & 0 & 0 \\ 1 & 0 & 0 & 0 \end{pmatrix},$$

由 $|A| \neq 0$，$|B| \neq 0$，可知 A，B 可逆. 因为 $\alpha_1,\alpha_2,\alpha_3,\alpha_4$ 与 $\beta_1,\beta_2,\beta_3,\beta_4$ 都是 $\mathbf{R}^4$ 的基.

(2) **解法一**　由 $(\alpha_1,\alpha_2,\alpha_3,\alpha_4) = (\varepsilon_1,\varepsilon_2,\varepsilon_3,\varepsilon_4)A$，得

$$(\varepsilon_1,\varepsilon_2,\varepsilon_3,\varepsilon_4) = (\alpha_1,\alpha_2,\alpha_3,\alpha_4)A^{-1}.$$

又由

$$\begin{aligned} (\beta_1,\beta_2,\beta_3,\beta_4) &= (\varepsilon_1,\varepsilon_2,\varepsilon_3,\varepsilon_4)B \\ &= (\alpha_1,\alpha_2,\alpha_3,\alpha_4)A^{-1}B. \end{aligned}$$

所以

$$T = A^{-1}B = \begin{pmatrix} 0 & 1 & 2 & 1 \\ 0 & -2 & -1 & 0 \\ 0 & 1 & 0 & 0 \\ 1 & 0 & 0 & 0 \end{pmatrix}.$$

解法二　作一矩阵 $C = (A \vdots B)$，对矩阵 C 作行初等变换

$$C = \begin{pmatrix} 1 & 1 & 1 & 1 & \vdots & 1 & 0 & 1 & 1 \\ 0 & 1 & 1 & 1 & \vdots & 1 & -1 & -1 & 0 \\ 0 & 0 & 1 & 1 & \vdots & 1 & 1 & 0 & 0 \\ 0 & 0 & 0 & 1 & \vdots & 1 & 0 & 0 & 0 \end{pmatrix} \xrightarrow{\text{行初等变换}} \begin{pmatrix} 1 & 0 & 0 & 0 & \vdots & 0 & 1 & 2 & 1 \\ 0 & 1 & 0 & 0 & \vdots & 0 & -2 & -1 & 0 \\ 0 & 0 & 1 & 0 & \vdots & 0 & 1 & 0 & 0 \\ 0 & 0 & 0 & 1 & \vdots & 1 & 0 & 0 & 0 \end{pmatrix} = (E \vdots T).$$

所以

$$T = \begin{pmatrix} 0 & 1 & 2 & 1 \\ 0 & -2 & -1 & 0 \\ 0 & 1 & 0 & 0 \\ 1 & 0 & 0 & 0 \end{pmatrix}.$$

(3) 已知

$$(\beta_1,\beta_2,\beta_3,\beta_4)=(\varepsilon_1,\varepsilon_2,\varepsilon_3,\varepsilon_4)B\,,\;B=\begin{pmatrix}1&0&1&1\\1&-1&-1&0\\1&1&0&0\\1&0&0&0\end{pmatrix},$$

而

$$\alpha=(1,0,0,-1)=(\varepsilon_1,\varepsilon_2,\varepsilon_3,\varepsilon_4)\begin{pmatrix}1\\0\\0\\-1\end{pmatrix}.$$

设

$$\alpha=(1,0,0,-1)=(\beta_1,\beta_2,\beta_3,\beta_4)\begin{pmatrix}y_1\\y_2\\y_3\\y_4\end{pmatrix},$$

所以，由坐标公式，得

$$\begin{pmatrix}1\\0\\0\\-1\end{pmatrix}=B\begin{pmatrix}y_1\\y_2\\y_3\\y_4\end{pmatrix}.$$

即

$$\begin{pmatrix}y_1\\y_2\\y_3\\y_4\end{pmatrix}=B^{-1}\begin{pmatrix}1\\0\\0\\-1\end{pmatrix}=\begin{pmatrix}0&0&0&1\\0&0&1&-1\\0&-1&-1&2\\1&1&1&-3\end{pmatrix}\begin{pmatrix}1\\0\\0\\-1\end{pmatrix}=\begin{pmatrix}-1\\1\\-2\\4\end{pmatrix}.$$

6.5　线性子空间

1. 线性子空间的定义

设 W 是数域 P 上线性空间 V 的一个非空子集. $\alpha,\beta\in W$ ，那么它们的和 $\alpha+\beta$ 是 V 中一个向量. 但 $\alpha+\beta$ 不一定在 W 内. 如果 $\alpha+\beta$ 仍在 W 内，那么就说， W 对于 V 的加法是封闭的. 同样，对于数域 P 中任意数 a ，如果也有 $a\alpha$ 仍在 W 内，那么就说， W 对于 V 的数量乘法是封闭的.

定理 6.7　设 W 是数域 P 上线性空间 V 的一个非空子集. 如果 W 对于 V 的加法以及数量乘法是封闭的，那么 W 也是数域 P 上一个线性空间.

证　W 对于 V 的加法以及数量乘法的封闭性保证了线性空间定义里的条件（1），

（2）成立．条件（3）中的运算律①，②和运算律⑤，⑥，⑦，⑧既然对于 V 中任意向量都成立，那么对于 W 的向量也成立．现只需要验证的是（3）中条件③和④．由 W 对于数量乘法的封闭性和线性空间性质，对于 $\alpha \in W$，$0 = 0\alpha \in W$，所以 V 中的零向量属于 W，它自然也是 W 的零向量，并且 $-\alpha = (-1)\alpha \in W$．因此条件③，④也成．

定义 6.10　如果数域 P 上线性空间 V 的一个非空子集 W 对于 V 的加法以及数量乘法来说是封闭的，那么就称 W 是 V 的一个子空间．

由定理 6.7，V 的一个子空间也是 P 上一个线性空间，并且一定含有 V 的零向量．

推论 6.2　V 是数域 P 上 n 维线性空间，W 是 V 的子空间，则

（1）$0 \leqslant \dim W \leqslant n$．

（2）当 $\dim W = n$，则 $W = V$．

（3）W_1，W_2 是有限维线性空间 V 的两个子空间，若 $\dim W_1 = \dim W_2$，且 $W_1 \subseteq W_2$，那么 $W_1 = W_2$．

2. 例子

例 6.23　线性空间 V 总是它自身的一个子空间．而单独一个零向量所成的集合 $\{0\}$ 显然对于 V 的加法和纯量乘法是封闭的，因而也是 V 的一个子空间，称为**零空间**．

一个线性空间 V 本身和零空间叫做 **V 的平凡子空间**．V 的非平凡子空间叫做 V 的**真子空间**．

例 6.24　线性空间 $P^{n \times n}$ 中一切反对称矩阵（对称矩阵）构成 $P^{n \times n}$ 的一个子空间．

例 6.25　P^n 中一切形如

$$(0, a_1, a_2, \cdots, a_{n-1}), \ a_i \in P$$

的向量作成 P^n 的一个子空间．

例 6.26　平行于一条固定直线的一切线性空间作成空间 V_2 的一个子空间；平行于一条固定直线或一张固定平面的一切向量分别作成空间 V_3 的子空间．

3. 子空间的判断

定理 6.8　线性空间 V 的一个非空子集 W 是 V 的一个子空间的充要条件是对于任意 $a, b \in P$ 和任意 $\alpha, \beta \in W$ 都有 $a\alpha + b\beta \in W$．

证　由 W 是子空间，可知 W 对于数量乘法是封闭的，因此对于 $a, b \in P$，$\alpha, \beta \in W$ 都有 $a\alpha \in W, b\beta \in W$．又 W 对于 V 的加法是封闭的，得 $a\alpha + b\beta \in W$．

反之，若对于任意 $a, b \in P$，$\alpha, \beta \in W$ 都有 $a\alpha + b\beta \in W$，那么取 $a = b = 1$，就有 $\alpha + \beta \in W$；取 $b = 0$，就有 $a\alpha \in W$．由此可知 W 对于 V 的加法以及数量乘法是封闭的．即 W 是 V 的一个子空间．

定理 6.9　数域 P 上一个 n 个未知量的齐次线性方程组的一切解作成 P^n 的一个子空间，称为这个齐次线性方程组的解空间．如果所给方程组的系数矩阵的秩是 r，那么解空间的维数等于 $n - r$，而齐次线性方程组的一个基础解系就是这个齐次线性方程

组的解空间的一个基.

　　证　设数域 P 上一个 n 个未知量的齐次线性方程组为 $AX = O$，其中 A 是方程组的系数矩阵，

$$X = \begin{pmatrix} x_1 \\ x_2 \\ \vdots \\ x_n \end{pmatrix}, O = \begin{pmatrix} 0 \\ 0 \\ \vdots \\ 0 \end{pmatrix},$$

那么方程组的每个解都可以看作 P^n 的一个向量，叫做方程组的一个**解向量**.
设

$$\xi = \begin{pmatrix} x_1 \\ x_2 \\ \vdots \\ x_n \end{pmatrix}, \eta = \begin{pmatrix} y_1 \\ y_2 \\ \vdots \\ y_n \end{pmatrix}$$

是方程组 $AX = O$ 的两个解向量，而 a, b 是 P 中任意数，那么有

$$A(a\xi + b\eta) = aA \begin{pmatrix} x_1 \\ x_2 \\ \vdots \\ x_n \end{pmatrix} + bA \begin{pmatrix} y_1 \\ y_2 \\ \vdots \\ y_n \end{pmatrix} = \begin{pmatrix} 0 \\ 0 \\ \vdots \\ 0 \end{pmatrix},$$

所以 $a\xi + b\eta$ 也是方程组 $AX = O$ 的一个解向量，另一方面，齐次线性方程永远有解.
因此，数域 P 上一个 n 个未知量的齐次线性方程组的所有解向量作成 P^n 的一个子空间. 这个子空间叫做所给的齐次线性方程组的**解空间**.

　　设方程组的系数矩阵 A 的秩等于 r，不妨设 A 的左上角的 r 级子式不等于零，那么由第 2 章矩阵所学，可知通过行初等变换和第一种列初等变换能把 A 化为以下形式的一个矩阵

$$\begin{pmatrix} E_r & C_{r, n-r} \\ O & O \end{pmatrix}.$$

与这个矩阵相当的齐次线性方程组是

$$\begin{cases} x_1 + c_{1, r+1} x_{r+1} + \cdots + c_{1n} x_n = 0 \\ x_2 + c_{2, r+1} x_{r+1} + \cdots + c_{2n} x_n = 0 \\ \vdots \\ x_r + c_{r, r+1} x_{r+1} + \cdots + c_{rn} x_n = 0 \end{cases}, \tag{6.10}$$

　　如果 $r = n$，那么方程组没有自由未知量，方程组只有零解，当然也就不存在基础解系. 以下设 $r < n$.

　　由线性方程组理论我们可知，方程组 (6.10) 有 $n-r$ 个自由未知量 $x_{r+1}, x_{r+2} \cdots$，x_n，依次让它们取值 $(1, 0, \cdots, 0)$，$(0, 1, 0, \cdots, 0)$，$\cdots$，$(0, \cdots, 0, 1)$，就得到方程组 (6.10) 的 $n-r$ 个解向量

$$\eta_{r+1} = \begin{pmatrix} -c_{1,r+1} \\ \vdots \\ -c_{r,r+1} \\ 1 \\ 0 \\ \vdots \\ 0 \end{pmatrix}, \quad \eta_{r+2} = \begin{pmatrix} -c_{1,r+2} \\ \vdots \\ -c_{r,r+2} \\ 0 \\ 1 \\ \vdots \\ 0 \end{pmatrix}, \quad \cdots, \quad \eta_n = \begin{pmatrix} -c_{1,n} \\ \vdots \\ -c_{r,n} \\ 0 \\ 0 \\ \vdots \\ 1 \end{pmatrix}.$$

而这 $n-r$ 个解向量 $\eta_{r+1}, \eta_{r+2}, \cdots, \eta_n$ 就是原齐次线性方程组 $AX = O$ 的一个基础解系. 显然这 $n-r$ 个解向量线性无关. 另一方面, 设 $(k_1, k_2, \cdots, k_n)$ 是方程组 (6.10) 的任意一个解, 代入式 (6.10) 得

$$\begin{cases} k_1 = -c_{1,r+1}k_{r+1} - \cdots - c_{1n}k_n \\ k_2 = -c_{2,r+1}k_{r+1} - \cdots - c_{2n}k_n \\ \qquad\qquad \vdots \\ k_r = -c_{r,r+1}k_{r+1} - \cdots - c_{r,n}k_n . \\ k_{r+1} = 1\,k_{r+1} \\ \qquad\qquad \vdots \\ k_n = 1\,k_n \end{cases}$$

于是

$$\begin{pmatrix} k_1 \\ k_2 \\ \vdots \\ k_n \end{pmatrix} = k_{r+1}\eta_{r+1} + k_{r+2}\eta_{r+2} + \cdots + k_n\eta_n .$$

这就是说, 齐次线性方程组 $AX = O$ 的每一个解向量都可以由这 $n-r$ 个解向量 η_{r+1}, $\eta_{r+2}, \cdots, \eta_n$ 线性表示. 因此, 齐次线性方程组的一个基础解系 $\{\eta_{r+1}, \eta_{r+2}, \cdots, \eta_n\}$ 构成方程组 $AX = O$ 的解空间的一个基, 并且解空间的维数等于 $n-r$.

例 6.27 求下列齐次线性方程组的解空间的维数和它的一个基.

$$\begin{cases} x_1 - x_2 + x_3 - x_4 = 0 \\ x_1 + x_2 + x_3 + x_4 = 0 \end{cases}.$$

解 对系数矩阵作初等行变换

$$\begin{pmatrix} 1 & -1 & 1 & -1 \\ 1 & 1 & 1 & 1 \end{pmatrix} \xrightarrow{\text{行初等变换}} \begin{pmatrix} 1 & 0 & 1 & 0 \\ 0 & 1 & 0 & 1 \end{pmatrix}.$$

对应线性方程组为

$$\begin{cases} x_1 + x_3 = 0 \\ x_2 + x_4 = 0 \end{cases} \Rightarrow \begin{pmatrix} x_1 \\ x_2 \\ x_3 \\ x_4 \end{pmatrix} = k_1 \begin{pmatrix} -1 \\ 0 \\ 1 \\ 0 \end{pmatrix} + k_2 \begin{pmatrix} 0 \\ -1 \\ 0 \\ 1 \end{pmatrix},$$

k_1 , k_2 是所给数域中任意数.

所以，解空间的一个基是 $(-1, 0, 1, 0)$，$(0, -1, 0, 1)$，维数为 2.

4. 由 $\alpha_1 , \alpha_2 , \cdots , \alpha_r$ 生成的子空间

设线性空间 V 中一组向量 $\alpha_1 , \alpha_2 , \cdots , \alpha_r$ ，那么这组向量所有可能的线性组合
$$k_1 \alpha_1 + k_2 \alpha_2 + \cdots + k_r \alpha_r ,$$
所成的集合是非空的，而且，对 V 中任意向量 $\alpha = a_1 \alpha_1 + a_2 \alpha_2 + \cdots + a_r \alpha_r$ ，$\beta = b_1 \alpha_1 + b_2 \alpha_2 + \cdots + b_r \alpha_r$ ，以及任意 $a , b \in P$ ，有
$$a\alpha + b\beta = (aa_1 + bb_1)\alpha_1 + (aa_2 + bb_2)\alpha_2 + \cdots + (aa_r + bb_r)\alpha_r ,$$
即对于加法和数乘是封闭的，因而是 V 的一个子空间，这个子空间叫做由 $\alpha_1 , \alpha_2 , \cdots , \alpha_r$ 生成的子空间，记为
$$L(\alpha_1 , \alpha_2 , \cdots , \alpha_r) .$$
即
$$L(\alpha_1 , \alpha_2 , \cdots , \alpha_r) = \{ k_1 \alpha_1 + k_2 \alpha_2 + \cdots + k_r \alpha_r \mid k_i \in P \} ,$$
向量 $\alpha_1 , \alpha_2 , \cdots , \alpha_r$ 叫做这个子空间的一组生成元.

由上面定义可知，任一有限维的线性空间都可写成由它的基 $\alpha_1 , \alpha_2 , \cdots , \alpha_r$ 生成的子空间，即 $V = L(\alpha_1 , \alpha_2 , \cdots , \alpha_r)$ ；而又由子空间定义可知，如果 V 的一个子空间包含向量 $\alpha_1 , \alpha_2 , \cdots , \alpha_r$ ，那么就一定包含它们所有的线性组合，也就是说，一定包含 $L(\alpha_1 , \alpha_2 , \cdots , \alpha_r)$ 这个子空间.

定理 6.10 设 $\alpha_1 , \alpha_2 , \cdots , \alpha_r$ 和 $\beta_1 , \beta_2 , \cdots , \beta_s$ 是两个向量组，则 $L(\alpha_1 , \alpha_2 , \cdots , \alpha_r) = L(\beta_1 , \beta_2 , \cdots , \beta_s)$ 的充要条件是向量组 $\alpha_1 , \alpha_2 , \cdots , \alpha_r$ 和向量组 $\beta_1 , \beta_2 , \cdots , \beta_s$ 等价.

证 若 $L(\alpha_1 , \alpha_2 , \cdots , \alpha_r) = L(\beta_1 , \beta_2 , \cdots , \beta_s)$ ，那么每个向量 $\alpha_i (i = 1, 2, \cdots , r)$ 作为 $L(\beta_1 , \beta_2 , \cdots , \beta_s)$ 中的向量都可以由 $\beta_1 , \beta_2 , \cdots , \beta_s$ 线性表示；同样每个向量 $\beta_j (j = 1, 2, \cdots , s)$ 作为 $L(\alpha_1 , \alpha_2 , \cdots , \alpha_r)$ 中的向量也都可以由 $\alpha_1 , \alpha_2 , \cdots , \alpha_r$ 线性表示，因而这两个向量组等价.

如果向量组 $\alpha_1 , \alpha_2 , \cdots , \alpha_r$ 和向量组 $\beta_1 , \beta_2 , \cdots , \beta_s$ 等价，那么凡是被 $\alpha_1 , \alpha_2 , \cdots , \alpha_r$ 线性表出的向量都可以被 $\beta_1 , \beta_2 , \cdots , \beta_s$ 线性表示，反过来也一样，因而 $L(\alpha_1 , \alpha_2 , \cdots , \alpha_r) = L(\beta_1 , \beta_2 , \cdots , \beta_s)$.

由前面所学可知，任一个向量组都有它的极大无关组. 由此有定理 6.11.

定理 6.11 设 $\alpha_1 , \alpha_2 , \cdots , \alpha_n$ 是线性空间 V 的一组不全为零的向量，而 $\alpha_{i_1} , \alpha_{i_2} , \cdots , \alpha_{i_r}$ 是它的一个极大无关组，那么

(1) $L(\alpha_1 , \alpha_2 , \cdots , \alpha_n) = L(\alpha_{i_1} , \alpha_{i_2} , \cdots , \alpha_{i_r})$.

(2) $\dim L(\alpha_1 , \alpha_2 , \cdots , \alpha_n) = 秩 \{ \alpha_1 , \alpha_2 , \cdots , \alpha_n \} = r$.

证 (1) 设 $\forall \xi \in L(\alpha_1 , \alpha_2 , \cdots , \alpha_n)$ ，则 ξ 可由 $\alpha_1 , \alpha_2 , \cdots , \alpha_n$ 线性表示，但 $\alpha_1 , \alpha_2 , \cdots , \alpha_n$ 又可由 $\alpha_{i_1} , \alpha_{i_2} , \cdots , \alpha_{i_r}$ 线性表示，由线性表示的传递性，可知，ξ 可由 $\alpha_{i_1} , \alpha_{i_2} , \cdots , \alpha_{i_r}$ 线性表示，所以

$$L(\alpha_1,\alpha_2,\cdots,\alpha_n)\subseteq L(\alpha_{i_1},\alpha_{i_2},\cdots,\alpha_{i_r}).$$

又显然有

$$L(\alpha_{i_1},\alpha_{i_2},\cdots,\alpha_{i_r})\subseteq L(\alpha_1,\alpha_2,\cdots,\alpha_n),$$

由集合相等的定义可得

$$L(\alpha_1,\alpha_2,\cdots,\alpha_n)=L(\alpha_{i_1},\alpha_{i_2},\cdots,\alpha_{i_r}).$$

（2）因为 $\alpha_{i_1},\alpha_{i_2},\cdots,\alpha_{i_r}$ 是 $\alpha_1,\alpha_2,\cdots,\alpha_n$ 的一个极大无关组，所以

$$秩\,\{\alpha_1,\alpha_2,\cdots,\alpha_n\}=r.$$

又由（1）知

$$L(\alpha_1,\alpha_2,\cdots,\alpha_n)=L(\alpha_{i_1},\alpha_{i_2},\cdots,\alpha_{i_r}),$$

所以 $\alpha_{i_1},\alpha_{i_2},\cdots,\alpha_{i_r}$ 是子空间 $L(\alpha_1,\alpha_2,\cdots,\alpha_n)$ 的一个基，即 $\dim L(\alpha_1,\alpha_2,\cdots,\alpha_n)=r$，得证.

例 6.28 设

$$\alpha_1=(2,1,3,-1),\quad \alpha_2=(-1,1,-3,1),$$
$$\alpha_3=(4,5,3,-1),\quad \alpha_4=(1,5,-3,1).$$

求 $L(\alpha_1,\alpha_2,\alpha_3,\alpha_4)$ 的维数和一个基.

解 先看 α_1,α_2，由

$$\begin{vmatrix} 2 & 1 \\ -1 & 1 \end{vmatrix}=3\neq 0,$$

即 α_1,α_2 线性无关.

现看 $\alpha_1,\alpha_2,\alpha_3$

$$\begin{vmatrix} 2 & 1 & 3 \\ -1 & 1 & -3 \\ 4 & 5 & 3 \end{vmatrix}=0,\quad \begin{vmatrix} 2 & 1 & -1 \\ -1 & 1 & 1 \\ 4 & 5 & -1 \end{vmatrix}=0,$$

即 $\alpha_1,\alpha_2,\alpha_3$ 线性相关.

再看 $\alpha_1,\alpha_2,\alpha_4$

$$\begin{vmatrix} 2 & 1 & 3 \\ -1 & 1 & -3 \\ 1 & 5 & -3 \end{vmatrix}=0,\quad \begin{vmatrix} 2 & 1 & -1 \\ -1 & 1 & 1 \\ 1 & 5 & 1 \end{vmatrix}=0,$$

即 $\alpha_1,\alpha_2,\alpha_4$ 线性相关. 所以，$\dim L(\alpha_1,\alpha_2,\alpha_3,\alpha_4)=2$，$\alpha_1,\alpha_2$ 是它的一个基.

5. 子空间的交与和

设线性空间 V 的两个子空间 W_1,W_2，那么它们的交 $W_1\bigcap W_2$ 也是 V 的一个子空间. 首先，W_1,W_2 都含有 V 的零向量，所以 $W_1\bigcap W_2\neq\phi$，设 $a,b\in P$，$\alpha,\beta\in W_1\bigcap W_2$，由 W_1,W_2 都是子空间，那么有 $a\alpha+b\beta\in W_1$，$a\alpha+b\beta\in W_2$，因此 $a\alpha+b\beta\in W_1\bigcap W_2$，由定理 6.9 可知，$W_1\bigcap W_2$ 是子空间.

设 $\{W_i\}$ 是线性空间 V 的一组子空间（个数可以有限，也可以无限）. 同理可证，

这些子空间的交 $\bigcap_i W_i$ 也是 V 的一个子空间.

而对于子空间 W_1 与 W_2 的并集 $W_1 \bigcup W_2$ ，有如下定理 6.12.

定理 6.12　W_1 和 W_2 都是 P 上线性空间 V 的子空间，则 $W_1 \bigcup W_2$ 是 V 的子空间 $<=> W_1 \subseteq W_2$ 或 $W_2 \subseteq W_1$.

例 6.29　设

$$\alpha_1 = (3, -1, 2, 1), \alpha_2 = (0, 1, 0, 2),$$
$$\beta_1 = (1, 0, 1, 3), \beta_2 = (2, -3, 1, -6).$$

求 $L(\alpha_1, \alpha_2) \bigcap L(\beta_1, \beta_2)$ 的维数和一个基.

解　因为 α_1, α_2 线性无关，所以 $\dim L(\alpha_1, \alpha_2) = 2$.

又因为 β_1, β_2 也线性无关，所以 $\dim L(\beta_1, \beta_2) = 2$.

令

$$\alpha \in L(\alpha_1, \alpha_2) \bigcap L(\beta_1, \beta_2).$$

则

$$\alpha = x_1 \alpha_1 + x_2 \alpha_2,$$
$$\alpha = y_1 \beta_1 + y_2 \beta_2.$$

即，$x_1 \alpha_1 + x_2 \alpha_2 - y_1 \beta_1 - y_2 \beta_2 = 0$，那么有如下线性方程组

$$\begin{cases} 3x_1 - y_1 - 2y_2 = 0 \\ -x_1 + x_2 + 3y_2 = 0 \\ 2x_1 - y_1 - y_2 = 0 \\ x_1 + 2x_2 - 3y_1 + 6y_2 = 0 \end{cases},$$

解上面线性方程组，它的一个基础解系为 $(1, -2, 1, 1)$. 所以，$\alpha = \alpha_1 - 2\alpha_2 = (3, -3, 2, -3)$ 是 $L(\alpha_1, \alpha_2) \bigcap L(\beta_1, \beta_2)$ 的一个基，维数为 1.

现在考虑子空间 W_1 与 W_2 的和：$W_1 + W_2 = \{\alpha_1 + \alpha_2 \mid \alpha_1 \in W_1, \alpha_2 \in W_2\}$.

显然 $W_1 + W_2 \neq \phi$。设 $a, b \in P$，$\alpha, \beta \in W_1 + W_2$，那么 $\alpha = \alpha_1 + \alpha_2, \beta = \beta_1 + \beta_2$，$\alpha_1, \beta_1 \in W_1, \alpha_2, \beta_2 \in W_2$，由 W_1, W_2 都是子空间，得 $a\alpha_1 + b\beta_1 \in W_1$，$a\alpha_2 + b\beta_2 \in W_2$，因此 $a\alpha + b\beta = a(\alpha_1 + \alpha_2) + b(\beta_1 + \beta_2) = (a\alpha_1 + b\beta_1) + (a\alpha_2 + b\beta_2) \in W_1 + W_2$. 即 $W_1 + W_2$ 是 V 的子空间.

同样可得到有限个子空间 $W_1, W_2, \cdots, W_n$ 的和

$$W_1 + W_2 + \cdots + W_n = \left\{ \sum_{i=1}^{n} \alpha_i \mid \alpha_i \in W_i \right\}$$

也作成 V 的一个子空间.

定理 6.13　设 W_1, W_2 是线性空间 V 的子空间，如果 V 的一个子空间既包含 W_1 又包含 W_2，那么它一定包含 $W_1 + W_2$，$W_1 + W_2$ 是 V 的既含 W_1 又含 W_2 的最小子空间.

证　设 W 是 V 的既含 W_1 又含 W_2 的任一个子空间.

令

$$\alpha \in W_1 + W_2,$$

则

$$\alpha = \alpha_1 + \alpha_2, \alpha_1 \in W_1, \alpha_2 \in W_2.$$

又因为 $W_i \subseteq W, i = 1, 2$，所以 $\alpha_i \in W, i = 1, 2$.

即

$$\alpha = \alpha_1 + \alpha_2 \in W,$$

所以有 $W_1 + W_2 \subseteq W$. 得证.

推论 6.3 设 $W_1 = L(\alpha_1, \alpha_2, \cdots, \alpha_r)$，$W_2 = L(\beta_1, \beta_2, \cdots, \beta_s)$，则

$$W_1 + W_2 = L(\alpha_1, \alpha_2, \cdots, \alpha_r, \beta_1, \beta_2, \cdots, \beta_s).$$

例 6.30 在 P^3 中，$\alpha_1 = (-1, 1, 0)$，$\alpha_2 = (1, 1, 1)$，$\beta_1 = (-1, 3, 0)$，$\beta_2 = (-1, 1, -1)$，且 $W_1 = L(\alpha_1, \alpha_2)$，$W_2 = L(\beta_1, \beta_2)$，求 $W_1 + W_2$ 的一个基和维数.

解 由推论 6.3 知

$$W_1 + W_2 = L(\alpha_1, \alpha_2, \beta_1, \beta_2),$$

又很容易知，$\alpha_1, \alpha_2, \beta_1$ 是 $\alpha_1, \alpha_2, \beta_1, \beta_2$ 的一个极大无关组，

所以

$$W_1 + W_2 = L(\alpha_1, \alpha_2, \beta_1),$$

即 $\alpha_1, \alpha_2, \beta_1$ 是 $W_1 + W_2$ 的一个基，维数为 3.

知道了子空间交与和的维数和基的求法，那么它们有没有联系呢?

定理 6.14（维数公式） 设数域 P 上线性空间 V 的有限维子空间 W_1 和 W_2，那么 $W_1 + W_2$ 也是有限维的，并且

$$\dim(W_1 + W_2) = \dim W_1 + \dim W_2 - \dim(W_1 \cap W_2).$$

6. 余子空间

定义 6.11 设线性空间 V 的一个子空间 W，如果 V 的子空间 W' 满足 (1) $V = W + W'$，(2) $W \cap W' = \{0\}$.

那么子空间 W' 叫做 W 的一个**余子空间**. 而 V 是子空间 W 和 W' 的直和，记作 $V = W \oplus W'$.

例如，在 P^3 里，取

$$W = \{(a_1, 0, 0), a_1 \in P\},$$
$$W' = \{(0, a_2, a_3), a_2, a_3 \in P\}.$$

显然 W 和 W' 都是 V 的子空间，并且互为余子空间.

除了用定义来判断直和以外，还可以用定理来判断.

定理 6.15 线性空间 V 是子空间 W 和 W' 的直和 $\Leftrightarrow V$ 中每一向量 α 可以唯一地表示成 $\alpha = \beta_1 + \beta_2$，$\beta_1 \in W$，$\beta_2 \in W'$.

证 必要性
因为 $V = W \oplus W'$，则对 $\forall \alpha \in V$，有

$$\alpha = \beta_1 + \beta_2 , \beta_1 \in W , \beta_2 \in W'.$$

若另有 $\alpha = \beta_1' + \beta_2'$, $\beta_1' \in W$, $\beta_2' \in W'$, 则

$$0 = (\beta_1 - \beta_1') + (\beta_2 - \beta_2'), \quad 即 \quad \beta_1 - \beta_1' = -\beta_2 + \beta_2'.$$

而 $\beta_1 - \beta_1' \in W$, $-\beta_2 + \beta_2' \in W'$, 又 $W \cap W' = \{0\}$. 所以, $\beta_1 - \beta_1' = 0$, $-\beta_2 + \beta_2' = 0$, 即 $\beta_1 = \beta_1'$, $\beta_2 = \beta_2'$. 唯一性得证.

充分性

$\forall \alpha \in W \cap W'$, 有 $\alpha \in W$, $\alpha \in W'$, $-\alpha \in W'$, 则

$$0 = \alpha + (-\alpha) \in W + W',$$

但 $0 = 0 + 0$, 由唯一性得, $\alpha = 0$, 所以

$$W \cap W' = \{0\}.$$

即

$$V = W \oplus W'.$$

定理 6.16 n 维线性空间 V 的任意一个子空间 W 都有余子空间 W' , 下面结论彼此等价.

(1) V 是 W 和 W' 的直和.

(2) $\dim V = \dim W + \dim W'$.

(3) W 的一个基与 W' 的一个基并起来就是 V 的一个基.

对于直和的概念可以推广到多个子空间的情形. 如果线性空间 V 的子空间 W_1 , W_2 , $\cdots$, W_t 满足:

(1) $V = W_1 + W_2 + \cdots + W_t$.

(2) $W_i \cap (W_1 + \cdots + W_{i-1} + W_{i+1} \cdots + W_t) = \{0\}$, $i = 1, 2, \cdots, t$.

那么, 就说 V 是子空间 W_1 , W_2 , $\cdots$, W_t 的直和, 并且记作

$$V = W_1 \oplus W_2 \oplus \cdots \oplus W_t.$$

而 V 中每一向量 α 可以唯一地表成

$$\alpha = \alpha_1 + \alpha_2 + \cdots + \alpha_t , \alpha_i \in W_i \, i = 1, 2, \cdots, t.$$

且 $\dim V = \dim W_1 + \dim W_2 + \cdots + \dim W_t$.

6.6 线性空间的同构

n 维线性空间 V 的任一向量 ξ 对于 V 中取定的基 $\alpha_1, \alpha_2, \cdots, \alpha_n$, 都有唯一的一个坐标 $(x_1, x_2, \cdots, x_n)$, 即 $\xi = x_1 \alpha_1 + x_2 \alpha_2 + \cdots + x_n \alpha_n$. 令

$$\sigma : \xi \mid \rightarrow (x_1, x_2, \cdots, x_n),$$

则 σ 是 V 到 P^n 的一个映射.

同样, 给定一个 P^n 的元素 $(x_1, x_2, \cdots, x_n)$, 则 ξ 也唯一确定, 所以 σ 是 V 到 P^n 的一个双射. 换句话说, 坐标给出了线性空间 V 与 P^n 的一个双射.

任意 ξ、$\eta \in V$, $\sigma(\xi) = (x_1, x_2, \cdots, x_n)$, $\sigma(\eta) = (y_1, y_2, \cdots, y_n)$, 则

$$\sigma(\xi + \eta) = (x_1 + y_1) + (x_2 + y_2) + \cdots + (x_n + y_n) = \sigma(\xi) + \sigma(\eta),$$
$$\sigma(a\xi) = (ax_1, ax_2, \cdots, ax_n) = a\sigma(\xi).$$

我们说，σ 是一个同构映射，由此有定义 6.12.

定义 6.12 设 V 和 W 是数域 P 上两个线性空间. V 到 W 的一个映射 σ 叫做一个同构映射，如果

(1) σ 是 V 到 W 的双射.

(2) 对于任意 $\xi, \eta \in V$，$\sigma(\xi + \eta) = \sigma(\xi) + \sigma(\eta)$.

(3) 对于任意 $a \in P$，$\xi \in V$，$\sigma(a\xi) = a\sigma(\xi)$.

如果数域 P 上两个线性空间 V 与 W 之间可以建立一个同构映射，那么就说 W 与 V 同构，并且记作

$$V \cong W.$$

由前面的讨论说明 n 维线性空间 V 中取定一个基后，向量与它的坐标之间的对应就是 V 到 P^n 的一个同构映射，因而可得定理 6.17.

定理 6.17 数域 P 上任意一个 n 维线性空间都与 P^n 同构. P^n 可以作为 P 上 n 维线性空间的代表.

由同构映射的定义可以看出，同构映射具有下列基本性质.

定理 6.18 设 V 和 W 是数域 P 上的两个线性空间，σ 是 V 到 W 的一个同构映射. 那么，

(1) $\sigma(0) = 0$，$\sigma(-\alpha) = -\sigma(\alpha)$，$\alpha \in V$.

(2) $\sigma(a_1\alpha_1 + a_2\alpha_2 + \cdots + a_n\alpha_n) = a_1\sigma(\alpha_1) + a_2\sigma(\alpha_2) + \cdots + a_n\sigma(\alpha_n)$，$a_i \in P$，$\alpha_i \in V$，$i = 1, 2, \cdots, n$.

(3) $\alpha_1, \alpha_2, \cdots, \alpha_n \in V$ 线性相关 $\Leftrightarrow \sigma(\alpha_1), \sigma(\alpha_2), \cdots, \sigma(\alpha_n) \in W$ 线性相关.

(4) σ 的逆映射 σ^{-1} 是 W 到 V 的同构映射.

证 (1) 在定义 6.12 的条件 (3) 中分别取 $a = 0$，$a = -1$ 即得.

(2) 由定义 6.12，利用数学归纳法即得.

(3) 如果

$$a_1\alpha_1 + a_2\alpha_2 + \cdots + a_n\alpha_n = 0,$$

那么

$$a_1\sigma(\alpha_1) + a_2\sigma(\alpha_2) + \cdots + a_n\sigma(\alpha_n)$$
$$= \sigma(a_1\alpha_1 + a_2\alpha_2 + \cdots + a_n\alpha_n) = \sigma(0) = 0,$$

反过来，如果

$$a_1\sigma(\alpha_1) + a_2\sigma(\alpha_2) + \cdots + a_n\sigma(\alpha_n) = 0,$$

那么由 (2) 得

$$\sigma(a_1\alpha_1 + a_2\alpha_2 + \cdots + a_n\alpha_n) = 0$$

因为 σ 是单射，所以由 (1) 得

$$a_1\alpha_1 + a_2\alpha_2 + \cdots + a_n\alpha_n = 0.$$

(4) σ^{-1} 是 W 到 V 的双射，并且 $\sigma \cdot \sigma^{-1}$ 是 W 到自身的恒等映射，$\sigma^{-1} \cdot \sigma$ 是 V 到自身

的恒等映射。设 $\alpha',\beta' \in W$ ，$a,b \in P$ ．由于 σ 是 V 到 W 的同构映射，所以

$$\sigma(\sigma^{-1}(a\alpha'+b\beta')) = a\alpha'+b\beta' = \sigma(\sigma^{-1}(a\alpha')) + \sigma(\sigma^{-1}(b\beta'))$$
$$= \sigma(\sigma^{-1}(a\alpha') + \sigma^{-1}(b\beta')).$$

因为 σ 是单射，所以 $\sigma^{-1}(a\alpha'+b\beta') = \sigma^{-1}(a\alpha') + \sigma^{-1}(b\beta')$．即 σ^{-1} 是 W 到 V 的一个同构映射．

定理 6.19 数域 P 上两个有限维线性空间同构的充分且必要条件是它们有相同的维数．

证 设数域 P 上两个 $n(>0)$ 维线性空间 V 和 W 的基分别为 $\{\alpha_1,\alpha_2,\cdots,\alpha_n\}$ 和 $\{\alpha'_1,\alpha'_2,\cdots,\alpha'_n\}$．对于 V 中向量 $\alpha = \sum\limits_{i=1}^{n} a_i\alpha_i$ ，定义

$$\sigma(\alpha) = \sum_{i=1}^{n} a_i\alpha'_i \in W.$$

易证 σ 是 V 到 W 的一个同构映射．

反过来，若 W 与 V 同构，令 σ 是 V 到 W 的一个同构映射．$\{\alpha_1,\alpha_2,\cdots,\alpha_n\}$ 是 $n(>0)$ 维线性空间 V 的任意一个基．那么由定理 6.17②和③易证，$\sigma(\alpha_1),\sigma(\alpha_2),\cdots,\sigma(\alpha_n)$ 是 W 的一个基，因而 $\dim W = n$．

习 题 6

1. 设 A 是含有 n 个元素的集合．A 中含有 k 个元素的子集共有多少个？

2. 设 $M \subset N$ ，证明
$$M \cap N = M, M \cup N = N.$$

3. 证明下列等式．

(1) $A \cap (A \cup B) = A$ ；

(2) $A \cup (B \cap C) = (A \cup B) \cap (A \cup C)$．

4. $\sigma: x \mapsto \dfrac{1}{x}$ 是不是全体实数集到自身的映射？

5. 设 σ 定义为
$$\sigma(x) = \begin{cases} x, & \text{若 } x < 0 \\ 1, & \text{若 } 0 \leqslant x < 1 ; \\ 2x-1, & \text{若 } x \geqslant 1 \end{cases}$$

σ 是不是 **R** 到 **R** 的映射？是不是单射？是不是满射？

6. 检验以下集合对于所指的线性运算是否构成实数域上的线性空间．

(1) 次数等于 $n(n \geqslant 1)$ 的实系数多项式的全体，对于多项式的加法和数量乘法；

(2) 设 A 是一个 $n \times n$ 实矩阵，A 的实系数多项式 $f(A)$ 的全体，对于矩阵的加法和数量乘法；

(3) 全体 n 级实对称（反对称，上三角）矩阵，对于矩阵的加法与数量乘法；

(4) 平面上全体向量，对于通常的加法和如下定义的数量乘法．

$$k^\circ \alpha = \alpha.$$

7. 证明：如果
$$a(2, 1, 3) + b(0, 1, 2) + c(1, -1, 4) = (0, 0, 0),$$
那么 $a = b = c = 0$.

8. 证明：数域 P 上一个线性空间如果含有一个非零向量，那么它一定含有无限多个向量.

9. 下列向量组是否线性相关.

(1) $(3, 1, 4,)$, $(2, 5, -1)$, $(4, -3, 7)$;

(2) $(2, 0, 1)$, $(0, 1, -2)$, $(1, -1,, 1)$;

(3) $(2, -1, 3, 2)$, $(-1, 2, 2, 3)$, $(3, -1, 2, 2)$, $(2, -1, 3, 2)$.

10. 证明：在一个向量组 $\{\alpha_1, \alpha_2, \cdots, \alpha_r\}$ 里，如果有两个向量 α_i 与 α_j 成比例，即 $\alpha_i = k\alpha_j, k \in F$，那么 $\{\alpha_1, \alpha_2, \cdots, \alpha_r\}$ 线性相关.

11. 设 α, β, γ 线性无关. 证明：$\alpha + \beta, \beta + \gamma, \gamma + \alpha$ 也线性无关.

12. 如果 $f_1(x), f_2(x), f_3(x)$ 是线性空间 $P[x]$ 中三个互素的多项式，但其中任意两个都不互素，那么它们线性无关.

13. 设在向量组 $\{\alpha_1, \alpha_2, \cdots, \alpha_r\}$ 中，$\alpha_1 \neq 0$ 并且每一 α_i 都不能表成它的前 $i-1$ 个向量 $\alpha_1, \alpha_2, \cdots, \alpha_{r-1}$ 的线性组合. 证明：$\alpha_1, \alpha_2, \cdots, \alpha_r$ 线性无关.

14. 设向量 β 可以由 $\{\alpha_1, \alpha_2, \cdots, \alpha_r\}$ 线性表示，但不能由 $\alpha_1, \alpha_2, \cdots, \alpha_{r-1}$ 线性表示. 证明：向量组 $\{\alpha_1, \alpha_2, \cdots, \alpha_{r-1}, \alpha_r\}$ 与向量组 $\{\alpha_1, \alpha_2, \cdots, \alpha_{r-1}, \beta\}$ 等价.

15. 令 $P_n[x]$ 表示数域 P 上一切次数 $\leq n$ 的多项式连同零多项式所组成的线性空间. 这个线性空间的维数是几？下列向量组是不是 $P_3[x]$ 的基.

(1) $\{x^3 + 1, x + 1, x^2 + x, x^3 + x^2 + 2x + 2\}$;

(2) $\{x - 1, 1 - x^2, x^2 + 2x - 2, x^3\}$.

16. 求下列线性空间的维数与一组基.

(1) 数域 P 上的空间 $P^{n \times n}$;

(2) $P^{n \times n}$ 中全体对称（反对称，上三角）矩阵作成的数域 P 上的空间;

(3) 实数域 $\mathbf{R}$ 上的线性空间 $V = \left\{ (x_1, \cdots, x_n) \mid x_i \in \mathbf{R}, \sum_{i=1}^{n} x_i = 0 \right\}$.

17. 证明，复数域 $\mathbf{C}$ 作为实数域 $\mathbf{R}$ 上线性空间，维数是 2. 如果 $\mathbf{C}$ 看成它本身上的线性空间的话，维数是几？

18. 设 $\alpha_1, \alpha_2, \cdots, \alpha_n$ 是 n 维线性空间 V 的一组向量，如果 V 中任一向量都可以由它们唯一线性表示，那么 $\alpha_1, \alpha_2, \cdots, \alpha_n$ 是 V 的基.

19. 在 P^4 中，求向量 ξ 在基 $\alpha_1, \alpha_2, \alpha_3, \alpha_4$ 下的坐标，设

(1) $\alpha_1 = (1,1,1,1), \alpha_2 = (1,1,-1,-1), \alpha_3 = (1,-1,1,-1), \alpha_4 = (1,-1,-1,1)$,
$\xi = (1,2,1,1)$;

(2) $\alpha_1 = (1,1,0,1), \alpha_2 = (2,1,3,1), \alpha_3 = (1,1,0,0), \alpha_4 = (0,1,-1,-1)$.
$\xi = (0,0,0,1)$.

20. 设
$$\alpha_1 = (1,2,-1), \alpha_2 = (0,-1,3), \alpha_3 = (1,-1,0) ;$$
$$\beta_1 = (2,1,5), \beta_2 = (-2,3,1), \beta_3 = (1,3,2) .$$
证明：$\alpha_1, \alpha_2, \alpha_3$ 和 $\beta_1, \beta_2, \beta_3$ 都是 $\mathbf{R}^3$ 的基. 求前者到后者的过渡矩阵.

21. 在 $P_2[x]$ 中，$\beta_1 = 1+x, \beta_2 = 1+\frac{1}{2}x, \beta_3 = 1+\frac{1}{2}x+\frac{1}{3}x^2$，试证 $\beta_1, \beta_2, \beta_3$ 是 $P_2[x]$ 的一个基，并求向量 $f(x) = 1+x+x^2$ 关于基 $\beta_1, \beta_2, \beta_3$ 的坐标.

22. 在 P^4 中给出两个基
$$\begin{cases} \alpha_1 = (1,0,0,0) \\ \alpha_2 = (0,1,0,0) \\ \alpha_3 = (0,0,1,0) \\ \alpha_4 = (0,0,0,1) \end{cases}, \quad \begin{cases} \beta_1 = (2,1,-1,1) \\ \beta_2 = (0,3,1,0) \\ \beta_3 = (5,3,2,1) \\ \beta_4 = (6,6,1,3) \end{cases}.$$

(1) 求由 $\alpha_1, \alpha_2, \alpha_3, \alpha_4$ 到 $\beta_1, \beta_2, \beta_3, \beta_4$ 的过渡矩阵；

(2) 求向量 $\xi = (x_1, x_2, x_3, x_4)$ 关于基 $\beta_1, \beta_2, \beta_3, \beta_4$ 的坐标；

(3) 求关于两个基有相同坐标的所有向量.

23. 设 W 是 $\mathbf{R}^n$ 的一个非零子空间，而对于 W 的每一个向量 $(a_1, a_2, \cdots, a_n)$ 来说，要么 $a_1 = a_2 = \cdots = a_n = 0$，要么每一个 a_i 都不等于零，证明 $\dim W = 1$.

24. 试求数域 P 上的齐次线性方程组
$$\begin{cases} x_1 + x_2 - 3x_3 - x_4 = 0 \\ 3x_1 - x_2 - 3x_3 + 4x_4 = 0 \\ x_1 + 5x_2 - 9x_3 - 8x_4 = 0 \end{cases}$$
的解空间的维数和一个基.

25. 求下列子空间的维数与一组基.

(1) $L((2,-3,1),(1,4,2),(5,-2,4)) \subseteq \mathbf{R}^3$；

(2) $L(x-1, 1-x^2, x^2-x) \subseteq F[x]$.

26. 令 $M_n(P)$ 表示数域 P 上一切 n 级矩阵所组成的线性空间. 令
$$S = \{A \in M_n(P) \mid A' = A\},$$
$$T = \{A \in M_n(P) \mid A' = -A\}.$$
证明：S 和 T 都是 $M_n(P)$ 的子空间，并且
$$M_n(P) = S + T, \quad S \cap T = \{0\}.$$

27. 设 W, W_1, W_2 都是线性空间 V 的子空间，其中 $W_1 \subseteq W_2$ 且 $W \cap W_1 = W \cap W_2$，$W + W_1 = W + W_2$. 证明：$W_1 = W_2$.

28. 设 W_1, W_2 是数域 P 上线性空间 V 的两个子空间，α, β 是 V 的两个向量，其中 $\alpha \in W_2$，但 $\alpha \notin W_1$，又 $\beta \notin W_2$. 证明

(1) 对于任意 $k \in P$，$\beta + k\alpha \notin W_2$；

(2) 至多有一个 $k \in P$，使得 $\beta + k\alpha \in W_1$.

29. 求由向量 α_i 生成的子空间与由向量 β_i 生成的子空间的交与和的基和维数. 设

(1) $\begin{cases} \alpha_1 = (1,2,1,0) \\ \alpha_2 = (-1,1,1,1) \end{cases}$, $\begin{cases} \beta_1 = (2,-1,0,1) \\ \beta_2 = (1,-1,3,7) \end{cases}$;

(2) $\begin{cases} \alpha_1 = (1,1,0,0) \\ \alpha_2 = (1,0,1,1) \end{cases}$, $\begin{cases} \beta_1 = (0,0,1,1) \\ \beta_2 = (0,1,1,0) \end{cases}$;

(3) $\begin{cases} \alpha_1 = (1,2,-1,-2) \\ \alpha_2 = (3,1,1,1) \\ \alpha_3 = (-1,0,1,-1) \end{cases}$, $\begin{cases} \beta_1 = (2,5,-6,-5) \\ \beta_2 = (-1,2,-7,3) \end{cases}$.

30. 设 V_1 与 V_2 分别是齐次方程组 $x_1 + x_2 + \cdots + x_n = 0$ 与 $x_1 = x_2 = \cdots = x_n = 0$ 的解空间, 证明: $P^n = V_1 \oplus V_2$.

31. 证明: 每一个 n 维线性空间都可以表示成 n 个一维子空间的直和.

32. 证明: 复数域 $\mathbf{C}$ 作为实数域 $\mathbf{R}$ 上线性空间, 与 V_2 同构.

33. 设 $\sigma : V \to W$ 是线性空间 V 到 W 的一个同构映射, V_1 是 V 的一个子空间, $\sigma(V_1) = \{\sigma(\alpha) \mid \alpha \in V_1\}$. 证明: $\sigma(V_1)$ 是 W 的一个子空间, 且 $\dim V_1 = \dim \sigma(V_1)$.

第7章

线 性 变 换

7.1 线性变换的定义

在线性空间中，线性空间的映射就反映着事物之间的联系. 线性空间 V 到自身的映射通常称为 V 的一个**变换**. 这一章所讨论的线性变换是最简单的，同时也是最基本的一种变换.

我们所考虑的都是某一固定的数域 P 上的线性空间.

1. 线性变换的定义.

定义 7.1 线性空间 V 的一个变换 σ 称为线性变换，前提是下列条件获得满足：
(1) 对于任意 ξ, $\eta \in V, \sigma(\xi + \eta) = \sigma(\xi) + \sigma(\eta)$.
(2) 对于任意 $a \in P, \xi \in V, \sigma(a\xi) = a\sigma(\xi)$.
定义 7.1 也可以写成定义 7.2.
定义 7.2 线性空间 V 的一个变换 σ 称为线性变换，如果对于 V 中任意的向量 ξ, η 和数域 P 中任意数 a, b 都有

$$\sigma(a\xi + b\eta) = a\sigma(\xi) + b\sigma(\eta).$$

有时也说成**线性变换保持向量的加法与数量乘法.**

由映射相等可知，V 中两个线性变换 σ 和 τ 相等当且仅当对任意 $\xi \in V$, 有 $\sigma(\xi) = \tau(\xi)$.
下面我们来看几个简单的例子.

例 7.1 线性空间 V 中的恒等变换或称单位变换 ι, 即对于 V 的每一向量 ξ, 有 $\iota(\xi) = \xi$.
线性空间 V 的零变换 θ, 即对于 V 中任一向量 ξ, 都有 $\theta(\xi) = 0$.

例 7.2 令 V 是数域 P 上一个线性空间，k 是 P 中某个数，对于任意 $\xi \in V$, 定义

$$\sigma(\xi) = k\xi.$$

容易验证，σ 是 V 的一个线性变换，称为由 k 决定的数乘变换或称为 V 的一个**位似.**

例 7.3 对于 P^n 的每一向量

$$\xi = (x_1, x_2, \cdots, x_n),$$

定义

$$\sigma(\xi) = (x_n, x_{n-1}, \cdots, x_1)$$

容易验证，σ 是 P^n 的一个线性变换.

例 7.4　对于 $P[x]$ 的每一多项式 $f(x)$，规定：$\sigma(f(x)) = f'(x)$，则这样的 σ 是 $P[x]$ 的一个线性变换.

例 7.5　令 $C[a,b]$ 是定义在 $[a,b]$ 上一切连续实函数所成的 $\mathbf{R}$ 上线性空间，对于每一 $f(x) \in C[a,b]$，规定

$$\sigma(f(x)) = \int_a^x f(t)\,\mathrm{d}t .$$

由积分的基本性质知，σ 是 $C[a,b]$ 的一个线性变换.

2. 线性变换的基本性质

性质 7.1　$\sigma(0) = 0$，$\sigma(-\xi) = -\sigma(\xi)$.

性质 7.2　设 $\xi_1, \xi_2, \cdots, \xi_n \in V$，$a_1, a_2, \cdots, a_n \in P$，则

$$\sigma(a_1\xi_1 + a_2\xi_2 + \cdots + a_n\xi_n) = a_1\sigma(\xi_1) + a_2\sigma(\xi_2) + \cdots + a_n\sigma(\xi_n) ,$$

即线性变换保持线性组合与线性关系式不变.（对 n 作数学归纳法可证）.

性质 7.3　线性变换把线性相关的向量组变为线性相关的向量组. 这是因为 V 中向量 $\xi_1, \xi_2, \cdots, \xi_n$ 线性相关，则存在 P 中不全为 0 的数 $a_1, a_2, \cdots, a_n$，使得

$$a_1\xi_1 + a_2\xi_2 + \cdots + a_n\xi_n = 0 .$$

两边作线性变换 σ，得

$$\sigma(a_1\xi_1 + a_2\xi_2 + \cdots + a_n\xi_n) = \sigma(0) = 0 ,$$

那么由性质 7.2 可得

$$a_1\sigma(\xi_1) + a_2\sigma(\xi_2) + \cdots + a_n\sigma(\xi_n) = 0 .$$

性质 7.4　线性变换 σ 把一个线性无关的向量组变为线性无关组的充要条件是 σ 是单射.

必要性：设 V 中向量 $\xi_1, \xi_2, \cdots, \xi_n$ 线性无关，则存在 P 中不全为 0 的数 $a_1, a_2, \cdots, a_n$，使得

$$a_1\xi_1 + a_2\xi_2 + \cdots + a_n\xi_n \neq 0 .$$

又因为 $\sigma(\xi_1), \sigma(\xi_2), \cdots, \sigma(\xi_n)$ 线性无关，所以

$$a_1\sigma(\xi_1) + a_2\sigma(\xi_2) + \cdots + a_n\sigma(\xi_n) \neq 0 .$$

即

$$\sigma(a_1\xi_1 + a_2\xi_2 + \cdots + a_n\xi_n) \neq \sigma(0) ,$$

由此得 σ 是单射.

充分性：设 $a_1\sigma(\xi_1) + a_2\sigma(\xi_2) + \cdots + a_n\sigma(\xi_n) = 0$，则

$$\sigma(a_1\xi_1 + a_2\xi_2 + \cdots + a_n\xi_n) = \sigma(0) ,$$

由 σ 是单射，得

$$a_1\xi_1 + a_2\xi_2 + \cdots + a_n\xi_n = 0 .$$

又因为 $\xi_1, \xi_2, \cdots, \xi_n$ 线性无关，所以有

$$a_1 = a_2 = \cdots = a_n = 0 ,$$

即 $\sigma(\xi_1), \sigma(\xi_2), \cdots, \sigma(\xi_n)$ 线性无关.

3. 线性变换的值域与核

设 σ 是线性空间 V 的一个线性变换，那么 $\{\sigma(\xi)|\xi\in V\}$ 是 V 的一个子集，叫做 V 在 σ 之下的像，记作 $\sigma(V)$. 另一方面，$\{\xi\in V\mid\sigma(\xi)\in V\}$ 也是 V 的一个子集，叫做 V 在 σ 之下的**原像**.

定义 7.3　设线性空间 V 的一个线性变换 σ，线性空间 V 在 σ 之下的像叫做 σ 的像（σ 的值域），记作 $\mathrm{Im}(\sigma)$ 或 $\sigma(V)$，

即

$$\mathrm{Im}(\sigma)=\sigma(V)=\{\sigma(\xi)\mid\xi\in V\}.$$

V 的零子空间 $\{0\}$ 在 σ 之下的原像叫做 σ 的核，记作 $Ker(\sigma)$ 或 $\sigma^{-1}(0)$，

即

$$Ker(\sigma)=\sigma^{-1}(0)=\{\xi\in V\mid\sigma(\xi)=0\}.$$

我们很容易验证，线性变换的像与核都是 V 的子空间. 事实上，如果 $\bar\xi,\bar\eta$ 是 $\sigma(V)$ 的任意向量，那么总有 $\xi,\eta\in V$，

使

$$\bar\xi=\sigma(\xi),\bar\eta=\sigma(\eta).$$

因为 σ 是线性变换，所以对于任意 $a,b\in P$，

有

$$a\bar\xi+b\bar\eta=a\sigma(\xi)+b\sigma(\eta)=\sigma(a\xi+b\eta),$$

由

$$a\xi+b\eta\in V,$$

因而

$$a\bar\xi+b\bar\eta\in\sigma(V),$$

且 $\sigma(V)$ 非空，所以，$\sigma(V)$ 是 V 的子空间. $\sigma(V)$ 的维数称为 σ 的秩.

由 $\sigma(\xi)=0,\sigma(\eta)=0$ 可知

$$\sigma(\xi+\eta)=0,\sigma(k\xi)=0.$$

也就是说，$Ker(\sigma)$ 对加法与数量乘法是封闭的，又因为 $\sigma(0)=0$，所以 $Ker(\sigma)$ 是非空的，因此，$Ker(\sigma)$ 是 V 的子空间. $Ker(\sigma)$ 的维数称为 σ 的零度.

定理 7.1　设 σ 是 n 维线性空间 V 的线性变换，$\varepsilon_1,\varepsilon_2,\cdots,\varepsilon_n$ 是 V 的一组基，则

(1) $\sigma(V)=L(\sigma(\varepsilon_1),\sigma(\varepsilon_2),\cdots,\sigma(\varepsilon_n))$.

(2) $\sigma(V)$ 的一个基的原像及 $Ker(\sigma)$ 的一个基合起来就是 V 的一个基，并且 σ 的秩＋ σ 的零度＝ n.

证明　(1) 很显然，$L(\sigma(\varepsilon_1),\sigma(\varepsilon_2),\cdots,\sigma(\varepsilon_n))\subseteq\sigma(V)$.

设 ξ 是 V 中任一向量，可用基的线性组合表示为

$$\xi=a_1\varepsilon_1+a_2\varepsilon_2+\cdots+a_n\varepsilon_n.$$

于是

$$\sigma(\xi)=a_1\sigma(\varepsilon_1)+a_2\sigma(\varepsilon_2)+\cdots+a_n\sigma(\varepsilon_n).$$

这说明

$$\sigma(\xi) \in L(\sigma(\varepsilon_1), \sigma(\varepsilon_2), \cdots, \sigma(\varepsilon_n)).$$

因此

$$\sigma(V) \subseteq L(\sigma(\varepsilon_1), \sigma(\varepsilon_2), \cdots, \sigma(\varepsilon_n)).$$

所以

$$\sigma(V) = L(\sigma(\varepsilon_1), \sigma(\varepsilon_2), \cdots, \sigma(\varepsilon_n)).$$

(2) 设 $\sigma(V)$ 的一个基为 $\eta_1, \eta_2, \cdots, \eta_r$，它们的原像为 $\xi_1, \xi_2, \cdots, \xi_r$，$\sigma(\xi_i) = \eta_i, i = 1, 2, \cdots, r$. 又取 $Ker(\sigma)$ 的一个基为 $\xi_{r+1}, \xi_{r+2}, \cdots, \xi_s$. 现证 $\xi_1, \xi_2, \cdots, \xi_r, \xi_{r+1}, \xi_{r+2}, \cdots, \xi_s$ 为 V 的一个基. 如果有

$$l_1\xi_1 + l_2\xi_2 + \cdots + l_r\xi_r + l_{r+1}\xi_{r+1} + l_{r+2}\xi_{r+2} + \cdots + l_s\xi_s = 0$$

两边同时施行 σ，则

$$l_1\sigma(\xi_1) + l_2\sigma(\xi_2) + \cdots + l_r\sigma(\xi_r) + l_{r+1}\sigma(\xi_{r+1}) + l_{r+2}\sigma(\xi_{r+2}) + \cdots + l_s\sigma(\xi_s) = \sigma(0) = 0.$$

因 $\xi_{r+1}, \xi_{r+2}, \cdots, \xi_s$ 属于 $Ker(\sigma)$，故 $\sigma(\xi_{r+1}) = \sigma(\xi_{r+2}) = \cdots = \sigma(\xi_s) = 0$. 又 $\sigma(\xi_i) = \eta_i$，$i = 1, 2, \cdots, r$. 由上式得

$$l_1\eta_1 + l_2\eta_2 + \cdots + l_r\eta_r = 0.$$

但 $\eta_1, \eta_2, \cdots, \eta_r$ 线性无关，有 $l_1 = l_2 = \cdots = l_r = 0$. 于是

$$l_{r+1}\xi_{r+1} + l_{r+2}\xi_{r+2} + \cdots + l_s\xi_s = 0.$$

而 $\xi_{r+1}, \xi_{r+2}, \cdots, \xi_s$ 是 $Ker(\sigma)$ 的基也线性无关，就有 $l_{r+1} = l_{r+2} = \cdots = l_s = 0$. 这就证明了 $\xi_1, \xi_2, \cdots, \xi_r, \xi_{r+1}, \xi_{r+2}, \cdots, \xi_s$ 线性无关.

再证 V 中任一向量 ξ 可由 $\xi_1, \xi_2, \cdots, \xi_r, \xi_{r+1}, \xi_{r+2}, \cdots, \xi_s$ 线性表示. 由 $\sigma(\xi_i) = \eta_i, i = 1, 2, \cdots, r$ 是 $\sigma(V)$ 的基，就有一组数 $l_1, l_2, \cdots, l_r$，使

$$\sigma(\xi) = l_1\sigma(\xi_1) + l_2\sigma(\xi_2) + \cdots + l_r\sigma(\xi_r) = \sigma(l_1\xi_1 + l_2\xi_2 + \cdots + l_r\xi_r).$$

于是

$$\sigma(\xi - l_1\xi_1 - l_2\xi_2 - \cdots - l_r\xi_r) = 0,$$

即

$$\xi - l_1\xi_1 - l_2\xi_2 - \cdots - l_r\xi_r \in Ker(\sigma).$$

而 $\xi_{r+1}, \xi_{r+2}, \cdots, \xi_s$ 是 $Ker(\sigma)$ 的基，必有一组数 $l_{r+1}, l_{r+2}, \cdots, l_s$ 使

$$\xi - l_1\xi_1 - l_2\xi_2 - \cdots - l_r\xi_r = l_{r+1}\xi_{r+1} + l_{r+2}\xi_{r+2} + \cdots + l_s\xi_s.$$

于是

$$\xi = l_1\xi_1 + l_2\xi_2 + \cdots + l_r\xi_r + l_{r+1}\xi_{r+1} + l_{r+2}\xi_{r+2} + \cdots + l_s\xi_s,$$

即 ξ 可由 $\xi_1, \xi_2, \cdots, \xi_r, \xi_{r+1}, \xi_{r+2}, \cdots, \xi_s$ 线性表示. 这就证明了 $\xi_1, \xi_2, \cdots, \xi_r, \xi_{r+1}, \xi_{r+2}, \cdots, \xi_s$ 为 V 的一个基.

由 V 的维数是 n，知 $s = n$. 又 r 是 $\sigma(V)$ 的维数也即 σ 的秩，$s - r = n - r$ 是 $Ker(\sigma)$ 的维数，即 σ 的零度. 因而

$$秩(\sigma) + \sigma 的零度 = n.$$

注意：虽然子空间 $\sigma(V)$ 与 $Ker(\sigma)$ 的维数之和为 n，但 $\sigma(V) + Ker(\sigma)$ 并不一定是整个空间.

结论：（1）设 σ 是线性空间 V 到线性空间 W 的一个线性映射，那么

① σ 是满射 $\Leftrightarrow$ Im $(\sigma) = W$.

② σ 是单射 $\Leftrightarrow Ker(\sigma) = |0|$.

（2）σ 是 n 维线性空间 V 的线性变换，σ 是满射 $\Leftrightarrow \sigma$ 是单射.

例 7.6 设 σ 是线性空间 $\mathbf{R}^3$ 的线性变换，对 $\mathbf{R}^3$ 中任一向量 ξ，令

$$\sigma(\xi) = A\xi, \quad 其中 A = \begin{pmatrix} 1 & 2 & -1 \\ 0 & 1 & 1 \\ 1 & 1 & -2 \end{pmatrix},$$

求 $\sigma(V)$ 与 $Ker(\sigma)$ 以及它们的维数.

解 取 R^3 的标准基 $\varepsilon_1 = (1,0,0), \varepsilon_2 = (0,1,0), \varepsilon_3 = (0,0,1)$，则

$$\sigma(V) = L(\sigma(\varepsilon_1), \sigma(\varepsilon_2), \sigma(\varepsilon_3)).$$

而 $\sigma(\varepsilon_1) = A\varepsilon_1, \sigma(\varepsilon_2) = A\varepsilon_2, \sigma(\varepsilon_3) = A\varepsilon_3$，因之，求 $\sigma(\varepsilon_1), \sigma(\varepsilon_2), \sigma(\varepsilon_3)$ 的极大无关组，只需求秩（A），而秩（A）$=2$，所以 $\sigma(V)$ 的维数等于 2，且

$$\sigma(V) = L(\sigma(\varepsilon_1), \sigma(\varepsilon_2)).$$

由 $Ker(\sigma) = \{\xi \in R^3 \mid \sigma(\xi) = 0\}$，设 $\xi = (x_1, x_2, x_3)$，即

$$A\xi = 0 \Rightarrow A \begin{pmatrix} x_1 \\ x_2 \\ x_3 \end{pmatrix} = 0.$$

解得齐次线性方程组

$$A \begin{pmatrix} x_1 \\ x_2 \\ x_3 \end{pmatrix} = 0$$

的基础解系 $(3, -1, 1)$. 所以 $Ker(\sigma)$ 的维数等于 1，且

$$Ker(\sigma) = L((3, -1, 1)).$$

7.2 线性变换的运算

这一节，我们来介绍线性变换的运算及其简单性质. 我们用 $L(V)$ 表示线性空间 V 的一切线性变换所成的集合.

设 $\sigma, \tau \in L(V)$，定义它们的和 $\sigma + \tau$ 为

$$(\sigma + \tau)(\xi) = \sigma(\xi) + \tau(\xi) \quad (\xi \in V).$$

V 的线性变换 σ 与 τ 的和 $\sigma + \tau$ 也是 V 的一个线性变换. 因为对于任意 $a, b \in P$ 和任意 $\xi, \eta \in V$，有

$$(\sigma + \tau)(a\xi + b\eta) = \sigma(a\xi + b\eta) + \tau(a\xi + b\eta)$$
$$= a\sigma(\xi) + b\sigma(\eta) + a\tau(\xi) + b\tau(\eta)$$

$$= a(\sigma(\xi) + \tau(\xi)) + b(\sigma(\eta) + \tau(\eta))$$
$$= a(\sigma + \tau)(\xi) + b(\sigma + \tau)(\eta).$$

例 7.7 设 $\sigma, \tau \in L(P^3)$ ，且对于任意 $\xi = (x_1, x_2, x_3) \in V$ ，有
$$\sigma(x_1, x_2, x_3) = (x_3, x_2, x_1),$$
$$\tau(x_1, x_2, x_3) = (-x_1, -x_2, -x_3).$$

则
$$(\sigma + \tau)(x_1, x_2, x_3) = \sigma(x_1, x_2, x_3) + \tau(x_1, x_2, x_3)$$
$$= (x_3, x_2, x_1) + (-x_1, -x_2, -x_3)$$
$$= (x_3 - x_1, 0, x_1 - x_3).$$

容易证明，对于任意 $\rho, \sigma, \tau \in L(V)$ ，以下等式成立.

(1) $\sigma + \tau = \tau + \sigma$.

(2) $(\rho + \sigma) + \tau = \rho + (\sigma + \tau)$.

(3) 对于 V 的零变换，它显然具有以下性质：对于任意 $\sigma \in L(V)$ ，有
$$\theta + \sigma = \sigma.$$

(4) 设 $\sigma \in L(V)$ ，定义 σ 的负变换 $-\sigma$ ：
$$(-\sigma)(\xi) = -\sigma(\xi),$$
那么，$-\sigma$ 也是 V 的线性变换，并且
$$\sigma + (-\sigma) = \theta,$$
由此，我们可定义 V 的线性变换 σ 与 τ 的差
$$\sigma - \tau = \sigma + (-\tau).$$

现在定义 P 中的数 k 与 V 的线性变换 σ 的数量乘法 $k\sigma$ 为
$$(k\sigma)(\xi) = k\sigma(\xi) \quad (\xi \in V),$$
$k\sigma$ 也是 V 的一个线性变换. 因为对于任意 $a, b \in P$ 和任意 $\xi, \eta \in V$ ，有
$$(k\sigma)(a\xi + b\eta) = k(\sigma(a\xi + b\eta))$$
$$= k(a\sigma(\xi) + b\sigma(\eta))$$
$$= ak\sigma(\xi) + bk\sigma(\eta)$$
$$= a(k\sigma)(\xi) + b(k\sigma)(\eta).$$

例 7.8 设 $\sigma \in L(P^3)$ ，$\sigma(x_1, x_2, x_3) = (x_1, x_2, x_1 + x_2)$ ，求 2σ.

解 $(2\sigma)(x_1, x_2, x_3) = 2(x_1, x_2, x_1 + x_2)$
$$= (2x_1, 2x_2, 2x_1 + 2x_2).$$

容易证明，下列运算律成立.

(1) $k(\sigma + \tau) = k\sigma + k\tau$.

(2) $(k + l)\sigma = k\sigma + l\sigma$.

(3) $(kl)\sigma = k(l\sigma)$.

(4) $1\sigma = \sigma$.

这里 k, l 是 P 中任意数，σ, τ 是 V 的任意线性变换.

由第 6 章中线性空间的定义可得定理 7.2.

定理 7.2 $L(V)$ 对于加法和数量乘法作成数域 P 上一个线性空间.

设 $\sigma,\tau \in L(V)$. 定义它们的乘积 $\sigma\tau$ 为

$$(\sigma\tau)(\xi) = \sigma(\tau(\xi)) \quad (\xi \in V).$$

易证 $\sigma\tau$ 也是线性变换. 并且满足下面的运算律:

(1) 线性变换的乘法一般不满足交换律.

(2) 对于 V 的单位变换 ι, 有 $\iota\sigma = \sigma\iota = \sigma$.

(3) (11) $\rho(\sigma+\tau) = \rho\sigma + \rho\tau$.

(4) $(\sigma+\tau)\rho = \sigma\rho + \tau\rho$.

(5) $(k\sigma)\tau = \sigma(k\tau) = k(\sigma\tau)$.

(6) $(\rho\sigma)\tau = \rho(\sigma\tau)$.

这里 $k \in P, \sigma,\rho,\tau \in L(V)$.

对 V 中的一个线性变换 σ, 如果存在 V 的线性变换 τ, 使

$$\sigma\tau = \tau\sigma = \iota.$$

那么, 就说 σ 是可逆的线性变换, 线性变换 τ 称为 σ 的**逆变换**, 记为 σ^{-1}. 对于 σ 的逆变换, 我们有下面的结论.

结论: (1) 线性变换 σ 的逆变换 σ^{-1} 也是 V 的一个线性变换, 且 $\sigma\sigma^{-1} = \sigma^{-1}\sigma = \iota$.

(2) 线性变换 σ 可逆 $\Leftrightarrow \sigma$ 是一个双射.

(3) 线性变换 σ 可逆 $\Leftrightarrow$ 基向量在 σ 下的像线性无关.

证 (1) 因为, 如果 σ 有逆变换 σ^{-1}, 那么对于任意 $a,b \in P$ 和 $\xi,\eta \in V$, $a\sigma^{-1}(\xi) + b\sigma^{-1}(\eta) \in V$. 所以

$$\sigma(a\sigma^{-1}(\xi) + b\sigma^{-1}(\eta)) = a\sigma(\sigma^{-1}(\xi)) + b\sigma(\sigma^{-1}(\eta)) = a\xi + b\eta.$$

两边同时施行 σ^{-1}, 就得到

$$a\sigma^{-1}(\xi) + b\sigma^{-1}(\eta) = \sigma^{-1}(a\xi + b\eta).$$

即 σ^{-1} 也是 V 的一个线性变换.

(2) "$\Rightarrow$" 因 σ 可逆, 有 σ^{-1}, 对任意 $\xi,\eta \in V$, 如果有 $\sigma(\xi) = \sigma(\eta)$, 则有

$$\xi = \sigma^{-1}\sigma(\xi) = \sigma^{-1}\sigma(\eta) = \eta.$$

即, σ 是单射.

又对任一 $\eta \in V$, 令 $\sigma^{-1}(\eta) = \xi$. 则 $\xi \in V$ 且 $\sigma(\xi) = \sigma(\sigma^{-1}(\eta)) = \eta$. 所以 σ 是满射. 得证.

"$\Leftarrow$" 显然成立.

(3) 可由 7.1 小节中的性质 7.4 得到:

由线性变换的乘法满足结合律, 可定义一个线性变换 σ 的 n 次幂

$$\sigma^n = \overbrace{\sigma\sigma\cdots\sigma}^{n},$$

这里 n 是正整数. 并且规定

$$\sigma^0 = \iota.$$

这样一来, 一个线性变换的任意非负整数幂有意义. 并且 $\sigma^m\sigma^n = \sigma^{m+n}$, $(\sigma^m)^n = \sigma^{mn}$,

$(\sigma\tau)^m \neq \sigma^m\tau^m$. 并且当 σ 可逆时，可定义 σ 的负整数幂 $\sigma^{-n} = (\sigma^{-1})^n$.

由此可引入线性变换的多项式的概念.

设

$$f(x) = a_0 + a_1 x + a_2 x^2 + \cdots + a_n x^n$$

是 $P[x]$ 中一个多项式，而 $\sigma \in L(V)$，以 σ 代替 χ，以 $a_0\iota$ 代替 a_0，得到 V 的一个线性变换

$$f(\sigma) = a_0\iota + a_1\sigma + a_2\sigma^2 + \cdots + a_n\sigma^n,$$

$f(\sigma)$ 称为线性变换 σ 的多项式.

不难验证，如果 $f(\chi), g(\chi) \in P[\chi]$，并且

$$\mu(\chi) = f(\chi) + g(\chi),$$
$$\nu(\chi) = f(\chi)g(\chi).$$

那么

$$\mu(\sigma) = f(\sigma) + g(\sigma),$$
$$\nu(\sigma) = f(\sigma)g(\sigma).$$

且易证

$$f(\sigma)g(\sigma) = g(\sigma)f(\sigma).$$

7.3 线性变换的矩阵

首先我们来讨论一下线性空间的线性变换是否一定存在?

引理 7.1 设 $\{\alpha_1, \alpha_2, \cdots, \alpha_n\}$ 是数域 P 上 n 维线性空间 V 的一个基. 那么对于 V 中任意 n 个向量 $\beta_1, \beta_2, \cdots, \beta_n$，存在唯一的一个线性变换 σ，使得

$$\sigma(\alpha_i) = \beta_i, i = 1, 2, \cdots, n.$$

证 对 V 中任意向量 $\xi = x_1\alpha_1 + x_2\alpha_2 + \cdots + x_n\alpha_n$，我们作 V 的一个变换 σ，

$$\sigma : \xi \mapsto \sigma(\xi) = x_1\beta_1 + x_2\beta_2 + \cdots + x_n\beta_n,$$

易证明，所作的这个变换 σ 是一个线性变换. 再证它的唯一性.

若有 V 的另一个线性变换 τ 也满足 $\tau(\alpha_i) = \beta_i, i = 1, 2, \cdots, n$，那么对于 V 中任意向量

$$\xi = x_1\alpha_1 + x_2\alpha_2 + \cdots + x_n\alpha_n,$$

有

$$\tau(\xi) = \tau(x_1\alpha_1 + x_2\alpha_2 + \cdots + x_n\alpha_n) = x_1\tau(\alpha_1) + x_2\tau(\alpha_2) + \cdots + x_n\tau(\alpha_n)$$
$$= x_1\beta_1 + x_2\beta_2 + \cdots + x_n\beta_n = \sigma(\xi).$$

所以，由线性变换相等可知

$$\sigma = \tau.$$

例 7.9 求 P^3 的一个线性变换 σ，满足

$$\sigma(1,1,1) = (1,2,3), \sigma(1,1,0) = (-1,1,1), \sigma(1,0,0) = (1,0,-2).$$

解 令 $\varepsilon_1 = (1,1,1), \varepsilon_2 = (1,1,0), \varepsilon_3 = (1,0,0)$ ，则由

$$\begin{vmatrix} 1 & 1 & 1 \\ 1 & 1 & 0 \\ 1 & 0 & 0 \end{vmatrix} = -1 \neq 0,$$

可知 $\varepsilon_1, \varepsilon_2, \varepsilon_3$ 线性无关，是 P^3 的一个基. 设 P^3 中任一向量 $\alpha = (x_1, x_2, x_3)$ ，则

$$\alpha = x_3 \varepsilon_1 + (x_2 - x_3) \varepsilon_2 + (x_1 - x_2) \varepsilon_3.$$

所以

$$\begin{aligned} \sigma(\alpha) &= \sigma(x_1, x_2, x_3) \\ &= x_3 \sigma(\varepsilon_1) + (x_2 - x_3)\sigma(\varepsilon_2) + (x_1 - x_2)\sigma(\varepsilon_3) \\ &= x_3(1,2,3) + (x_2 - x_3)(-1,1,1) + (x_1 - x_2)(1,0,-2) \\ &= (x_1 - 2x_2 + 2x_3, x_2 + x_3, -2x_1 + 3x_2 + 2x_3). \end{aligned}$$

易证明，所得 σ 是 P^3 的一个线性变换.

解决了线性变换的存在性，下面就来建立线性变换与矩阵间的联系.

设 σ 是数域 P 上 n 维线性空间 V 的一个线性变换. 取定 V 的一个基 $\alpha_1, \alpha_2, \cdots, \alpha_n$. 那么 $\sigma(\alpha_j)(j = 1, 2, \cdots, n)$ 可由基 $\alpha_1, \alpha_2, \cdots, \alpha_n$ 线性表示.

令

$$\begin{aligned} \sigma(\alpha_1) &= a_{11}\alpha_1 + a_{21}\alpha_2 + \cdots + a_{n1}\alpha_n, \\ \sigma(\alpha_2) &= a_{12}\alpha_1 + a_{22}\alpha_2 + \cdots + a_{n2}\alpha_n, \\ &\vdots \\ \sigma(\alpha_n) &= a_{1n}\alpha_1 + a_{2n}\alpha_2 + \cdots + a_{nn}\alpha_n. \end{aligned} \tag{7.1}$$

这里 $a_{ij}, i, j = 1, 2, \cdots, n$ ，就是 $\sigma(\alpha_j)$ 关于基 $\alpha_1, \cdots, \alpha_n$ 的坐标.

令

$$A = \begin{pmatrix} a_{11} & a_{12} & \cdots & a_{1n} \\ a_{21} & a_{22} & \cdots & a_{2n} \\ \vdots & \vdots & \vdots & \vdots \\ a_{n1} & a_{n2} & \cdots & a_{nn} \end{pmatrix}.$$

n 级矩阵 A 叫做线性变换 σ 关于基 $\{\alpha_1, \alpha_2, \cdots, \alpha_n\}$ 的矩阵. 矩阵 A 的第 j 列元素就是 $\sigma(\alpha_j)$ 关于基 $\alpha_1, \cdots, \alpha_n$ 的坐标. 由坐标的唯一性知，V 的每一个线性变换对于 P 上 n 维线性空间 V 的取定的基有唯一确定的 P 上 n 级矩阵与它对应.

例 7.10 令 $\sigma: \xi \mapsto k\xi$ 是数域 P 上 n 维线性空间 V 的一个位似. 那么 σ 关于 V 的任意基的矩阵是

$$\begin{pmatrix} k & & & 0 \\ & k & & \\ & & \ddots & \\ 0 & & & k \end{pmatrix}.$$

例 7.11 V 的单位变换关于任意基的矩阵是单位矩阵. 零变换关于任意基的矩阵

是零矩阵.

对于 V 中任意一个向量 ξ，有
$$\xi = x_1\alpha_1 + x_2\alpha_2 + \cdots + x_n\alpha_n.$$
而 $\sigma(\xi) \in V$．设
$$\sigma(\xi) = y_1\alpha_1 + y_2\alpha_2 + \cdots + y_n\alpha_n.$$
下面来看，如何计算 $\sigma(\xi)$ 的坐标 $(y_1, y_2, \cdots, y_n)$．

我们把式（7.1）写成矩阵形式的等式
$$\sigma(\alpha_1, \alpha_2, \cdots, \alpha_n) = (\sigma(\alpha_1), \sigma(\alpha_2), \cdots, \sigma(\alpha_n)) = (\alpha_1, \alpha_2, \cdots, \alpha_n)A. \tag{7.2}$$
设
$$\xi = x_1\alpha_1 + x_2\alpha_2 + \cdots + x_n\alpha_n$$
$$= (\alpha_1, \alpha_2, \cdots, \alpha_n)\begin{pmatrix} x_1 \\ x_2 \\ \vdots \\ x_n \end{pmatrix}.$$

因为 σ 是线性变换，所以
$$\sigma(\xi) = x_1\sigma(\alpha_1) + x_2\sigma(\alpha_2) + \cdots + x_n\sigma(\alpha_n)$$
$$= (\sigma(\alpha_1), \sigma(\alpha_2), \cdots, \sigma(\alpha_n))\begin{pmatrix} x_1 \\ x_2 \\ \vdots \\ x_n \end{pmatrix}.$$

将（7.2）代入，得
$$\sigma(\xi) = (\alpha_1, \alpha_2, \cdots, \alpha_n)A\begin{pmatrix} x_1 \\ x_2 \\ \vdots \\ x_n \end{pmatrix}.$$

可知，$\sigma(\xi)$ 关于基 $\{\alpha_1, \alpha_2, \cdots, \alpha_n\}$ 的坐标是
$$A\begin{pmatrix} x_1 \\ x_2 \\ \vdots \\ x_n \end{pmatrix}.$$

由此，我们得到

定理 7.3 令 σ 是数域 P 上 n 维线性空间 V 的一个线性变换，σ 关于 V 的一个基的矩阵是
$$A = \begin{pmatrix} a_{11} & a_{12} & \cdots & a_{1n} \\ a_{21} & a_{22} & \cdots & a_{2n} \\ \vdots & \vdots & \vdots & \vdots \\ a_{n1} & a_{n2} & \cdots & a_{nn} \end{pmatrix}.$$

如果 V 中向量 ξ 和 $\sigma(\xi)$ 关于这个基的坐标分别是 $(x_1, x_2, \cdots, x_n)$ 和 $(y_1, y_2, \cdots, y_n)$，那么

$$\begin{bmatrix} y_1 \\ y_2 \\ \vdots \\ y_n \end{bmatrix} = A \begin{bmatrix} x_1 \\ x_2 \\ \vdots \\ x_n \end{bmatrix}. \tag{7.3}$$

例 7.12　在 P^3 中，线性变换 σ 为

$$\sigma(x_1, x_2, x_3) = (-x_2 + x_3, 2x_2, 2x_1 - x_2).$$

(1) 求 σ 关于基 $\alpha_1 = (1, 0, 1), \alpha_2 = (0, 1, 0), \alpha_3 = (0, 0, 1)$ 的矩阵.

(2) P^3 中向量 $\xi = 2\alpha_1 + \alpha_2 - \alpha_3$，求 $\sigma(\xi)$ 关于基 $\{\alpha_1, \alpha_2, \alpha_3\}$ 的坐标.

解　(1) 由所给线性变换 σ 可得：

$$\sigma(\alpha_1) = \alpha_1 + \alpha_3,$$
$$\sigma(\alpha_2) = -\alpha_1 + 2\alpha_2,$$
$$\sigma(\alpha_3) = \alpha_1 - \alpha_3.$$

由此，σ 关于基 $\alpha_1 = (1, 0, 1), \alpha_2 = (0, 1, 0), \alpha_3 = (0, 0, 1)$ 的矩阵为

$$A = \begin{bmatrix} 1 & -1 & 1 \\ 0 & 2 & 0 \\ 1 & 0 & -1 \end{bmatrix}.$$

(2) 由 $\xi = 2\alpha_1 + \alpha_2 - \alpha_3$ 可得 ξ 关于基 $\alpha_1 = (1, 0, 1), \alpha_2 = (0, 1, 0), \alpha_3 = (0, 0, 1)$ 的坐标为 $(2, 1, -1)$. 则 $\sigma(\xi)$ 关于基 $\{\alpha_1, \alpha_2, \alpha_3\}$ 的坐标为

$$A \begin{bmatrix} 2 \\ 1 \\ -1 \end{bmatrix} = \begin{bmatrix} 0 \\ 2 \\ 3 \end{bmatrix}.$$

定理 7.4　设 $\{\alpha_1, \alpha_2, \cdots, \alpha_n\}$ 是数域 P 上 n 维线性空间 V 的一个基. 对于 V 的每一线性变换 σ，令 σ 关于基 $\{\alpha_1, \alpha_2, \cdots, \alpha_n\}$ 的矩阵 A 与它对应. 这样就得到 V 的全体线性变换所成的集合 $L(V)$ 到 P 上全体 n 级矩阵所成的集合 $P^{n \times n}$ 的一个双射. 并且如果 $\sigma, \tau \in L(V)$，而 $\sigma \mapsto A, \tau \mapsto B$，那么

(1) $\sigma + \tau \mapsto A + B$.

(2) $a\sigma \mapsto aA, a \in F$.

(3) $\sigma\tau \mapsto AB$.

(4) σ 可逆 $\Leftrightarrow A$ 可逆，并且有：$\sigma^{-1} \mapsto A^{-1}$.

证　显然，$\sigma \mapsto A$ 是 $L(V)$ 到 $P^{n \times n}$ 的一个映射. 反过来，设

$$A = \begin{bmatrix} a_{11} & a_{12} & \cdots & a_{1n} \\ a_{21} & a_{22} & \cdots & a_{2n} \\ \vdots & \vdots & & \vdots \\ a_{n1} & a_{n2} & \cdots & a_{nn} \end{bmatrix}$$

是 P 上任意一个 n 级矩阵. 令

$$\beta_j = a_{1j}x_1 + a_{2j}x_2 + \cdots + a_{nj}\alpha_n, j = 1, 2, \cdots, n.$$

由引理 7.1，存在唯一的 $\sigma \in L(V)$ 使

$$\sigma(\alpha_j) = \beta_j, j = 1, 2, \cdots, n.$$

显然，σ 关于基 $\{\alpha_1, \alpha_2, \cdots, \alpha_n\}$ 的矩阵就是 A．这就证明了如上建立的映射是 $L(V)$ 到 $P^{n \times n}$ 的双射.

设 $\sigma \mapsto A$，$\tau \mapsto B$．我们有

$$\sigma(\alpha_1, \alpha_2, \cdots, \alpha_n) = (\alpha_1, \alpha_2, \cdots, \alpha_n)A,$$
$$\tau(\alpha_1, \alpha_2, \cdots, \alpha_n) = (\alpha_1, \alpha_2, \cdots, \alpha_n)B.$$

（1）由

$$(\sigma + \tau)(\alpha_1, \alpha_2, \cdots, \alpha_n)$$
$$= \sigma(\alpha_1, \alpha_2, \cdots, \alpha_n) + \tau(\alpha_1, \alpha_2, \cdots, \alpha_n)$$
$$= (\alpha_1, \alpha_2, \cdots, \alpha_n)A + (\alpha_1, \alpha_2, \cdots, \alpha_n)B$$
$$= (\alpha_1, \alpha_2, \cdots, \alpha_n)(A + B).$$

可知，线性变换 $\sigma + \tau$ 关于基 $\{\alpha_1, \alpha_2, \cdots, \alpha_n\}$ 的矩阵是 $A + B$．

（2）相仿可由

$$(a\sigma)(\alpha_1, \alpha_2, \cdots, \alpha_n)$$
$$= a\sigma(\alpha_1, \alpha_2, \cdots, \alpha_n) = a(\alpha_1, \alpha_2, \cdots, \alpha_n)A$$
$$= (\alpha_1, \alpha_2, \cdots, \alpha_n)(aA).$$

即 $a\sigma$ 关于基 $\{\alpha_1, \alpha_2, \cdots, \alpha_n\}$ 的矩阵是 aA．

（3）由

$$(\sigma\tau)(\alpha_1, \alpha_2, \cdots, \alpha_n) = \sigma(\tau(\alpha_1, \alpha_2, \cdots, \alpha_n))$$
$$= \sigma((\alpha_1, \alpha_2, \cdots, \alpha_n)B) = \sigma(\alpha_1, \alpha_2, \cdots, \alpha_n)B$$
$$= (\alpha_1, \alpha_2, \cdots, \alpha_n)AB.$$

因此，线性变换 $\sigma\tau$ 关于基 $\{\alpha_1, \alpha_2, \cdots, \alpha_n\}$ 的矩阵是 AB．

（4）设 σ 可逆. 令 σ^{-1} 关于基 $\{\alpha_1, \alpha_2, \cdots, \alpha_n\}$ 的矩阵是 C．由（3）可知

$$\iota = \sigma\sigma^{-1} \mapsto AC.$$

然而单位变换关于任意基的矩阵都是单位矩阵 E．所以 $AC = E$．同理 $CA = E$．所以 $C = A^{-1}$．

反过来. 设 A 可逆，有 A^{-1}，那么由上面可知有 $\tau \in L(V)$，使 $\tau \mapsto A^{-1}$．于是

$$\sigma\tau \mapsto AA^{-1} = E.$$

由此，可看出 $\sigma\tau = \iota$．同理 $\tau\sigma = \iota$．所以 σ 有逆 σ^{-1}，而 $\tau = \sigma^{-1}$．

这个定理说明，作为 P 上的线性空间 $L(V)$ 与 $P^{n \times n}$ 同构. 即 $\dim L(V) = \dim P^{n \times n} = n^2$．

例 7.13 在 P^4 中，设线性变换 σ 为

$$\sigma(x_1, x_2, x_3, x_4) = (x_1 + x_2, x_1 - x_2, x_3 + x_4, x_3 - x_4),$$

试判断 σ 是否可逆，若可逆，求 σ^{-1}．

解 取 P^4 的标准基 $\varepsilon_1 = (1,0,0,0), \varepsilon_2 = (0,1,0,0), \varepsilon_3 = (0,0,1,0), \varepsilon_4 = (0,0,0,1)$，则有

$$\sigma(\varepsilon_1) = (1,1,0,0) = \varepsilon_1 + \varepsilon_2,$$
$$\sigma(\varepsilon_2) = (1,-1,0,0) = \varepsilon_1 - \varepsilon_2,$$
$$\sigma(\varepsilon_3) = (0,0,1,1) = \varepsilon_3 + \varepsilon_4,$$
$$\sigma(\varepsilon_4) = (0,0,1,-1) = \varepsilon_3 - \varepsilon_4.$$

所以，σ 关于基 $\varepsilon_1, \varepsilon_2, \varepsilon_3, \varepsilon_4$ 的矩阵为

$$A = \begin{pmatrix} 1 & 1 & 0 & 0 \\ 1 & -1 & 0 & 0 \\ 0 & 0 & 1 & 1 \\ 0 & 0 & 1 & -1 \end{pmatrix}.$$

因为 $|A| \neq 0$，得 A 可逆，可推出 σ 可逆，且 σ^{-1} 关于基 $\varepsilon_1, \varepsilon_2, \varepsilon_3, \varepsilon_4$ 的矩阵为

$$A^{-1} = \begin{pmatrix} \dfrac{1}{2} & \dfrac{1}{2} & 0 & 0 \\[2mm] \dfrac{1}{2} & -\dfrac{1}{2} & 0 & 0 \\[2mm] 0 & 0 & \dfrac{1}{2} & \dfrac{1}{2} \\[2mm] 0 & 0 & \dfrac{1}{2} & -\dfrac{1}{2} \end{pmatrix}.$$

设 P^4 中任一向量

$$\alpha = (x_1, x_2, x_3, x_4) = (\varepsilon_1, \varepsilon_2, \varepsilon_3, \varepsilon_4) \begin{pmatrix} x_1 \\ x_2 \\ x_3 \\ x_4 \end{pmatrix},$$

那么

$$\sigma^{-1}(\alpha) = \sigma^{-1}(x_1, x_2, x_3, x_4)$$

$$= (\varepsilon_1, \varepsilon_2, \varepsilon_3, \varepsilon_4) A^{-1} \begin{pmatrix} x_1 \\ x_2 \\ x_3 \\ x_4 \end{pmatrix}$$

$$= (\varepsilon_1, \varepsilon_2, \varepsilon_3, \varepsilon_4) \begin{pmatrix} \dfrac{1}{2}x_1 + \dfrac{1}{2}x_2 \\[2mm] \dfrac{1}{2}x_1 - \dfrac{1}{2}x_2 \\[2mm] \dfrac{1}{2}x_3 + \dfrac{1}{2}x_4 \\[2mm] \dfrac{1}{2}x_3 - \dfrac{1}{2}x_4 \end{pmatrix}$$

$$= \left(\frac{1}{2}x_1 + \frac{1}{2}x_2, \frac{1}{2}x_1 - \frac{1}{2}x_2, \frac{1}{2}x_3 + \frac{1}{2}x_4, \frac{1}{2}x_3 - \frac{1}{2}x_4 \right).$$

引理 7.2 n 维线性空间 V 的线性变换 σ 关于 V 的基 $\varepsilon_1, \varepsilon_2, \cdots, \varepsilon_n$ 的矩阵是 A，则

(1) 秩(σ) ＝秩(A).

(2) σ 可逆 $\Leftrightarrow \sigma$ 是满秩 $\Leftrightarrow$ 它的矩阵 A 是满秩的.

证明 (1) 由前面所学可知，$\sigma(V) = L(\sigma(\varepsilon_1), \sigma(\varepsilon_2), \cdots, \sigma(\varepsilon_n))$，那么，秩($\sigma$) 等于子空间 $L(\sigma(\varepsilon_1), \sigma(\varepsilon_2), \cdots, \sigma(\varepsilon_n))$ 的维数，又因为

$$(\sigma(\varepsilon_1), \sigma(\varepsilon_2), \cdots, \sigma(\varepsilon_n)) = (\varepsilon_1, \varepsilon_2, \cdots, \varepsilon_n)A,$$

由前一章所学，可知 $L(\sigma(\varepsilon_1), \sigma(\varepsilon_2), \cdots, \sigma(\varepsilon_n))$ 的维数等于 A 的秩，所以，秩(σ)＝秩(A).

(2) 显然成立.

线性变换的矩阵是与空间中一个基联系在一起的，一般来说，同一个线性变换关于不同基的矩阵是不同的，下面我们就来研究线性变换的矩阵是如何随着基的改变而改变的.

设 σ 是数域 P 上 n 维线性空间 V 的一个线性变换. 假设 σ 关于 V 的两个基 $\{\alpha_1, \alpha_2, \cdots, \alpha_n\}$ 和 $\{\beta_1, \beta_2, \cdots, \beta_n\}$ 的矩阵分别是 A 和 B. 即

$$\sigma(\alpha_1, \alpha_2, \cdots, \alpha_n) = (\alpha_1, \alpha_2, \cdots, \alpha_n)A,$$
$$\sigma(\beta_1, \beta_2, \cdots, \beta_n) = (\beta_1, \beta_2, \cdots, \beta_n)B.$$

令 T 是由基 $\{\alpha_1, \alpha_2, \cdots, \alpha_n\}$ 到基 $\{\beta_1, \beta_2, \cdots, \beta_n\}$ 的过渡矩阵：

$$(\beta_1, \beta_2, \cdots, \beta_n) = (\alpha_1, \alpha_2, \cdots, \alpha_n)T.$$

于是

$$\sigma(\beta_1, \beta_2, \cdots, \beta_n) = \sigma((\alpha_1, \alpha_2, \cdots, \alpha_n)T) = \sigma(\alpha_1, \alpha_2, \cdots, \alpha_n)T$$
$$= (\alpha_1, \alpha_2, \cdots, \alpha_n)AT = (\beta_1, \beta_2, \cdots, \beta_n)T^{-1}AT.$$

因此

$$B = T^{-1}AT. \tag{7.4}$$

这个等式在以后的讨论中是重要的. 现在，我们引进定义 7.4.

定义 7.4 设 A, B 是数域 P 上两个 n 级矩阵. 如果存在 P 上一个 n 级可逆矩阵 T 使等式（7.4）成立，那么就说 B 和 A 相似，记作 $A \sim B$.

等式（7.4）说明了同一个线性变换关于两个基的矩阵是相似的.

另一方面，设 A 和 B 是数域 P 上两个相似的 n 级矩阵. 那么由定理 7.4，存在 P 上 n 维线性空间 V 的一个线性变换 σ，它关于 V 的一个基 $\{\alpha_1, \alpha_2, \cdots, \alpha_n\}$ 的矩阵就是 A. 于是

$$\sigma(\alpha_1, \alpha_2, \cdots, \alpha_n) = (\alpha_1, \alpha_2, \cdots, \alpha_n)A.$$

因为 B 与 A 相似，所以存在一个可逆的矩阵 T，使得

$$B = T^{-1}AT.$$

令

$$(\beta_1, \beta_2, \cdots, \beta_n) = (\alpha_1, \alpha_2, \cdots, \alpha_n)T.$$

那么由第 6 章可知，$\{\beta_1, \beta_2, \cdots, \beta_n\}$ 也是 V 的一个基. 容易看出，σ 关于这个基的矩阵就是 B.

因此，**相似的矩阵可以看成同一个线性变换关于两个基的矩阵.**

n 级矩阵的相似关系具有下列性质：

(1) **自反性**：每一个 n 级矩阵 A 都与它自己相似，因为 $A = E^{-1}AE$．

(2) **对称性**：如果 $A \sim B$，那么 $B \sim A$．

因为由 $B = T^{-1}AT$ 得 $A = TBT^{-1} = (T^{-1})^{-1}BT^{-1}$．

(3) **传递性**：如果 $A \sim B$ 且 $B \sim C$，那么 $A \sim C$．

矩阵的相似对于运算有下面的**性质**．

如果 $B_1 = T^{-1}A_1T$，$B_2 = T^{-1}A_2T$，那么

$$B_1 + B_2 = T^{-1}(A_1 + A_2)T，$$

$$B_1B_2 = T^{-1}(A_1A_2)T．$$

$$T^{-1}(A_1 + A_2 + \cdots + A_n)T = T^{-1}A_1T + T^{-1}A_2T + \cdots + T^{-1}A_rT，$$

$$T^{-1}A^rT = (T^{-1}AT)^r．$$

并且，若 $B = T^{-1}AT$，且 $f(x)$ 是数域 P 上一多项式，那么

$$f(B) = T^{-1}f(A)T．$$

例 7.14 (1) 设 A，B 是 n 级矩阵，且 A 可逆，证明：AB 与 BA 相似.

(2) 设 A 与 B 相似，证明：A^m 与 B^m 相似.

证 (1) 由 A 可逆，有 A^{-1}．又因为

$$A^{-1}(AB)A = BA，$$

所以由相似定义知，AB 与 BA 相似.

(2) 由 A 与 B 相似知，存在可逆矩阵 T 使

$$B = T^{-1}AT．$$

因此有

$$B^m = (T^{-1}AT)^m = T^{-1}A^mT．$$

即 A^m 与 B^m 相似.

例 7.15 在 P^3 中，定义线性变换 σ

$$\sigma(\xi_1) = (-5, 0, 3), \sigma(\xi_2) = (0, -1, 6), \sigma(\xi_3) = (-4, -1, 0)，$$

其中

$$\xi_1 = (-1, 0, 2), \xi_2 = (0, 1, 1), \xi_3 = (3, -1, 0)．$$

(1) 求 σ 分别在标准基及基 ξ_1, ξ_2, ξ_3 下的矩阵.

(2) 已知 $\xi = (2, 2, -1)$，求 $\sigma(\xi)$ 在基 ξ_1, ξ_2, ξ_3 下的坐标.

解 (1) 由

$$\sigma(\xi_1) = (-5, 0, 3) = 2\xi_1 - \xi_2 - \xi_3，$$

$$\sigma(\xi_2) = (0, -1, 6) = 3\xi_1 + \xi_3，$$

$$\sigma(\xi_3) = (-4, -1, 0) = \xi_1 - 2\xi_2 - \xi_3．$$

可知，σ 在基 ξ_1, ξ_2, ξ_3 下的矩阵为

$$A = \begin{pmatrix} 2 & 3 & 1 \\ -1 & 0 & -2 \\ -1 & 1 & -1 \end{pmatrix}．$$

而由

$\xi_1 = (-1,0,2) = -\varepsilon_1 + 2\varepsilon_3$，$\xi_2 = (0,1,1) = \varepsilon_2 + \varepsilon_3$，$\xi_3 = (3,-1,0) = 3\varepsilon_1 - \varepsilon_2$．

可得，标准基到基 ξ_1, ξ_2, ξ_3 的过渡矩阵为

$$T = \begin{bmatrix} -1 & 0 & 3 \\ 0 & 1 & -1 \\ 2 & 1 & 0 \end{bmatrix}.$$

又因为

$$\sigma(\xi_1, \xi_2, \xi_3) = (\xi_1, \xi_2, \xi_3)A,$$

所以，σ 在标准基下的矩阵为

$$B = TAT^{-1} = \frac{1}{7} \begin{bmatrix} -3 & 19 & -19 \\ -4 & -5 & -2 \\ 9 & 27 & 15 \end{bmatrix}.$$

（2）由 $\xi = (2,2,-1) = 2\varepsilon_1 + 2\varepsilon_2 - \varepsilon_3$

$$= (\varepsilon_1, \varepsilon_2, \varepsilon_3) \begin{bmatrix} 2 \\ 2 \\ -1 \end{bmatrix}.$$

可知

$$\sigma(\xi) = \sigma(\varepsilon_1, \varepsilon_2, \varepsilon_3) \begin{bmatrix} 2 \\ 2 \\ -1 \end{bmatrix}$$

$$= (\varepsilon_1, \varepsilon_2, \varepsilon_3) B \begin{bmatrix} 2 \\ 2 \\ -1 \end{bmatrix}$$

$$= (\xi_1, \xi_2, \xi_3) T^{-1} B \begin{bmatrix} 2 \\ 2 \\ -1 \end{bmatrix}$$

$$= (\xi_1, \xi_2, \xi_3) \begin{bmatrix} 3\dfrac{3}{7} \\ 1\dfrac{2}{7} \\ 3\dfrac{4}{7} \end{bmatrix}.$$

例 7.16 设 A 是一个 $n \times n$ 矩阵，$A^2 = A$．证明：A 相似于一个对角矩阵

$$B = \begin{bmatrix} 1 & & & & & & \\ & 1 & & & & & \\ & & \ddots & & & & \\ & & & 1 & & & \\ & & & & 0 & & \\ & & & & & \ddots & \\ & & & & & & 0 \end{bmatrix},$$

其中 1 的个数等于秩 (A).

证 取一 n 维线性空间 V 以及 V 的一组基 ε_1，ε_2，$\cdots$，ε_n. 定义线性变换 σ 如下

$$\sigma(\varepsilon_1,\varepsilon_2,\cdots,\varepsilon_n) = (\varepsilon_1,\varepsilon_2,\cdots,\varepsilon_n)\, A.$$

现来证明，找到 V 的另一组基，使 σ 关于这组基的矩阵就是 B.

由 $A^2 = A$，可知 $\sigma^2 = \sigma$. 我们取 $\sigma(V)$ 的一组基 $\eta_1,\eta_2,\cdots,\eta_r$，令 $\sigma(\alpha_i) = \eta_i, i = 1, 2,\cdots,r$，可知

$$\sigma(\eta_i) = \sigma(\sigma(\alpha_i)) = \sigma^2(\alpha_i) = \sigma(\alpha_i) = \eta_i, (i = 1,2,\cdots,r),$$

即

$$\alpha_i = \eta_i, i = 1,2,\cdots,r.$$

因此 $\eta_1,\eta_2,\cdots,\eta_r$ 的原像也是 $\eta_1,\eta_2,\cdots,\eta_r$. 再取 $Ker(\sigma)$ 的一组基 $\eta_{r+1},\eta_{r+2},\cdots,\eta_n$. 由定理 7.1 可知

$$\eta_1,\eta_2,\cdots,\eta_r，\eta_{r+1},\eta_{r+2},\cdots,\eta_n$$

是 V 的一组基，且 $\sigma(\eta_i) = \eta_i, i = 1,2,\cdots,r$，$\sigma(\eta_j) = 0, j = r+1, r+2,\cdots,n$. 因此 σ 关于这组基的矩阵就是 B，由此可知 A 与 B 相似.

7.4 特征值与特征向量

由 7.3 小节知，取了一个基之后，线性变换就可以用矩阵来表示. 那么我们希望能找到一个基使得它的矩阵具有最简单的形式. 本节我们就来研究这个问题.

定义 7.5 设 σ 是数域 P 上线性空间 V 的一个线性变换，λ 是 P 中一个数. 如果存在 V 中非零向量 ξ，使得

$$\sigma(\xi) = \lambda\xi. \tag{7.5}$$

那么 λ 就叫做 σ 的一个特征值，而 ξ 叫做 σ 的属于特征值 λ 的一个特征向量.

显然，如果 ξ 是 σ 的属于特征值 λ 的特征向量，那么 ξ 的任何一个非零倍数 $a\xi$ 也是 σ 的属于特征值 λ 的特征向量. 因为对于任意非零 $a \in P$，都有

$$\sigma(a\xi) = a\sigma(\xi) = a\lambda\xi = \lambda(a\xi).$$

例 7.17 任何非零向量是位似变换 $\sigma : \xi \mapsto k\xi$ 的属于特征值 k 的特征向量. 当 $k = 1$ 时是单位线性变换，那么任何非零向量是单位线性变换的属于特征值 1 的特征向量；当 $k = 0$ 时是零变换，那么任何非零向量是零变换的属于特征值 0 的特征向量. 因为对线性空间 V 中任一非零向量 ξ，有

$$\sigma(\xi) = k\xi ; \iota(\xi) = \xi = 1 \cdot \xi ; \theta(\xi) = 0 = 0 \cdot \xi.$$

例 7.18 设 σ 是线性空间 V 的可逆线性变换，证明：如果 λ 是 σ 的一个特征值，那么 $\lambda \neq 0$，且 λ^{-1} 是 σ^{-1} 的一个特征值.

证 由 λ 是 σ 的一个特征值，得

$$\sigma(\xi) = \lambda\xi ,$$

又由 σ 可逆，得

$$\sigma^{-1}(\sigma(\xi)) = \sigma^{-1}(\lambda\xi) ,$$

进而得

$$\xi = \lambda \sigma^{-1}(\xi).$$

因 $\xi \neq 0$，得 $\lambda \neq 0$ 且

$$\sigma^{-1}(\xi) = \lambda^{-1} \xi.$$

现在给出求特征值和特征向量的方法. 设 V 是数域 P 上一个 n 维线性空间. 取定 V 的一个基 $\{\alpha_1, \alpha_2, \cdots, \alpha_n\}$，令线性变换 σ 关于这个基的矩阵是 $A = (a_{ij})_{n \times n}$.

如果 $\xi = x_1 \alpha_1 + x_2 \alpha_2 + \cdots + x_n \alpha_n$ 是线性变换 σ 的属于特征值 λ 的一个特征向量，那么由式（7.5）和定理 7.3，我们有

$$A \begin{bmatrix} x_1 \\ x_2 \\ \vdots \\ x_n \end{bmatrix} = \lambda \begin{bmatrix} x_1 \\ x_2 \\ \vdots \\ x_n \end{bmatrix},$$

即

$$(\lambda E - A) \begin{bmatrix} x_1 \\ x_2 \\ \vdots \\ x_n \end{bmatrix} = \begin{bmatrix} 0 \\ 0 \\ \vdots \\ 0 \end{bmatrix}. \tag{7.6}$$

因为 $\xi \neq 0$，所以齐次线性方程组（7.6）有非零解. 因而系数行列式

$$|\lambda E - A| = \begin{vmatrix} \lambda - a_{11} & -a_{12} & \cdots & -a_{1n} \\ -a_{21} & \lambda - a_{22} & \cdots & -a_{2n} \\ \vdots & \vdots & & \vdots \\ -a_{n1} & -a_{n2} & \cdots & \lambda - a_{nn} \end{vmatrix} = 0. \tag{7.7}$$

反过来，如果 λ 满足等式（7.7），那么齐次线性方程组（7.6）有非零解 $(x_1, x_2, \cdots, x_n)$，因而 $\xi = x_1 \xi_1 + x_2 \xi_2 + \cdots + x_n \xi_n$ 满足等式（7.5），即 λ 是 σ 的一个特征值.

等式（7.7）中的行列式很重要. 我们引入定义 7.6.

定义 7.6 设 A 是数域 P 上一个 n 级矩阵. 行列式

$$f_A(\lambda) = |\lambda E - A| = \begin{vmatrix} \lambda - a_{11} & -a_{12} & \cdots & -a_{1n} \\ -a_{21} & \lambda - a_{22} & \cdots & -a_{2n} \\ \vdots & \vdots & & \vdots \\ -a_{n1} & -a_{n2} & \cdots & \lambda - a_{nn} \end{vmatrix}$$

叫做矩阵 A 的**特征多项式**. 这是数域 P 上关于 λ 的一个 n 次多项式.

将矩阵 A 的特征多项式 $f_A(\lambda) = |\lambda E - A|$ 这个行列式展开，得到 $P[\lambda]$ 中一个多项式. 其中有一项是主对角线上元素的乘积

$$(\lambda - a_{11})(\lambda - a_{22}) \cdots (\lambda - a_{nn}).$$

行列式的展开式中其余的项至多含有 $n - 2$ 个主对角线上的元素. 因此，$f_A(\lambda)$ 中含 λ

的 n 次与 $n-1$ 次的项只能在主对角线上元素的连乘积中出现，即
$$f_A(\lambda) = \lambda^n - (a_{11} + a_{22} + \cdots + a_{nn})\lambda^{n-1} + \cdots + (-1)^n |A|.$$
这里没有写出的项的次数至多是 $n-2$.

在 $f_A(\lambda)$ 中，λ^{n-1} 的系数乘以 -1 就是矩阵 A 的主对角线上元素的和，叫做**矩阵 A 的迹**. 并且记作 $Tr(A)$
$$Tr(A) = a_{11} + a_{22} + \cdots + a_{nn}.$$
其次，在特征多项式中，令 $\lambda = 0$ 得
$$f_A(0) = (-1)^n |A|.$$
也就是说，**特征多项式 $f_A(\lambda)$ 的常数项等于 A 的行列式乘以 $(-1)^n$**.

很显然，对矩阵 A 的特征多项式 $f_A(\lambda) = |\lambda E - A|$，有
$$f_A(A) = A^n - (a_{11} + a_{22} + \cdots + a_{nn})A^{n-1} + \cdots + (-1)^n |A| E = 0.$$
这就是哈密顿—凯莱（Hamilton-Cayley）定理.

我们知道线性变换在不同基下的矩阵是相似的. 现在设线性变换 σ 关于 V 的另一个基的矩阵是 B. 那么 A 与 B 相似，设存在可逆矩阵 T，使
$$B = T^{-1}AT.$$
因为
$$T^{-1}ET = E,$$
所以
$$\lambda E - B = \lambda T^{-1}ET - T^{-1}AT = T^{-1}(\lambda E - A)T.$$
于是，
$$f_B(\lambda) = |\lambda E - B| = |T^{-1}(\lambda E - A)T| = |T^{-1}||\lambda E - A||T| = |\lambda E - A| = f_A(\lambda).$$
即 A 与 B 有相同的特征多项式. 也就是说，**相似的矩阵有相同的特征多项式**.

定义 7.7 线性变换 σ 关于任一组基的矩阵的特征多项式 $f_A(\lambda)$ 称为线性变换 σ 的特征多项式 $f_\sigma(\lambda)$.

由此，我们可得定理 7.5.

定理 7.5 设 σ 是数域 P 上 n 维线性空间 V 的一个线性变换. $\lambda \in P$ 是 σ 的一个特征值必要且只要 λ 是 σ 的特征多项式 $f_\sigma(\lambda)$ 的一个根.

现在我们给出求线性变换的特征值与特征向量的步骤：

（1）在线性空间 V 中取一个基 $\{\alpha_1, \alpha_2, \cdots, \alpha_n\}$，写出 σ 关于这个基的矩阵 A.

（2）求出 A 的特征多项式 $|\lambda E - A|$ 在数域 P 中全部的根，它们也就是线性变换 σ 的全部特征值.

（3）把所求得的特征值逐个地代入方程组
$$(\lambda E - A)\begin{bmatrix} x_1 \\ x_2 \\ \vdots \\ x_n \end{bmatrix} = \begin{bmatrix} 0 \\ 0 \\ \vdots \\ 0 \end{bmatrix},$$

对于每一个特征值，求这个方程组的一组基础解系，它们就是属于这个特征值的几个线性无关的特征向量在基 $\{\alpha_1,\alpha_2,\cdots,\alpha_n\}$ 下的坐标，这样，就求出了属于每个特征值的全部线性无关的特征向量.

例 7.19 设实数域 **R** 上三维线性空间的线性变换 σ 关于一个基 $\{\alpha_1,\alpha_2,\alpha_3\}$ 的矩阵是

$$A = \begin{pmatrix} -2 & 1 & 1 \\ 0 & 2 & 0 \\ -4 & 1 & 3 \end{pmatrix},$$

求 σ 的特征根和相应的特征向量.

解 先写出矩阵 A 的特征多项式

$$f_A(\lambda) = \begin{vmatrix} \lambda+2 & -1 & -1 \\ 0 & \lambda-2 & 0 \\ 4 & -1 & \lambda-3 \end{vmatrix} = (\lambda+1)(\lambda-2)^2,$$

它有实根 $\lambda_1 = -1, \lambda_2 = \lambda_3 = 2$.

对 $\lambda_1 = -1$，我们解出齐次线性方程组

$$(-E-A)\begin{bmatrix} x_1 \\ x_2 \\ x_3 \end{bmatrix} = 0$$

的基础解系是 $(1,0,1)$. 因此，属于特征值 -1 的全部特征向量是

$$k_1(\alpha_1+\alpha_3),\ (k_1 \neq 0).$$

对 $\lambda_2 = \lambda_3 = 2$，我们解出齐次线性方程组

$$(2E-A)\begin{bmatrix} x_1 \\ x_2 \\ x_3 \end{bmatrix} = 0.$$

的基础解系是 $(1,0,4),\ (0,1,-1)$. 因此，属于特征值 2 的全部特征向量是

$$k_2(\alpha_1+4\alpha_3)+k_3(\alpha_2-\alpha_3)\quad (k_2,k_3\ 不全为零的实数).$$

以下我们来看看**特征值和特征向量的性质**：

(1) 线性变换 σ 的属于同一个特征值的特征向量的非零线性组合仍是 σ 的属于这个特征值的特征向量；因为由 $\sigma(\xi_1) = \lambda\xi_1$, $\sigma(\xi_2) = \lambda\xi_2$，可得

$$\sigma(k_1\xi_1+k_2\xi_2) = k_1(\lambda\xi_1)+k_2(\lambda\xi_2) = \lambda(k_1\xi_1+k_2\xi_2), (k_1,k_2\ 不全为零).$$

所以 $k_1\xi_1+k_2\xi_2$ 仍然是 σ 的属于这个特征值 λ 的特征向量.

(2) 线性变换 σ 的属于不同特征值的特征向量的和不再是 σ 的特征向量；

事实上，如果

$$\sigma(\xi_1) = \lambda_1\xi_1,\ \sigma(\xi_2) = \lambda_2\xi_2,\ \lambda_1 \neq \lambda_2,$$

那么

$$\sigma(\xi_1+\xi_2) = \lambda_1\xi_1+\lambda_2\xi_2 \neq \lambda(\xi_1+\xi_2).$$

（3）线性变换 σ 的属于两两不同特征值的特征向量是线性无关的.

如果

$$\sigma(\xi_1) = \lambda_1 \xi_1 , \ \sigma(\xi_2) = \lambda_2 \xi_2 , \ \lambda_1 \neq \lambda_2.$$

设

$$k_1 \xi_1 + k_2 \xi_2 = 0,$$

那么，

$$\sigma(k_1 \xi_1 + k_2 \xi_2) = k_1(\lambda_1 \xi_1) + k_2(\lambda_2 \xi_2) = \lambda_1 k_1 \xi_1 + \lambda_2 k_2 \xi_2 = \sigma(0) = 0.$$

但另一方面又有

$$\lambda_2(k_1 \xi_1 + k_2 \xi_2) = \lambda_2 k_1 \xi_1 + \lambda_2 k_2 \xi_2 = 0.$$

将上述二式相减，得 $(\lambda_2 - \lambda_1)k_1 \xi_1 = 0$. 但是 $\lambda_2 - \lambda_1 \neq 0, \xi_1 \neq 0$，于是必有 $k_1 = 0$. 再将 $k_1 = 0$ 代入 $k_1 \xi_1 + k_2 \xi_2 = 0$，并且由 $\xi_2 \neq 0$，又得到 $k_2 = 0$. 所以 ξ_1, ξ_2 线性无关.

进一步有

（3′）设 $\lambda_1, \lambda_2, \cdots, \lambda_t$ 是数域 P 上 n 维线性空间 V 的线性变换 σ 的互不相同的特征值. $\xi_{i1}, \xi_{i2}, \cdots, \xi_{ir_i}$ 是 σ 的属于特征值 $\lambda_i (i = 1, 2, \cdots, t)$ 的线性无关的特征向量，那么向量 $\xi_{11}, \xi_{12}, \cdots, \xi_{1r_1}, \xi_{21}, \xi_{22}, \cdots, \xi_{2r_2}, \cdots, \xi_{t1}, \xi_{t2}, \cdots, \xi_{tr_t}$ 线性无关.

n 级矩阵 A 的特征多项式 $f_A(\lambda)$ 在复数域 $\mathbf{C}$ 内的根称为**矩阵 A 的特征根**. 设 λ 是矩阵 A 的一个特征根，那么齐次线性方程组（7.6）的一个非零解就是**矩阵 A 的属于特征根 λ 的一个特征向量**. 因此对应有如下式子

$$A\xi = \lambda\xi (\xi \neq 0).$$

由于数域 P 上每一个 n 级矩阵都可以看成 P 上一个 n 维线性空间 V 的某一线性变换 σ 关于取定的一个基的矩阵，所以矩阵 A 的属于 P 的特征根就是 σ 的特征值，而 A 的属于 λ 的特征向量就是 σ 的属于 λ 的特征向量关于所给定基的坐标.

例 7.20 求矩阵

$$A = \begin{pmatrix} 1 & 2 & 2 \\ 2 & 1 & -2 \\ -2 & -2 & 1 \end{pmatrix}$$

的特征根和相应的特征向量.

解 由矩阵 A 的特征多项式

$$f_A(\lambda) = \begin{vmatrix} \lambda-1 & -2 & -2 \\ -2 & \lambda-1 & 2 \\ 2 & 2 & \lambda-1 \end{vmatrix} = (\lambda+1)(\lambda-1)(\lambda-3),$$

得，矩阵 A 的特征根是 $1, -1, 3$.

矩阵 A 的属于特征根 1 的特征向量是齐次线性方程组

$$\begin{cases} -2x_2 - 2x_3 = 0 \\ -2x_1 + 2x_3 = 0 \\ 2x_1 - 2x_2 = 0 \end{cases}$$

的非零解，即 k_1 $(1，-1，1)，k_1 \neq 0$.

矩阵 A 的属于特征根 -1 的特征向量是齐次线性方程组

$$\begin{cases} -2x_1 - 2x_2 - 2x_3 = 0 \\ -2x_1 - 2x_2 + 2x_3 = 0 \\ 2x_1 + 2x_2 - 2x_3 = 0 \end{cases}$$

的非零解，即 $k_2(1，-1，0)，k_2 \neq 0$.

矩阵 A 的属于特征根 3 的特征向量是齐次线性方程组

$$\begin{cases} 2x_1 - 2x_2 - 2x_3 = 0 \\ -2x_1 + 2x_2 + 2x_3 = 0 \\ 2x_1 + 2x_2 + 2x_3 = 0 \end{cases}$$

的非零解，即 $k_3(0，1，-1)，k_3 \neq 0$.

我们可以很容易得到**三角矩阵的特征根就是它的全体对角元**. 这是因为，设 A 是上三角矩阵：

$$A = \begin{pmatrix} a_1 & * & \cdots & * \\ 0 & a_2 & \cdots & * \\ \vdots & \vdots & & \vdots \\ 0 & 0 & \cdots & a_n \end{pmatrix},$$

则

$$|\lambda E_n - A| = \begin{vmatrix} \lambda - a_1 & -* & \cdots & -* \\ 0 & \lambda - a_2 & \cdots & -* \\ \vdots & \vdots & & \vdots \\ 0 & 0 & \cdots & \lambda - a_n \end{vmatrix} = \prod_{i=1}^{n}(\lambda - a_i).$$

它的 n 个根就是 A 的 n 个对角元.

例 7.21 求证 n 级矩阵 A 和它的转置矩阵 A' 必有相同的特征根.

证 由矩阵转置的定义得到矩阵等式 $(\lambda E - A)' = \lambda E - A'$. 再由行列式性质知道

$$|\lambda E - A| = |(\lambda E - A)'| = |\lambda E - A'|.$$

这就说明 **A 和 A' 必有相同的特征多项式，因而必有相同的特征根**.

而由矩阵 A 的特征根与特征向量的定义，参考例 7.18 可得，**若 A 可逆，A 的特征根为 λ，则 A^{-1} 的特征根为 $\dfrac{1}{\lambda}$**.

设 $\lambda_1, \lambda_2, \cdots, \lambda_n$ 是矩阵 A 的全部特征根. 那么

$$\begin{aligned} f_A(\lambda) &= (\lambda - \lambda_1)(\lambda - \lambda_2)\cdots(\lambda - \lambda_n) \\ &= \lambda^n - (\lambda_1 + \lambda_2 + \cdots + \lambda_n)\lambda^{n-1} + \cdots + (-1)^n\lambda_1\lambda_2\cdots\lambda_n. \end{aligned}$$

比较可得

$$Tr(A) = \lambda_1 + \lambda_2 + \cdots + \lambda_n，$$
$$|A| = \lambda_1\lambda_2\cdots\lambda_n.$$

即矩阵 A 的迹等于 A 的全部特征根的和，A 的行列式等于 A 的全部特征根的乘积.

定理 7.6　设 A 为 n 级方阵，$f(x) = a_0 + a_1 x + a_2 x^2 + \cdots + a_m x^m$ 为 m 次多项式，

$$f(A) = a_0 E_n + a_1 A + a_2 A^2 + \cdots + a_m A^m$$

为对应的 A 的方阵多项式，如果 $A\xi = \lambda\xi$，则必有 $f(A)\xi = f(\lambda)\xi$. 这说明 $f(\lambda)$ 必是 $f(A)$ 的特征根. 特别，当 $f(A) = 0$ 时，必有 $f(\lambda) = 0$，即当 $f(A) = 0$ 时，A 的特征根必是对应的 m 次多项式 $f(x)$ 的根.

由定理 7.6 可知，求方阵多项式特征根的方法. **只要 λ 是 A 的一个特征根，那么 $f(\lambda)$ 一定是 $f(A)$ 的特征根. 特征向量相同.**

例 7.22　设 $A = \begin{pmatrix} 1 & 2 \\ 0 & 3 \end{pmatrix}$，求 $B = A^2 - 2A + 3E$ 的所有特征根. 并求 $|B|$.

解　因为上三角矩阵 A 的特征值就是它的对角元 1 和 3，而由 $B = A^2 - 2A + 3E$ 知道，对应的多项式为 $f(\lambda) = \lambda^2 - 2\lambda + 3$，所以 B 的特征根就是 $f(1) = 2$，$f(3) = 6$. 那么，$|B| = 2 \cdot 6 = 12$.

7.5　可以对角化

设 σ 是数域 P 上 n 维线性空间 V 的一个线性变换. 如果存在 V 的一个基，使得 σ 关于这个基的矩阵具有对角形式

$$\Lambda = \begin{pmatrix} \lambda_1 & & & \\ & \lambda_2 & & \\ & & \ddots & \\ & & & \lambda_n \end{pmatrix}.$$

那么就说，**σ 可以对角化.** 类似地，设 A 是数域 P 上一个 n 级矩阵. 如果存在 P 上一个 n 级可逆矩阵 T，使 $T^{-1}AT = \Lambda$，即 A 与对角形矩阵 Λ 相似. 那么就说**矩阵 A 可以对角化.** Λ 称为 A 的**相似标准形.**

由线性变换和矩阵的关系，我们可以得到定理 7.7.

定理 7.7　设 σ 是数域 P 上 n 维线性空间 V 的一个线性变换. $\{\alpha_1, \alpha_2, \cdots, \alpha_n\}$ 是 V 的一个基，线性变换 σ 关于这个基的矩阵是 A. 那么 σ 可以对角化的充要条件是矩阵 A 可以对角化.

证　**充分性**

因为 σ 可以对角化，则可以找到 V 一个基 $\{\beta_1, \beta_2, \cdots, \beta_n\}$，使 σ 关于这个基的矩阵是对角形矩阵 Λ，即

$$\sigma(\beta_1, \beta_2, \cdots, \beta_n) = (\beta_1, \beta_2, \cdots, \beta_n)\Lambda.$$

那么 A 与 Λ 相似. 即 A 可以对角化.

证　**必要性**

由 A 可以对角化，则存在可逆矩阵 T，使 $T^{-1}AT = \Lambda$（对角形矩阵）.

令

$$(\beta_1,\beta_2,\cdots,\beta_n) = (\alpha_1,\alpha_2,\cdots,\alpha_n)T.$$

那么 $\beta_1,\beta_2,\cdots,\beta_n$ 是 V 的基. 且

$$\sigma(\beta_1,\beta_2,\cdots,\beta_n) = \sigma(\alpha_1,\alpha_2,\cdots,\alpha_n)T = (\alpha_1,\alpha_2,\cdots,\alpha_n)AT$$

$$= (\beta_1,\beta_2,\cdots,\beta_n)T^{-1}AT = (\beta_1,\beta_2,\cdots,\beta_n)\Lambda,$$

即 σ 关于基 $\beta_1,\beta_2,\cdots,\beta_n$ 的矩阵是对角形矩阵 Λ，所以 σ 可以对角化.

由前面我们知道 σ 属于不同特征值的特征向量是线性无关的. 由此可得定理 7.8.

定理 7.8 设 σ 是数域 P 上 n 维线性空间 V 的一个线性变换. 则 σ 可对角化 $\Leftrightarrow \sigma$ 有 n 个线性无关的特征向量 $\alpha_1,\alpha_2,\cdots,\alpha_n$. 此时，$\sigma$ 关于 V 的基 $\alpha_1,\alpha_2,\cdots,\alpha_n$ 的矩阵就是对角形矩阵

$$\Lambda = \begin{pmatrix} \lambda_1 & & & \\ & \lambda_2 & & \\ & & \ddots & \\ & & & \lambda_n \end{pmatrix},$$

其中 $\lambda_1,\lambda_2,\cdots,\lambda_n$ 是 σ 的 n 个特征值 $(i=1,2,\cdots,n)$，而 α_i 是 σ 的属于特征值 λ_i 的特征向量.

证　必要性

因为 σ 可以对角化，则可以找到 V 一个基 $\alpha_1,\alpha_2,\cdots,\alpha_n$，使 σ 关于这个基的矩阵是对角形矩阵

$$\Lambda = \begin{pmatrix} \lambda_1 & & & \\ & \lambda_2 & & \\ & & \ddots & \\ & & & \lambda_n \end{pmatrix},$$

即

$$\sigma(\alpha_1,\alpha_2,\cdots,\alpha_n) = (\alpha_1,\alpha_2,\cdots,\alpha_n)\begin{pmatrix} \lambda_1 & & & \\ & \lambda_2 & & \\ & & \ddots & \\ & & & \lambda_n \end{pmatrix}$$

$$= (\lambda_1\alpha_1,\lambda_2\alpha_2,\cdots,\lambda_n\alpha_n).$$

则有

$$\sigma(\alpha_i) = \lambda_i\alpha_i \quad (i=1,2,\cdots,n).$$

所以 α_i 是 σ 的属于特征值 λ_i 的特征向量.

证　充分性

设 σ 有 n 个线性无关的特征向量 $\alpha_1,\alpha_2,\cdots,\alpha_n$，且

$$\sigma(\alpha_i) = \lambda_i\alpha_i \quad (i=1,2,\cdots,n).$$

那么

$$\sigma(\alpha_1, \alpha_2, \cdots, \alpha_n) = \sigma(\alpha_1), \sigma(\alpha_2), \cdots, \sigma(\alpha_n)$$
$$= \lambda_1 \alpha_1, \lambda_2 \alpha_2, \cdots, \lambda_n \alpha_n$$
$$= (\alpha_1, \alpha_2, \cdots, \alpha_n) \begin{bmatrix} \lambda_1 & & & \\ & \lambda_2 & & \\ & & \ddots & \\ & & & \lambda_n \end{bmatrix}.$$

即 σ 关于 V 的基 $\alpha_1, \alpha_2, \cdots, \alpha_n$ 的矩阵就是对角形矩阵 Λ，所以 σ 可以对角化.

和定理 7.8 平行，矩阵的说法是：n 级矩阵 A 可对角化 $\Longleftrightarrow A$ 有 n 个线性无关的特征向量 $\alpha_1, \alpha_2, \cdots, \alpha_n$. 此时 $T^{-1}AT = \Lambda$. 其中

$$T = (\alpha_1, \alpha_2, \cdots, \alpha_n), \quad \Lambda = \begin{bmatrix} \lambda_1 & & & \\ & \lambda_2 & & \\ & & \ddots & \\ & & & \lambda_n \end{bmatrix}.$$

推论 7.1　设 σ 是数域 P 上 n 维线性空间 V 的一个线性变换. 如果 σ 的特征多项式 $f_\sigma(\lambda)$ 在 P 内有 n 个单根，那么存在 V 的一个基，使 σ 关于这个基的矩阵是对角形式（σ 可对角化）.

证　这时 σ 的特征多项式 $f_\sigma(\lambda)$ 在 $P[\lambda]$ 内可以分解成为线性因子的乘积：

$$f_\sigma(\lambda) = (\lambda - \lambda_1)(\lambda - \lambda_2) \cdots\cdots (\lambda - \lambda_n),$$

$\lambda_i \in P$，且两两不同. 对于每一个 λ_i，选取一个特征向量 $\xi_i, (i = 1, 2, \cdots, n)$. 那么 $\xi_1, \xi_2 \cdots \xi_n$ 线性无关，因而构成 V 的一个基. σ 关于这个基的矩阵是

$$\Lambda = \begin{bmatrix} \lambda_1 & & & \\ & \lambda_2 & & \\ & & \ddots & \\ & & & \lambda_n \end{bmatrix}.$$

和推论 7.1 平行，用矩阵的说法是：如果数域 P 上 n 级矩阵 A 的特征多项式 $f_A(\lambda)$ 在 P 内有 n 个单根，那么存在一个 n 级可逆矩阵 T，使

$$T^{-1}AT = \begin{bmatrix} \lambda_1 & & & \\ & \lambda_2 & & \\ & & \ddots & \\ & & & \lambda_n \end{bmatrix}. \quad （矩阵可对角化）$$

注意：推论 7.1 的条件只是一个线性变换（矩阵）可以对角化的充分条件，但不是必要条件. 例如，n 级单位矩阵 E 本身就是对角形式，但它的特征根只有 n 重根 1.

下面给出线性变换 σ 对角化的方法及步骤：

（1）先取所给线性空间的一个基.

（2）求出线性变换 σ 关于这个基的矩阵 A 的全部特征根.

（3）对于每一特征根 λ，求出它的特征向量.

（4）如果所求的所有特征向量的个数等于线性空间的维数，那么 σ 可对角化，这些特征向量就是我们所要找的基，而关于这个基的矩阵是对角形矩阵，对角线上的元素就是 σ 的特征值.

例 7.23 在线性空间 P^3 中，定义线性变换

$$\sigma(x_1,x_2,x_3) = (x_1-3x_2+3x_3, 3x_1-5x_2+3x_3, 6x_1-6x_2+4x_3).$$

（1）求 σ 的特征值与特征向量.

（2）能否找到 P^3 的一组基，使 σ 关于这个基的矩阵是对角形矩阵？

解 （1）取 P^3 的标准基 $\varepsilon_1=(1,0,0),\varepsilon_2=(0,1,0),\varepsilon_3=(0,0,1)$. 则 σ 关于标准基的矩阵为

$$A = \begin{pmatrix} 1 & -3 & 3 \\ 3 & -5 & 3 \\ 6 & -6 & 4 \end{pmatrix}.$$

由矩阵 A 的特征多项式

$$f_A(x) = \begin{vmatrix} x-1 & 3 & -3 \\ -3 & x+5 & -3 \\ -6 & 6 & x-4 \end{vmatrix} = (x+2)^2(x-4)$$

得，σ 的特征值是 -2 和 4.

对于 σ 的属于特征值 -2 的特征向量，求得齐次线性方程组

$$\begin{cases} -3x_1+3x_2-3x_3=0 \\ -3x_1+3x_2-3x_3=0 \\ -6x_1+6x_2-6x_3=0 \end{cases}$$

的基础解系为 $(1,1,0),(-1,0,1)$. 因此，σ 的属于特征值 -2 的特征向量是

$$\varepsilon_1+\varepsilon_2, \quad -\varepsilon_1+\varepsilon_3.$$

对于 σ 的属于特征值 4 的特征向量，求得齐次线性方程组

$$\begin{cases} 3x_1+3x_2-3x_3=0 \\ -3x_1+9x_2-3x_3=0 \\ -6x_1+6x_2=0 \end{cases}$$

的基础解系为 $(1,1,2)$. 因此，σ 的属于特征值 4 的特征向量是

$$\varepsilon_1+\varepsilon_2+2\varepsilon_3.$$

（2）因为 σ 有三个线性无关的特征向量，所以 σ 可对角化. 即可找到一组基 $\varepsilon_1+\varepsilon_2, -\varepsilon_1+\varepsilon_3, \varepsilon_1+\varepsilon_2+2\varepsilon_3$，使得 σ 关于这组基的矩阵是对角形矩阵

$$\begin{pmatrix} -2 & & \\ & -2 & \\ & & 4 \end{pmatrix}.$$

最后来介绍一下特征子空间的概念.

设 σ 是数域 P 上线性空间 V 的一个线性变换，λ 是 σ 的一个特征值. 令

$$V_\lambda = \{ \xi \in V \mid \sigma(\xi) = \lambda \xi \}.$$

也就是 σ 的属于 λ 的全部特征向量再添上零向量所成的集合,是 V 的一个子空间. 这个子空间叫做 σ 的属于特征值 λ 的**特征子空间**.

由定理 7.8 可知,如果 σ 的特征向量的个数等于空间的维数,那么这个线性变换关于一个合适的基的矩阵是对角矩阵;如果它们的个数少于空间的维数,那么这个线性变换关于任何一个基的矩阵都不能是对角形的. 换句话说,**σ 关于某一组基的矩阵成对角形的充要条件是 σ 的每一个特征值 λ 的特征子空间的维数等于 λ 的重数. 也就是,特征子空间 V_{λ_1},V_{λ_2},$\cdots$,V_{λ_r} 的维数之和等于空间的维数.**

用矩阵的说法得定理 7.9.

定理 7.9 设 A 是数域 P 上一个 n 级矩阵. A 可对角化的充分必要条件是

(1) A 的特征根都在 P 内;

(2) 对于 A 的每一特征根 λ,秩 $(\lambda E - A) = n - s$,这里 s 是 λ 的重数.

例如:矩阵

$$A = \begin{pmatrix} 1 & 0 \\ 3 & 1 \end{pmatrix}$$

不能对角化,因为 A 的特征根 1 是二重根,而秩 $(E - A) = 1 \neq n - s = 0$,

由定理 7.9 知,如果对于每一特征根 λ 来说,相应的齐次线形方程组的基础解系所含解向量的个数等于 λ 的重数,那么 A 可对角化,以这些解向量为列,作一个 n 级矩阵 T,显然 T 的列向量线性无关,因而是一个可逆矩阵,并且 $T^{-1}AT$ 是对角形矩阵.

例 7.24 判断矩阵 $A = \begin{bmatrix} 3 & 2 & -1 \\ -2 & -2 & 2 \\ 3 & 6 & -1 \end{bmatrix}$ 是否可对角化? 并求 A^{10}.

解 A 的特征多项式是

$$\begin{vmatrix} x-3 & -2 & 1 \\ 2 & x+2 & -2 \\ -3 & -6 & x+1 \end{vmatrix} = (x-2)^2(x+4).$$

即 A 的特征根是 2,2,-4.

对于特征根 -4,求出齐次线性方程组

$$\begin{pmatrix} -7 & -2 & 1 \\ 2 & -2 & -2 \\ -3 & -6 & -3 \end{pmatrix} \begin{bmatrix} x_1 \\ x_2 \\ x_3 \end{bmatrix} = \begin{bmatrix} 0 \\ 0 \\ 0 \end{bmatrix}$$

的一个基础解系为 $\left(\dfrac{1}{3}, -\dfrac{2}{3}, 1 \right)$.

对于特征根 2,求出齐次线性方程组

$$\begin{pmatrix} -1 & -2 & 1 \\ 2 & 4 & -2 \\ -3 & -6 & 3 \end{pmatrix} \begin{bmatrix} x_1 \\ x_2 \\ x_3 \end{bmatrix} = \begin{bmatrix} 0 \\ 0 \\ 0 \end{bmatrix}$$

的一个基础解系 $\{(-2,\ 1,\ 0)),(1,\ 0,\ 1)\}$. 由于基础解系所含解向量的个数都等于对应的特征根的重数，所以 A 可以对角化，取

$$T = \begin{pmatrix} \dfrac{1}{3} & -2 & 1 \\[2mm] -\dfrac{2}{3} & 1 & 0 \\[2mm] 1 & 0 & 1 \end{pmatrix},$$

那么

$$T^{-1}AT = \begin{pmatrix} -4 & 0 & 0 \\ 0 & 2 & 0 \\ 0 & 0 & 2 \end{pmatrix}.$$

又由

$$A = T\begin{pmatrix} -4 & 0 & 0 \\ 0 & 2 & 0 \\ 0 & 0 & 2 \end{pmatrix}T^{-1},$$

得

$$A^{10} = T\begin{pmatrix} (-4)^{10} & 0 & 0 \\ 0 & 2^{10} & 0 \\ 0 & 0 & 2^{10} \end{pmatrix}T^{-1} = 2^{10}\begin{pmatrix} -\dfrac{1}{3}\times 2^9 + \dfrac{7}{6} & -\dfrac{1}{3}\times 2^{10} + \dfrac{1}{3} & \dfrac{1}{3}\times 2^9 + \dfrac{1}{2} \\[2mm] \dfrac{1}{3}\times 2^{10} - \dfrac{1}{3} & \dfrac{1}{3}\times 2^{11} + \dfrac{1}{3} & -\dfrac{1}{3}\times 2^{10} \\[2mm] \dfrac{1}{2} - 2^9 & 1 - 2^{10} & 2^9 \end{pmatrix}.$$

7.6 不变子空间

这一节我们来介绍一下不变子空间的概念，并利用不变子空间的概念来说明线性变换的矩阵的化简与线性变换的内在联系.

定义 7.8 设 σ 是数域 P 上线性空间 V 的一个线性变换. 如果 V 的一个子空间 W 中的向量在 σ 之下的像仍在 W 中（即 $\sigma(W) \subseteq W$）. 也就是说，对于 W 中任一向量 ξ，有 $\sigma(\xi) \in W$，我们就称 W 是 σ 的不变子空间，简称 σ-子空间.

注意：不变子空间是指关于某个线性变换而言的.

前面所介绍的 σ 的属于特征根 λ 的特征子空间 V_λ 就是 σ-子空间. 这是因为在 V_λ 中任取一向量 ξ，都有

$$\sigma\left(\sigma\left(\xi\right) = \sigma\left(\lambda\xi\right) = \lambda\sigma\left(\xi\right),$$

所以

$$\sigma(\xi) \in V_\lambda.$$

例 7.25 V 本身和零子空间 $\{0\}$，对于任意线性变换 σ 来说都是 σ-子空间.

例 7.26 σ 的核 $Ker(\sigma)$ 和像 $\mathrm{Im}(\sigma)$ 都是 σ-子空间.

因为对于任意 $\xi \in Ker(\sigma)$，都有 $\sigma(\xi) = 0$，则 $\sigma(\sigma(\xi)) = \sigma(0) = 0$，即 $\sigma(\xi) \in Ker(\sigma)$，所以 $Ker(\sigma)$ 是 σ-子空间. 至于 $\mathrm{Im}(\sigma)$ 是 σ-子空间，是显然的.

例 7.27 V 的任意子空间是任意位似变换的不变子空间.

例 7.28 若线性变换 σ 与 τ 是可交换的，则 τ 的核与像都是 σ-子空间.

因为在 τ 的核 $Ker(\tau)$ 中任取一向量 ξ，则

$$\tau(\sigma(\xi)) = (\tau\sigma)\xi = (\sigma\tau)\xi = \sigma(\tau(\xi)) = \sigma(0) = 0.$$

所以 $\sigma(\xi) \in Ker(\tau)$，这就证明了 τ 的核 $Ker(\tau)$ 是 σ-子空间.

同样，在 τ 的像 $\mathrm{Im}(\tau)$ 中任取一向量 $\tau(\eta)$，则

$$\sigma(\tau(\eta)) = (\sigma\tau)\eta = (\tau\sigma)\eta = \tau(\sigma(\eta)) \in \mathrm{Im}(\tau).$$

所以 τ 的像 $\mathrm{lm}(\tau)$ 是 σ-子空间.

命题 7.1 设 σ 是数域 P 上线性空间 V 的一个线性变换，$\varepsilon_1, \varepsilon_2, \cdots, \varepsilon_r$ 是 V 的一个非零子空间 W 的一个基，则 W 是 σ-子空间 $\Leftrightarrow \sigma(\varepsilon_1), \sigma(\varepsilon_2), \cdots, \sigma(\varepsilon_r)$ 全在 W 中.

证 必要性是显然的.

现证充分性：在 W 中任取一向量 ξ，则由 $\varepsilon_1, \varepsilon_2, \cdots, \varepsilon_r$ 是 W 的一个基，可得

$$\xi = k_1\varepsilon_1 + k_2\varepsilon_2 + \cdots + k_r\varepsilon_r.$$

又由 $\sigma(\varepsilon_1), \sigma(\varepsilon_2), \cdots, \sigma(\varepsilon_r)$ 全在 W 中，且 W 是 V 的子空间，得

$$\sigma(\xi) = \sigma(k_1\varepsilon_1 + k_2\varepsilon_2 + \cdots + k_r\varepsilon_r) = k_1\sigma(\varepsilon_1) + k_2\sigma(\varepsilon_2) + \cdots + k_r\sigma(\varepsilon_r) \in W.$$

所以 W 是 σ-子空间.

例 7.29 设 $\varepsilon_1, \varepsilon_2, \varepsilon_3, \varepsilon_4$ 是线性空间 V 的一组基，$\sigma \in L(V)$ 且

$$\sigma(\varepsilon_1, \varepsilon_2, \varepsilon_3, \varepsilon_4) = (\varepsilon_1, \varepsilon_2, \varepsilon_3, \varepsilon_4)A,$$

$$A = \begin{pmatrix} 1 & -1 & -1 & 2 \\ 0 & 1 & 0 & 0 \\ 2 & 3 & 1 & -1 \\ 1 & -2 & -2 & -1 \end{pmatrix}.$$

$$W = L(\varepsilon_1, \varepsilon_3, \varepsilon_4).$$

求证：W 是 σ-子空间.

证 由 $\varepsilon_1, \varepsilon_3, \varepsilon_4$ 线性无关，得 $\varepsilon_1, \varepsilon_3, \varepsilon_4$ 是 W 的一组基，又由

$$\sigma(\varepsilon_1) = \varepsilon_1 + 2\varepsilon_3 + \varepsilon_4 \in W,$$

$$\sigma(\varepsilon_3) = -\varepsilon_1 + \varepsilon_3 - 2\varepsilon_4 \in W,$$

$$\sigma(\varepsilon_4) = 2\varepsilon_1 - \varepsilon_3 - \varepsilon_4 \in W.$$

所以 W 是 σ-子空间.

命题 7.2 $\sigma \in L(V)$，则 σ-子空间的交与和仍是 σ-子空间.

证 设 W_1, W_2 是 σ-子空间，则 $W_1 \bigcap W_2$ 是 V 的子空间.

对任一 $\xi \in W_1 \bigcap W_2$，则 $\xi \in W_1$，$\xi \in W_2$，又由 W_1, W_2 是 σ-子空间，得 $\sigma(\xi) \in W_1$ 且 $\sigma(\xi) \in W_2$，所以 $\sigma(\xi) \in W_1 \bigcap W_2$. 即 $W_1 \bigcap W_2$ 是 σ-子空间.

同理，可得 $W_1 + W_2$ 也是 σ-子空间.

设 W 是线性变换 σ 的一个不变子空间，只考虑 σ 在 W 上的作用，就得到子空间 W 本身的一个线性变换，称为 σ **在 W 上的限制**，并且记作 $\sigma\mid_W$. 这样，对于任意 $\xi \in W$，有

$$(\sigma\mid_W)\xi = \sigma(\xi).$$

然而如果 $\xi \notin W$，那么 $(\sigma\mid_W)\xi$ 没有意义.

下面讨论不变子空间和线性变换矩阵化简之间的关系.

设 σ 是数域 P 上 n 维线性空间 V 的一个线性变换. W 是 σ 一子空间，把 W 的一个基 $\{\alpha_1,\alpha_2,\cdots,\alpha_r\}$ 扩充成为 V 的一个基 $\{\alpha_1,\alpha_2,\cdots,\alpha_r,\alpha_{r+1},\cdots,\alpha_n\}$. 那么因 $\sigma(\alpha_1),\sigma(\alpha_2),\cdots,\sigma(\alpha_r)$ 仍在 W 内，因而可以由基 $\alpha_1,\alpha_2,\cdots,\alpha_r$ 线性表示，而 $\sigma(\alpha_{r+1}),\sigma,(\alpha_{r+2}),\cdots,\sigma(\alpha_n)$ 在 V 中，可由 V 中的基线性表示，我们有：

$$\sigma(\alpha_1) = a_{11}\alpha_1 + a_{21}\alpha_2 + \cdots + a_{r1}\alpha_r,$$
$$\vdots$$
$$\sigma(\alpha_r) = a_{1r}\alpha_1 + a_{2r}\alpha_2 + \cdots + a_{rr}\alpha_r,$$
$$\sigma(\alpha_{r+1}) = a_{1,r+1}\alpha_1 + \cdots + a_{r,r+1}\alpha_r + a_{r+1,r+1}\alpha_{r+1} + \cdots + a_{n,r+1}\alpha_n,$$
$$\vdots$$
$$\sigma(\alpha_n) = a_{1n}\alpha_1 + \cdots + a_{rn}\alpha_r + a_{r+1,n}\alpha_{r+1} + \cdots + a_{nn}\alpha_n.$$

因此，σ 关于基 $\alpha_1,\alpha_2,\cdots,\alpha_n$ 的矩阵为

$$A = \begin{pmatrix} a_{11} & \cdots & a_{1r} & a_{1,r+1} & \cdots & a_{1n} \\ \vdots & & \vdots & \vdots & & \vdots \\ a_{r1} & \cdots & a_{rr} & a_{r,r+1} & \cdots & a_{rn} \\ 0 & \cdots & 0 & a_{r+1,r+1} & \cdots & a_{r+1,n} \\ \vdots & & \vdots & \vdots & & \vdots \\ 0 & \cdots & 0 & a_{n,r+1} & \cdots & a_{nn} \end{pmatrix} = \begin{pmatrix} A_1 & A_2 \\ O & A_3 \end{pmatrix}.$$

而左上角的 r 级矩阵 A_1 就是 $\sigma\mid_W$ 关于 W 的基 $\alpha_1,\alpha_2,\cdots,\alpha_r$ 的矩阵.

由此可见，如果 V 可以分解成两个 σ-子空间 W_1 和 W_2 的直和

$$V = W_1 \oplus W_2,$$

那么，选取 W_1 的一个基 $\alpha_1,\alpha_2,\cdots,\alpha_r$ 和 W_2 的一个基 $\alpha_{r+1},\cdots,\alpha_n$，凑成 V 的一个基 $\alpha_1,\alpha_2,\cdots,\alpha_r\alpha_{r+1},\cdots,\alpha_n,$. 则 σ 关于基 $\alpha_1,\alpha_2,\cdots,\alpha_r\alpha_{r+1},\cdots,\alpha_n,$ 的矩阵是

$$A = \begin{pmatrix} A_1 & O \\ O & A_2 \end{pmatrix}.$$

这里 r 级矩阵 A_1 是 $\sigma\mid_W$ 关于基 $\alpha_1,\cdots,\alpha_r$ 的矩阵，$n-r$ 级矩阵 A_2 是 $\sigma\mid_W$ 关于基 $\alpha_{r+1},\cdots,\alpha_n$ 的矩阵.

更进一步说，如果线性空间 V 可以分解成 s 个 σ-子空间 $W_1,W_2,\cdots,W_s$ 的直和，那么在每个 $W_i(i=1,2,\cdots,s)$ 中取一个基，凑成 V 的一个基，则 σ 关于这个基的矩阵就为

$$\begin{pmatrix} A_1 & & & & 0 \\ & A_2 & & & \\ & & \cdot & & \\ & & & \cdot & \\ 0 & & & & A_s \end{pmatrix}.$$

这里 A_i 是 $\sigma \mid W_i$ 关于 W_i 的基的矩阵 $(i = 1, 2, \cdots, s)$.

例 7.30　设 A 是一个 n 级矩阵，满足 $A^2 = E$. 求证：A 相似于一个对角矩阵

$$\begin{pmatrix} 1 & & & & & \\ & \ddots & & & & \\ & & 1 & & & \\ & & & -1 & & \\ & & & & \ddots & \\ & & & & & -1 \end{pmatrix}.$$

证　设 $\varepsilon_1, \varepsilon_2, \cdots, \varepsilon_n$ 是 n 维线性空间 V 的一个基. 则有一个线性变换 σ 关于这个基的矩阵是 A. 即

$$\sigma(\varepsilon_1, \varepsilon_2, \cdots, \varepsilon_n) = (\varepsilon_1, \varepsilon_2, \cdots, \varepsilon_n) A.$$

且由 $A^2 = E$，可得 $\sigma^2 = \iota$.

令 $W_1 = \{\alpha + \sigma(\alpha) \mid \alpha \in V\}$；$W_2 = \{\alpha - \sigma(\alpha) \mid \alpha \in V\}$.

则 W_1 和 W_2 是 V 的子空间. 而且

$$\sigma(\alpha + \sigma(\alpha)) = \sigma(\alpha) + \sigma^2(\alpha) = \sigma(\alpha) + \alpha \in W_1,$$
$$\sigma(\alpha - \sigma(\alpha)) = \sigma(\alpha) - \sigma^2(\alpha) = \sigma(\alpha) - \alpha = -(\alpha - \sigma(\alpha)) \in W_2.$$

所以 W_1 和 W_2 是 $\sigma-$子空间.

又由在 V 中任取一向量 β，有 $\beta = \dfrac{1}{2}(\beta + \sigma(\beta)) + \dfrac{1}{2}(\beta - \sigma(\beta))$，所以

$$V = W_1 + W_2.$$

又因为 W_1 中任一向量 α，满足 $\sigma(\alpha) = \alpha$；W_2 中任一向量 β，满足 $\sigma(\beta) = -\beta$，所以 $W_1 \bigcap W_2 = \{0\}$，即

$$V = W_1 \oplus W_2.$$

取 W_1 的一组基 $\eta_1, \eta_2, \cdots, \eta_m$，$W_2$ 的一组基 $\eta_{m+1}, \eta_{m+2}, \cdots, \eta_n$. 合成 V 的一组基，则 σ 关于这个基的矩阵为

$$\begin{pmatrix} 1 & & & & & \\ & \ddots & & & & \\ & & 1 & & & \\ & & & -1 & & \\ & & & & \ddots & \\ & & & & & -1 \end{pmatrix}.$$

所以

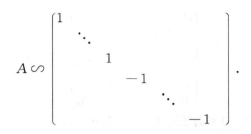

$$A \backsim \begin{bmatrix} 1 & & & & & \\ & \ddots & & & & \\ & & 1 & & & \\ & & & -1 & & \\ & & & & \ddots & \\ & & & & & -1 \end{bmatrix}.$$

习　题　7

1. 判别下面所定义的变换，哪些是线性变换，哪些不是.

(1) 在线性空间 V 中，$\sigma(\xi) = \xi + \alpha$，其中 $\alpha \in V$ 是一固定的向量；

(2) 在线性空间 V 中，$\sigma(\xi) = \alpha$，其中 $\alpha \in V$ 是一固定的向量；

(3) 在 P^3 中，$\sigma,(x_1, x_2, x_3) = (x_1^2, x_2 + x_3, x_3^2)$；

(4) 在 P^3 中，$\sigma(x_1, x_2, x_3) = (2x_1 - x_2, x_2 + x_3, x_1)$；

(5) 在 $P[x]$ 中，$\sigma f(x) = f(x+1)$；

(6) 在 $P[x]$ 中，$\sigma f(x) = f(x_0)$，其中 $x_0 \in P$ 是一固定的数.

2. 取定 $M \in P^{n \times n}$. 对于任意 $A \in P^{n \times n}$，定义：$\sigma(A) = MA - AM$.

(1) 证明：σ 是 $P^{n \times n}$ 的线性变换；

(2) 证明：对于任意 $A, B \in P^{n \times n}$，有 $\sigma(AB) = \sigma(A)B + A\sigma(B)$.

3. 在 P^4 中，定义变换
$$\sigma(x_1, x_2, x_3, x_4) = (x_1, x_1 + x_2, x_1 + x_2 + x_3, x_1 + x_2 + x_3 + x_4),$$
证明：σ 是满秩线性变换.

4. 在 $P[x]$ 中，$\sigma f(x) = f'(x)$，$\tau f(x) = x f(x)$. 证明：$\sigma \tau - \varpi = \iota$.

5. 设 $\varepsilon_1, \varepsilon_2, \cdots, \varepsilon_n$ 是线性空间 V 的一组基，σ 是 V 上的线性变换，证明：σ 可逆当且仅当 $\sigma(\varepsilon_1), \sigma(\varepsilon_2), \cdots, \sigma(\varepsilon_n)$ 线性无关.

6. 设 $\sigma \in L(V)$，$\xi \in V$，并且 $\xi, \sigma(\xi), \cdots, \sigma^{k-1}(\xi)$ 都不等于零，但 $\sigma^k(\xi) = 0$. 证明：$\xi, \sigma(\xi), \cdots, \sigma^{k-1}(\xi)$ 线性无关.

7. 设 $P^n = \{(x_1, x_2, \cdots, x_n) \mid x_i \in P\}$ 是数域 P 上 n 维行空间，定义
$$\sigma(x_1, x_2, \cdots, x_n) = (0, x_1 \cdots, x_{n-1}).$$

(1) 证明：σ 是 P^n 的一个线性变换，且 $\sigma^n = \theta$；

(2) 求 σ 的核和像的维数.

8. 求下列线性变换在所指定基下的矩阵：

(1) 第 1 题 (4) 中变换 σ 在基 $\varepsilon_1 = (1,0,0), \varepsilon_2 = (0,1,0), \varepsilon_3 = (0,0,1)$ 下的矩阵.

(2) 已知 P^3 中线性变换 σ 在基 $\eta_1 = (-1,1,1), \eta_2 = (1,0,-1), \eta_1 = (0,1,1)$ 下的矩阵是

$$\begin{bmatrix} 1 & 0 & 1 \\ 1 & 1 & 0 \\ -1 & 2 & 1 \end{bmatrix}.$$

求 σ 在基 $\varepsilon_1 = (1,0,0), \varepsilon_2 = (0,1,0), \varepsilon_3 = (0,0,1)$ 下的矩阵.

（3）在 P^3 中，定义线性变换 σ 如下

$$\begin{cases} \sigma(\eta_1) = (-5,0,3) \\ \sigma(\eta_2) = (0,-1,6) \\ \sigma(\eta_3) = (-5,-1,9) \end{cases},$$

其中

$$\begin{cases} \eta_1 = (-1,0,2) \\ \eta_2 = (0,1,1) \\ \eta_3 = (3,-1,0) \end{cases}.$$

求 σ 在基 $\varepsilon_1 = (1,0,0), \varepsilon_2 = (0,1,0), \varepsilon_3 = (0,0,1)$ 下的矩阵.

（4）同上，求 σ 在基 η_1, η_2, η_3 下的矩阵.

9. 设 $\gamma_1, \gamma_2, \cdots, \gamma_n$ 是 n 维线性空间 V 的一个基

$$\alpha_j = \sum_{i=1}^{n} a_{ij}\gamma_i, \beta_j = \sum_{i=1}^{n} b_{ij}\gamma_i \quad (j = 1,2,\cdots,n),$$

并且 $\alpha_1, \alpha_2, \cdots, \alpha_n$ 线性无关. 又设 σ 是 V 的一个线性变换，使得 $\sigma(\alpha_j) = \beta_j(j = 1,2,\cdots, n)$. 求 σ 在基 $\gamma_1, \gamma_2, \cdots, \gamma_n$ 下的矩阵.

10. 设 $\varepsilon_1, \varepsilon_2, \varepsilon_3$ 是 P^3 的标准基，求 $\sigma \in L(P^3)$，使得

$$\sigma(\varepsilon_i) = \alpha_i \quad (i = 1,2,3),$$

其中 $\alpha_1 = (1,2,3), \alpha_2 = (2,0,0), \alpha_3 = (1,1,1)$.

11. 设 $\varepsilon_1, \varepsilon_2, \varepsilon_3$ 是 P^3 的标准基，$\sigma \in L(P^3)$，且

$$\sigma(\varepsilon_1) = (1,2,3), \sigma(\varepsilon_2) = (3,1,2), \sigma(\varepsilon_3) = (2,1,3).$$

（1）求 σ 在标准基下的矩阵；

（2）对于 $\alpha_1 = (1,1,1), \alpha_2 = (3,-1,4), \alpha_3 = (4,0,5)$，求 $\sigma(\alpha_i)(i = 1,2,3)$.

12. 设 P 上三维线性空间的线性变换 σ 关于基 $\alpha_1, \alpha_2, \alpha_3$ 的矩阵是

$$\begin{bmatrix} 15 & -11 & 5 \\ 20 & -15 & 8 \\ 8 & -7 & 6 \end{bmatrix}.$$

（1）求 σ 关于下列基的矩阵

$$\begin{cases} \beta_1 = 2\alpha_1 + 3\alpha_2 + \alpha_3, \\ \beta_2 = 3\alpha_1 + 4\alpha_2 + \alpha_3, \\ \beta_3 = \alpha_1 + 2\alpha_2 + 2\alpha_3. \end{cases}$$

（2）设 $\xi = 2\alpha_1 + \alpha_2 - \alpha_3$. 求 $\sigma(\xi)$ 关于基 $\beta_1, \beta_2, \beta_3$ 的坐标.

13. 设 $\varepsilon_1, \varepsilon_2, \varepsilon_3, \varepsilon_4$ 是四维线性空间 V 的一组基，已知线性变换 σ 关于这组基的矩阵为

$$\begin{pmatrix} 1 & 0 & 2 & 1 \\ -1 & 2 & 1 & 3 \\ 1 & 2 & 5 & 5 \\ 2 & -2 & 1 & -2 \end{pmatrix}.$$

(1) 求 σ 关于基 $\eta_1 = \varepsilon_1 - 2\varepsilon_2 + \varepsilon_4, \eta_2 = 3\varepsilon_2 - \varepsilon_3 - \varepsilon_4, \eta_3 = \varepsilon_3 + \varepsilon_4, \eta_4 = 2\varepsilon_4$ 下的矩阵;

(2) 求 σ 的核与值域;

(3) 在 σ 的核中选一组基, 把它扩充成 V 的一组基, 并求 σ 关于这组基的矩阵;

(4) 在 σ 的值域中选一组基, 把它扩充成 V 的一组基, 并求 σ 关于这组基的矩阵.

14. 给定 P^3 的两组基

$$\begin{cases} \varepsilon_1 = (1,0,1) \\ \varepsilon_2 = (2,1,0), \\ \varepsilon_3 = (1,1,1) \end{cases} \quad \begin{cases} \eta_1 = (1,2,-1) \\ \eta_2 = (2,2,-1) \\ \eta_3 = (2,-1,-1) \end{cases}.$$

定义线性变换 σ:

$$\sigma(\varepsilon_i) = \eta_i (i = 1,2,3).$$

(1) 写出由基 $\varepsilon_1, \varepsilon_2, \varepsilon_3$ 到基 η_1, η_2, η_3 的过渡矩阵;

(2) 写出 σ 在基 $\varepsilon_1, \varepsilon_2, \varepsilon_3$ 下的矩阵;

(3) 写出 σ 在基 η_1, η_2, η_3 下的矩阵.

15. σ 是 n 维线性空间 V 的线性变换. 证明: σ 不可逆的充要条件是零是 σ 的一个特征根.

16. 求复数域上线性空间 V 的线性变换 σ 的特征值与特征向量, 已知 σ 在一组基下的矩阵为

(1) $A = \begin{pmatrix} 3 & 4 \\ 5 & 2 \end{pmatrix}$;   (2) $A = \begin{pmatrix} 5 & 6 & -3 \\ -1 & 0 & 1 \\ 1 & 2 & -1 \end{pmatrix}$;   (3) $A = \begin{pmatrix} 0 & 0 & 1 \\ 0 & 1 & 0 \\ 1 & 0 & 0 \end{pmatrix}$;

(4) $A = \begin{pmatrix} 3 & 3 & 2 \\ 1 & 1 & -2 \\ -3 & -1 & 0 \end{pmatrix}$; (5) $A = \begin{pmatrix} 3 & 1 & 0 \\ -4 & -1 & 0 \\ 4 & -8 & -2 \end{pmatrix}$; (6) $A = \begin{pmatrix} 1 & 1 & 1 & 1 \\ 1 & 1 & -1 & -1 \\ 1 & -1 & 1 & -1 \\ 1 & -1 & -1 & 1 \end{pmatrix}$.

17. 在上题中哪些变换的矩阵可以在适当的基下变成对角形? 在可以化成对角形的情况, 写出相应的基变换的过渡矩阵 T, 并验算 $T^{-1}AT$.

18. 设 $\sigma \in L(V)$. 如果有正整数 m, 使得 $\sigma^m = \theta$, 则称 σ 是幂零变换. 证明: 幂零变换的特征值都是 0.

19. 设 $\sigma \in L(V)$. 如果 $\sigma^2 = \sigma$, 则称 σ 是幂等变换. 证明: 幂零变换的特征值只能是 0, 1.

20. 设 $\sigma \in L(V)$. 如果有正整数 m, 使得 $\sigma^m = \iota$, 则称 σ 是幺幂变换. 证明: 幺幂变换的特征值是单位根.

21. 设矩阵 $A = \begin{pmatrix} 2 & 0 & 1 \\ 3 & 1 & x \\ 4 & 0 & 5 \end{pmatrix}$ 可相似对角化,求 x.

22. 设 $A = \begin{pmatrix} 1 & 4 & 2 \\ 0 & -3 & 4 \\ 0 & 4 & 3 \end{pmatrix}$,求 A^{10}.

23. 设 3 级矩阵 A 的特征根为 1,2,3,求 $|A^3 - 5A^2 + 7E|$.

24. 已知 $\alpha = \begin{pmatrix} 1 \\ 1 \\ -1 \end{pmatrix}$ 是矩阵 $A = \begin{pmatrix} 2 & -1 & 2 \\ 5 & a & 3 \\ -1 & b & -2 \end{pmatrix}$ 的一个特征向量.

(1) 求参数 a, b 及特征向量 α 所属的特征值;

(2) A 是否对角化,说明理由.

25. 设 V 是复数域上的 n 维线性空间,σ 与 τ 是 V 的线性变换,且可交换. 证明:

(1) 如果 λ_0 是 σ 的一特征值,那么 V_{λ_0} 是 $\tau-$ 子空间;

(2) σ 与 τ 至少有一个公共的特征向量.

26. 设 A 是一个 n 级矩阵,满足 $A^2 = A$. 求证:A 相似于一个对角矩阵

其中 1 的个数等于秩 (A).

第8章

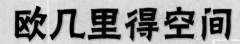

欧几里得空间

8.1 定义与基本性质

线性空间是平面空间和立体空间的推广. 在线性空间中，向量之间只有加法与数量乘法这两种运算，而没有介绍向量的度量性质，如长度、夹角等。本章的目的是把平面空间和立体空间中的类似于长度，夹角等的度量性质推广到一般的线性空间中. 我们的思路是先把内积的概念推广到一般的线性空间，再用内积定义向量的长度、夹角、距离等概念.

定义 8.1 对于实数域 $\mathbf{R}$ 上线性空间 V 中任意一对向量 ξ，η，定义了一个二元实函数，记作 (ξ,η)，它满足下列条件：

(1) $(\xi,\eta) = (\eta,\xi)$.

(2) $(\xi+\eta,\zeta) = (\xi,\zeta) + (\eta,\zeta)(\zeta \in V)$.

(3) $(a\xi,\eta) = a(\xi,\eta)(a \in R)$.

(4) 当 $\xi \neq 0$ 时，$(\xi,\xi) > 0$.

那么 (ξ,η) 叫做向量 ξ 与 η 的内积，而 V 叫做对这个内积来说的一个欧几里得空间（简称欧氏空间）.

例 8.1 在 $\mathbf{R}^n$ 里，对于任意两个向量

$$\xi = (x_1,x_2,\cdots,x_n),$$
$$\eta = (y_1,y_2,\cdots,y_n).$$

规定

$$(\xi,\eta) = x_1 y_1 + x_2 y_2 + \cdots + x_n y_n. \tag{8.1}$$

容易验证，规定的内积适合定义中的条件，因而 $\mathbf{R}^n$ 对于这样定义的内积来说作成一个欧氏空间.（这样的内积通常称为普通内积）.

例 8.2 在 $\mathbf{R}^n$ 里，对于任意向量

$$\xi = (x_1,x_2,\cdots,x_n),$$
$$\eta = (y_1,y_2,\cdots,y_n).$$

规定

$$(\xi,\eta) = x_1 y_1 + 2x_2 y_2 + \cdots + nx_n y_n.$$

不难验证，$\mathbf{R}^n$ 对这个内积来说也作成一个欧氏空间.

由此可知，每一个线性空间有许多种方法定义内积，由不同内积所构成的欧氏空间是不同的。

　　例 8.3　令 $C[a,b]$ 是定义在 $[a,b]$ 上一切连续实函数所成的向量空间. 设 $f(x)$，$g(x) \in C[a,b]$，我们规定

$$(f,g) = \int_a^b f(x)g(x)\mathrm{d}x.$$

根据定积分的基本性质可知，规定的内积适合定义中的条件，因而 $C[a,b]$ 作成一个欧几里得空间.

　　例 8.4　(希尔伯特空间) 令 H 是一切平方和收敛的实数列

$$\xi = (x_1, x_2, \cdots) \quad \sum_{i=1}^{\infty} x_i^2 < +\infty$$

所成的集合. 对任意

$$\xi = (x_1, x_2, \cdots), \quad \eta = (y_1, y_2, \cdots),$$

规定

$$\xi + \eta = (x_1 + y_1, x_2 + y_2, \cdots),$$
$$a\xi = (ax_1, ax_2, \cdots),$$
$$(\xi, \eta) = \sum_{i=1}^{\infty} x_i y_i.$$

则 H 是一个欧氏空间.

　　下面来看欧几里得空间的一些基本性质.

　　(1) 设 V 是一个欧几里得空间. 对于任意 $\xi \in V$ 都有

$$(\xi, 0) = (0, \xi) = 0.$$

特别，若 $(\xi, \xi) = 0$，则必 $\xi = 0$.

　　(2) 对任意的 $\xi, \eta, \zeta \in V$ 和任意的 $a \in \mathbf{R}$，有

$$(\zeta, \xi + \eta) = (\zeta, \xi) + (\zeta, \eta),$$
$$(\xi, a\eta) = a(\xi, \eta).$$

对于任意向量

$$\xi_1, \xi_2, \cdots, \xi_r, \eta_1, \eta_2, \cdots, \eta_s \in V, a_1, a_2, \cdots, a_r, b_1, b_2, \cdots, b_s \in \mathbf{R}, \text{ 有}$$

$$\left(\sum_{i=1}^r a_i \xi_i, \sum_{j=1}^s b_j \eta_j \right) = \sum_{i=1}^r \sum_{j=1}^s a_i b_j (\xi_i, \eta_j).$$

　　定义 8.2　非负实数 (ξ, ξ) 的算术根 $\sqrt{(\xi, \xi)}$ 叫做 ξ 的长度. 向量 ξ 的长度用符号 $|\xi|$ 表示

$$|\xi| = \sqrt{(\xi, \xi)}.$$

这样，欧氏空间的每一个向量都有一个确定的长度. 零向量的长度是 0，任意非零向量的长度是一个正数.

　　例 8.5　令 $\mathbf{R}^n$ 是例 1 中的欧氏空间. $\mathbf{R}^n$ 的向量的长度是

$$|\xi| = \sqrt{(\xi, \xi)} = \sqrt{x_1^2 + x_2^2 + \cdots + x_n^2}.$$

由长度的定义，对于欧氏空间中任意向量 ξ 和任意实数 a. 有

$$|a\xi| = \sqrt{(a\xi, a\xi)} = \sqrt{a^2(\xi, \xi)} = |a| \, |\xi|.$$

这就是说，**一个实数 a 与一个向量 ξ 的乘积的长度等于 a 的绝对值与 ξ 的长度的乘积.**

我们把**长度是 1 的向量叫做单位向量.** 例如，$\mathbf{R}^n$ 中的标准基中的每个基向量都是单位向量.

如果 ξ 是一个非零向量，那么 $\dfrac{\xi}{|\xi|}$ 是一个单位向量. 由 ξ 得到 $\dfrac{\xi}{|\xi|}$ 的过程称为**把 ξ 单位化.**

两个**向量 ξ 与 η 的距离**指的是 $\xi - \eta$ 的长度 $|\xi - \eta|$. 我们用符号 $d(\xi, \eta)$ 表示 ξ 与 η 的距离. 根据内积的定义，容易看出，距离具有下列性质

(1) 当 $\xi \neq \eta$ 时, $d(\xi, \eta) > 0$.

(2) $d(\xi, \eta) = d(\eta, \xi)$.

(3) $d(\xi, \zeta) \leqslant d(\xi, \eta) + d(\eta, \zeta)$.

这里 ξ, η, ζ 是欧氏空间的任意向量.

例 8.6 求证：$(\xi, \eta) = \dfrac{1}{4}|\xi + \eta|^2 - \dfrac{1}{4}|\xi - \eta|^2$.

证 因为

$$|\xi + \eta|^2 = (\xi + \eta, \xi + \eta) = 2(\xi, \eta) + (\xi, \xi) + (\eta, \eta);$$
$$|\xi - \eta|^2 = (\xi - \eta, \xi - \eta) = -2(\xi, \eta) + (\xi, \xi) + (\eta, \eta),$$

所以

$$\frac{1}{4}|\xi + \eta|^2 - \frac{1}{4}|\xi - \eta|^2 = \frac{1}{4} \times 4(\xi, \eta) = (\xi, \eta).$$

得证.

定义 8.3 欧氏空间的两个非零向量 ξ 与 η 的夹角 θ 定义为

$$\cos\theta = \frac{(\xi, \eta)}{|\xi| \, |\eta|} \quad (0 \leqslant \theta \leqslant \pi).$$

例 8.7 在 $\mathbf{R}^4$ 中，设 $\xi = (1, 0, 1, 0)$, $\eta = (1, 0, 0, 1)$, 求 ξ 与 η 的夹角 θ.

解 由 $(\xi, \eta) = 1$, $|\xi| = \sqrt{(\xi, \xi)} = \sqrt{2}$, $|\eta| = \sqrt{(\eta, \eta)} = \sqrt{2}$, 得

$$\cos\theta = \frac{(\xi, \eta)}{|\xi| \, |\eta|} = \frac{1}{\sqrt{2} \cdot \sqrt{2}} = \frac{1}{2} \Rightarrow \theta = \frac{\pi}{3}.$$

定理 8.1（柯西-施瓦茨不等式） 对于一个欧氏空间里的任意向量 ξ, η, 有

$$(\xi, \eta)^2 \leqslant (\xi, \xi)(\eta, \eta). \tag{8.2}$$

当且仅当 ξ 与 η 线性相关时，式（8.2）才取等号.

证 设 ξ 与 η 线性无关，则对于任意实数 a 来说, $a\xi + \eta \neq 0$, 于是

$$(a\xi + \eta, a\xi + \eta) > 0.$$

即

$$a^2(\xi,\xi)+2a(\xi,\eta)+(\eta,\eta)>0.$$

这是 a 的一个一元二次不等式，且二次项的系数 (ξ,ξ) 是正数，要使得这个不等式恒成立，必须它的判别式小于零，即

$$(\xi,\eta)^2-(\xi,\xi)(\eta,\eta)<0.$$

即

$$(\xi,\eta)^2<(\xi,\xi)(\eta,\eta)，\text{或}|(\xi,\eta)|<|\xi|\cdot|\eta|.$$

而当 ξ 与 η 线性相关时，则有 $\xi=0$，或者 $\eta=a\xi$，不论哪一种情况都有

$$(\xi,\eta)^2=(\xi,\xi)(\eta,\eta)，\text{或}|(\xi,\eta)|=|\xi|\cdot|\eta|.\quad\text{得证.}$$

对于例 8.1 中的欧氏空间 $\mathbf{R}^n$ 由上面不等式（8.2）就可得到柯西不等式：

$$|x_1y_1+x_2y_2+\cdots+x_ny_n|\leqslant\sqrt{x_1^2+x_2^2+\cdots+x_n^2}\cdot\sqrt{y_1^2+y_2^2+\cdots+y_n^2}.$$

对于例 8.3 中的欧氏空间 $C[a,b]$ 由不等式（8.2）就可得到施瓦茨不等式：

$$\left|\int_a^b f(x)g(x)dx\right|\leqslant\left(\int_a^b f^2(x)dx\right)^{\frac{1}{2}}\cdot\left(\int_a^b g^2(x)dx\right)^{\frac{1}{2}}.$$

由不等式（8.2）还可得到三角形不等式：

$$|\alpha+\beta|\leqslant|\alpha|+|\beta|.$$

因为

$$\begin{aligned}|\alpha+\beta|^2&=(\alpha+\beta,\alpha+\beta)=2(\alpha,\beta)+(\alpha,\alpha)+(\beta,\beta)\\&\leqslant2|\alpha||\beta|+|\alpha|^2+|\beta|^2\\&=(|\alpha|+|\beta|)^2.\end{aligned}$$

推广 8.1 对于欧氏空间中任意 $t(t\geqslant2)$ 个向量 $\alpha_1,\alpha_2,\cdots,\alpha_t$，有

$$|\alpha_1+\alpha_2+\cdots+\alpha_t|\leqslant|\alpha_1|+|\alpha_2|+\cdots+|\alpha_t|.$$

定义 8.4 欧氏空间的两向量 ξ 与 η 的内积为零，即

$$(\xi,\eta)=0.$$

就称 ξ 与 η 是正交的或互相垂直，记作 $\xi\perp\eta$.

显然，欧氏空间 $\mathbf{R}^n$ 的标准基两两正交. 而零向量与任何向量都正交，且零向量是唯一的与它自己正交的向量.

推广 8.2 对于欧氏空间中任意 $t(t\geqslant2)$ 个向量 $\alpha_1,\alpha_2,\cdots,\alpha_t$，若 $\alpha_1,\alpha_2,\cdots,\alpha_t$ 两两正交，那么有

$$|\alpha_1+\alpha_2+\cdots+\alpha_t|^2=|\alpha_1|^2+|\alpha_2|^2+\cdots+|\alpha_t|^2.$$

例 8.8 设 γ 为单位向量，α 为任意向量，试证：γ 与 $\alpha-(\alpha,\gamma)\gamma$ 正交.

证 由 γ 为单位向量，有 $(\gamma,\gamma)=1$. 那么

$$\begin{aligned}(\gamma,\alpha-(\alpha,\gamma)\gamma)&=(\gamma,\alpha)+(\gamma,-(\alpha,\gamma)\gamma)\\&=(\gamma,\alpha)-(\alpha,\gamma)(\gamma,\gamma)\\&=(\gamma,\alpha)-(\alpha,\gamma)=0.\end{aligned}$$

所以，γ 与 $\alpha-(\alpha,\gamma)\gamma$ 正交.

定理 8.2 在一个欧氏空间里，如果向量 ξ 与向量 $\eta_1,\eta_2,\cdots,\eta_r$ 中每一个正交，那么

ξ 与向量 $\eta_1,\eta_2,\cdots,\eta_r$ 的任意一个线性组合也正交.

证 令 $\sum\limits_{i=1}^{r}a_i\eta_i$ 是 $\eta_1,\eta_2,\cdots,\eta_r$ 的一个线性组合. 因为

$$(\xi,\eta_i)=0,\ i=1,2,\cdots,r.$$

所以

$$\left(\xi,\sum_{i=1}^{r}a_i\eta_i\right)=\sum_{i=1}^{r}a_i(\xi,\eta_i)=0.$$

例8.9 设 $\varepsilon_1,\varepsilon_2,\varepsilon_3$ 是欧氏空间 V 的一组基. 已知

$$(\varepsilon_1,\varepsilon_1)=(\varepsilon_2,\varepsilon_2)=(\varepsilon_3,\varepsilon_3)=1;$$
$$(\varepsilon_1,\varepsilon_2)=(\varepsilon_2,\varepsilon_3)=(\varepsilon_1,\varepsilon_3)=0.$$

设 $\alpha=3\varepsilon_1+2\varepsilon_2+4\varepsilon_3,\beta=\varepsilon_1-2\varepsilon_2$,求

(1) 与 α,β 都正交的全部向量.

(2) 与 α,β 都正交的单位向量.

解 (1) 设 $\gamma=x_1\varepsilon_1+x_2\varepsilon_2+x_3\varepsilon_3$,且 γ 与 α,β 都正交. 则

$$(\gamma,\alpha)=3x_1+2x_2+4x_3=0;$$
$$(\gamma,\beta)=x_1-2x_2=0.$$

解上面线性方程组得,基础解系为 $(2,1,-2)$. 所以与 α,β 都正交的全部向量为

$$k(2\varepsilon_1+\varepsilon_2-2\varepsilon_3),k\text{ 为任意实数}.$$

(2) 由 $|2\varepsilon_1+\varepsilon_2-2\varepsilon_3|=\sqrt{(2\varepsilon_1+\varepsilon_2-2\varepsilon_3,2\varepsilon_1+\varepsilon_2-2\varepsilon_3)}=3$. 把 $2\varepsilon_1+\varepsilon_2-2\varepsilon_3$ 单位化,得

$$\frac{2}{3}\varepsilon_1+\frac{1}{3}\varepsilon_2-\frac{2}{3}\varepsilon_3.$$

所以,与 α,β 都正交的单位向量有两个,即

$$\pm\left(\frac{2}{3}\varepsilon_1+\frac{1}{3}\varepsilon_2-\frac{2}{3}\varepsilon_3\right).$$

8.2 标准正交基

1. 标准正交基的定义

定义8.5 欧氏空间 V 的一个正交向量组(简称正交组)是指一组两两正交的非零向量. 标准正交组是指正交组的每一个向量都是单位向量.

例8.10 向量

$$\alpha_1=(0,1,0),\alpha_2=\left(-\frac{1}{\sqrt{2}},0,\frac{1}{\sqrt{2}}\right),\quad \alpha_3=\left(\frac{1}{\sqrt{2}},0,\frac{1}{\sqrt{2}}\right)$$

构成 $\mathbf{R}^3$ 一个标准正交组. 因为

$$|\alpha_1|=|\alpha_2|=|\alpha_3|=1;$$

$$(\alpha_1,\alpha_2)=(\alpha_2,\alpha_3)=(\alpha_3,\alpha_1)=0.$$

另外规定，单独一个非零向量也是一个正交组.

正交向量组一定是线性无关的. 因为对等式 $a_1\alpha_1+a_2\alpha_2+\cdots+a_n\alpha_n=0$ ，用 α_i 与等式两边作内积，且 $(\alpha_i,\alpha_j)=0,i\neq j$ ，即得

$$\left(\alpha_i,\sum_{j=1}^n a_j\alpha_j\right)=\sum_{j=1}^n a_j(\alpha_i,\alpha_j)=a_i(\alpha_i,\alpha_i)=(\alpha_i,0)=0.$$

又 $(\alpha_i,\alpha_i)\neq 0$ ，所以 $a_i=0,i=1,2,\cdots,n$. 即 $\alpha_1,\alpha_2,\cdots,\alpha_n$ 线性无关.

定义 8.6 在 n 维欧氏空间中，由 n 个向量组成的正交向量组称为正交基；由单位向量组成的正交基称为标准正交基.

由定义可知，标准正交基 $\{\alpha_1\alpha_2,\cdots,\alpha_n\}$ 满足

$$(\alpha_i,\alpha_j)=\begin{cases}1,\text{当 }i=j,\\0,\text{当 }i\neq j,\end{cases}\quad(i,j=1,2,\cdots,n)$$

例 8.10 中的向量 $\alpha_1,\alpha_2,\alpha_3$ 就是 $\mathbf{R}^3$ 的一个标准正交基；而欧氏空间 $\mathbf{R}^n$ 的标准基 $\varepsilon_i=(0,\cdots,0,\overset{(i)}{1},0,\cdots,0),i=1,2,\cdots,n$ 是 $\mathbf{R}^n$ 的一个标准正交基.

2. 在标准正交基下，向量的坐标、内积、长度、距离的表达式

设 n 维欧氏空间 V 的一个标准正交基 $\{\alpha_1\alpha_2,\cdots,\alpha_n\}$ ，$\xi\in V$. 那么 ξ 可以唯一的写成

$$\xi=x_1\alpha_1+x_2\alpha_2+\cdots+x_n\alpha_n.$$

则 ξ 关于基 $\{\alpha_1\alpha_2,\cdots,\alpha_n\}$ 的坐标为 $(x_1,x_2,\cdots,x_n)$. 我们有

$$(\xi,\alpha_i)=\left(\sum_{j=1}^n x_j\alpha_j,\alpha_i\right)=x_i.$$

即，向量 ξ 关于一个标准正交基的第 i 个坐标等于 ξ 与第 i 个基向量的内积.

其次，令

$$\eta=\gamma_1\alpha_1+\gamma_2\alpha_2+\cdots+\gamma_n\alpha_n.$$

那么

$$(\xi,\eta)=x_1\gamma_1+x_2\gamma_2+\cdots+x_n\gamma_n.$$

即，**向量 ξ 与 η 的内积等于它们关于 V 的标准正交基的坐标乘积之和.**

由 $|\xi|=\sqrt{(\xi,\xi)}=\sqrt{x_1^2+x_2^2+\cdots+x_n^2}$ 可知，**向量 ξ 的长度等于 ξ 关于 V 的标准正交基的坐标平方之和的算术平方根.**

由 $d(\xi,\eta)=|\xi-\eta|=\sqrt{(x_1-y_1)^2+\cdots+(x_n-y_n)^2}$ 可知，**向量 ξ 与 η 的距离等于它们关于 V 的标准正交基的坐标差的平方之和的算术平方根.**

3. 标准正交基的求法

定理 8.3 对于欧氏空间 V 的一组线性无关的向量 $\{\alpha_1,\alpha_2,\cdots,\alpha_m\}$ ，可以求出 V 的一个正交组 $\{\beta_1,\beta_2,\cdots,\beta_m\}$ ，使得 β_k 可以由 $\alpha_1,\alpha_2,\cdots,\alpha_k$ 线性表示，$k=1,2,\cdots,m$.

证　先取 $\beta_1 = \alpha_1$，那么 β_1 是 α_1 的线性组合，且 $\beta_1 \neq 0$．

其次，取 $\beta_2 = \alpha_2 - \dfrac{(\alpha_2, \beta_1)}{(\beta_1, \beta_1)}\beta_1$．那么，$\beta_2$ 是 α_1, α_2 的线性组合，又因为 α_1, α_2 线性无关，所以 $\beta_2 \neq 0$．又由

$$(\beta_2, \beta_1) = (\alpha_2, \beta_1) - \frac{(\alpha_2, \beta_1)}{(\beta_1, \beta_1)}(\beta_1, \beta_1) = 0.$$

即 β_1 与 β_2 正交．

依此方法，就可作出正交组 $\{\beta_1, \beta_2, \cdots, \beta_m\}$．

上述定理的证明中，给出了从欧氏空间的任意一组线性无关的向量出发，得到一个正交组的方法，再把他们单位化，继而可得到一个标准正交组．这个方法称为**施密特正交化方法**，简称**正交化方法**．

由正交化方法，我们可以把 n 维欧氏空间 V 的任意一个基，化为 V 的一个正交基，再单位化，就得到 V 的一标准正交基．因此有定理 8.4．

定理 8.4　任意 n 维欧氏空间一定有正交基，因而有标准正交基．

例 8.11　把欧氏空间 $\mathbf{R}^3$ 的基

$$\alpha_1 = (1, 0, -1), \alpha_2 = (0, 1, -1), \alpha_3 = (2, -1, 0)$$

化为 $\mathbf{R}^3$ 的一个标准正交基．

解　先把它们正交化，得

$$\beta_1 = \alpha_1 = (1, 0, -1),$$
$$\beta_2 = \alpha_2 - \frac{(\alpha_2, \beta_1)}{(\beta_1, \beta_1)}\beta_1 = \left(-\frac{1}{2}, 1, -\frac{1}{2}\right),$$
$$\beta_3 = \alpha_3 - \frac{(\alpha_3, \beta_1)}{(\beta_1, \beta_1)}\beta_1 - \frac{(\alpha_3, \beta_2)}{(\beta_2, \beta_2)}\beta_2 = \left(\frac{1}{3}, \frac{1}{3}, \frac{1}{3}\right).$$

再单位化，得

$$\gamma_1 = \frac{\alpha_1}{|\alpha_1|} = \left(\frac{1}{\sqrt{2}}, 0, -\frac{1}{\sqrt{2}}\right),$$
$$\gamma_2 = \frac{\beta_2}{|\beta_2|} = \left(-\frac{1}{\sqrt{6}}, \frac{2}{\sqrt{6}}, -\frac{1}{\sqrt{6}}\right),$$
$$\gamma_3 = \frac{\beta_3}{|\beta_3|} = \left(\frac{1}{\sqrt{3}}, \frac{1}{\sqrt{3}}, \frac{1}{\sqrt{3}}\right).$$

那么，$\gamma_1, \gamma_2, \gamma_3$ 就是 $\mathbf{R}^3$ 的一个标准正交基．

4. 正交补与向量的正射影

定义 8.7　设欧氏空间 V 的两个子空间 W_1，W_2，如果对于 W_1 中任一向量 α 与 W_2 中任一向量 β，都有

$$(\alpha, \beta) = 0.$$

则称 W_1 与 W_2 是正交的，记作 $W_1 \perp W_2$．

如果欧氏空间 V 的一个向量 ξ 与 V 的子空间 W 中每一向量 η 正交，即

$$（\xi,\eta）=0,$$

那么就说 ξ 与 W 正交，记作

$$（\xi,W）=0. \text{ 或 } \xi \perp W.$$

令

$$W^{\perp} = \{ \xi \in V \mid （\xi,W）=0 \}.$$

显然 $W^{\perp} \neq \varphi$，因为 $0 \in W^{\perp}$．对任意

$$a,b \in P, \xi,\eta \in W^{\perp}, \zeta \in W,$$

有

$$（a\xi+b\eta,\zeta）=a（\xi,\zeta）+b（\eta,\zeta）=0.$$

因而，$a\xi+b\eta \in W^{\perp}$，即 $W^{\perp}$ 是 V 的一个子空间．子空间 $W^{\perp}$ 叫做 W 的正交补．显然，$W \perp W^{\perp}$．

由 $W_1 \perp W_2$ 可知 $W_1 \cap W_2 = 0$．因为，对任意 $\alpha \in W_1 \cap W_2$，有 $（\alpha,\alpha）=0$，从而 $\alpha = 0$．因此，有定理 8.5.

定理 8.5　对于欧氏空间 V 的一个有限维子空间 W，有

$$V = W \oplus W^{\perp}.$$

因而 V 的每一个向量 ξ 可以唯一地写成

$$\xi = \eta + \zeta,$$

这里 $\eta \in W$，$\zeta \in W^{\perp}$．η 叫做向量 ξ 在子空间 W 上的**正射影**。并且对 W 中的任一向量 $\eta' \neq \eta$，都有

$$|\xi - \eta| < |\xi - \eta'|,$$

我们把向量 ξ 在子空间 W 上的**正射影 η** 又称为 W 到 ξ 的**最佳逼近**.

证　若 $W = \{0\}$，则 $W^{\perp} = V$，定理显然成立．若 $W \neq \{0\}$．因为 W 是有限维，取 W 的一个标准正交基 $\gamma_1,\gamma_2,\cdots,\gamma_s$，$s = \dim W$．设 $\xi \in V$．令

$$\eta = （\xi,\gamma_1）\gamma_1 + （\xi,\gamma_2）\gamma_2 + \cdots + （\xi,\gamma_s）\gamma_s,$$
$$\zeta = \xi - \eta.$$

因为 $\gamma_1,\gamma_2,\cdots,\gamma_s$ 是 W 的标准正交基，那么有 $\eta \in W$，且

$$（\zeta,\gamma_i）=（\xi-\eta,\gamma_i）=（\xi,\gamma_i）-（\eta,\gamma_i）=（\xi,\gamma_i）-（\xi,\gamma_i）=0, i=1,2,\cdots,s$$

即，ζ 与 W 正交，$\zeta \in W^{\perp}$．从而有

$$V = W + W^{\perp},$$

并且，若 $\alpha \in W \cap W^{\perp}$，那么 $（\alpha,\alpha）=0$，从而 $\alpha = 0$．所以 $V = W \oplus W^{\perp}$．

另外，对 W 中的任一向量 $\eta' \neq \eta$，有

$$|\xi - \eta'| = \xi - \eta + \eta - \eta'. \text{ 其中 } \xi - \eta \in W^{\perp}, \eta - \eta' \in W,$$

那么

$$|\xi - \eta'|^2 = （\xi-\eta+\eta-\eta',\xi-\eta+\eta-\eta'）= |\xi-\eta|^2 + |\eta-\eta'|^2$$

因为

$$|\eta - \eta'| > 0,$$

所以

$$|\xi - \eta'|^2 > |\xi - \eta|^2$$

即

$$|\xi - \eta| < |\xi - \eta'|. \quad 得证.$$

由定理 8.5 可知，欧氏空间 V 的任一向量 ξ 都可唯一的分解成 ξ 在子空间 W 上的正射影和一个与 W 正交的向量的和。

下面我们给出关于正交的几点结论：

结论：（1）由 $\alpha \in W$，$\alpha \perp W \Rightarrow \alpha = 0$。因为 $\alpha \perp W$，那么 α 与 W 中任一向量内积为 0，即 $(\alpha, \alpha) = 0 \Rightarrow \alpha = 0$。

（2）由 α 与 $\gamma_1, \gamma_2, \cdots, \gamma_s$ 都正交 $\Leftrightarrow \alpha \perp L(\gamma_1, \gamma_2, \cdots, \gamma_s)$。

（3）设 $\varepsilon_1, \varepsilon_2, \cdots, \varepsilon_s$ 是欧氏空间 V 的一组正交基，那么

$$\varepsilon_i \perp L(\varepsilon_1, \cdots, \varepsilon_{i-1}, \varepsilon_{i+1} \cdots, \varepsilon_s), i = 1, 2, \cdots, s;$$
$$L(\varepsilon_1, \cdots, \varepsilon_i) \perp L(\varepsilon_{i+1}, \cdots, \varepsilon_s), i = 1, 2, \cdots, s-1.$$

由（3）可得命题 8.1。

命题 8.1 设 $\varepsilon_1, \varepsilon_2, \cdots, \varepsilon_n$ 是欧氏空间 V 的一组正交基。那么 $L(\varepsilon_1, \cdots, \varepsilon_i)$ 是 $L(\varepsilon_{i+1}, \cdots, \varepsilon_n)$ 的正交补。$i = 1, 2, \cdots, n-1$。

下面来介绍两种情形下 n 维欧氏空间 V 的子空间 W 的正交补 $W^\perp$ 的求法。

（1）取 W 的（标准）正交基为 $\varepsilon_1, \varepsilon_2, \cdots, \varepsilon_m, (0 < m < n)$，然后将 $\varepsilon_1, \varepsilon_2, \cdots, \varepsilon_m$ 扩充成 V 的一个（标准）正交基 $\varepsilon_1, \varepsilon_2, \cdots, \varepsilon_m, \varepsilon_{m+1}, \cdots, \varepsilon_n$，那么子空间 $L(\varepsilon_{m+1}, \cdots, \varepsilon_n)$ 就是 $W^\perp$。

例 8.12 设 $W = L((1, 0, 0), (0, 2, 0))$ 是 R^3 的子空间。求 $W^\perp$。

解 因为 $\alpha_1 = (1, 0, 0), \alpha_2 = (0, 2, 0)$ 是 W 的一个基，且 $(\alpha_1, \alpha_2) = 0$。故 α_1, α_2 是 W 的一个正交基，再将它扩充成 $\mathbf{R}^3$ 的一个正交基，取 $\alpha_3 = (0, 0, 1)$，则 $W^\perp = L(\alpha_3) = L((0, 0, 1))$。

（2）设 W 为 n 维欧氏空间 $\mathbf{R}^n$ 的 m 维子空间。令

$$\alpha_1 = (a_{11}, a_{12}, \cdots, a_{1n})$$
$$\alpha_2 = (a_{21}, a_{22}, \cdots, a_{2n})$$
$$\vdots$$
$$\alpha_m = (a_{m1}, a_{m2}, \cdots, a_{mn})$$

为 W 的一个基。则 $W^\perp$ 就是齐次线性方程组

$$\begin{cases} a_{11}x_1 + a_{12}x_2 + \cdots + a_{1n}x_n = 0 \\ a_{21}x_1 + a_{22}x_2 + \cdots + a_{2n}x_n = 0 \\ \vdots \\ a_{m1}x_1 + a_{m2}x_2 + \cdots + a_{mn}x_n = 0 \end{cases}$$

的解空间。

例 8.13　求
$$\begin{cases} 2x_1 + x_2 - x_3 + x_4 + 2x_5 = 0 \\ x_1 + x_2 - x_3 + x_5 = 0 \end{cases}$$
的解空间 W 的一个标准正交基，并求其正交补 $W^\perp$ 的一个标准正交基.

解　先求该齐次线性方程组的一个基础解系为
$$\xi_1 = (0,1,1,0,0),\ \xi_2 = (-1,1,0,1,0),\ \xi_3 = (-1,0,0,0,1).$$
那么 ξ_1,ξ_2,ξ_3 就是该齐次线性方程组的解空间 W 的一个基.

把 ξ_1,ξ_2,ξ_3 正交化单位化，得
$$\gamma_1 = \left[0, \frac{1}{\sqrt{2}}, \frac{1}{\sqrt{2}}, 0, 0\right],$$
$$\gamma_2 = \left[-\frac{\sqrt{2}}{\sqrt{5}}, \frac{\sqrt{2}}{2\sqrt{5}}, -\frac{\sqrt{2}}{2\sqrt{5}}, \frac{\sqrt{2}}{\sqrt{5}}, 0\right],$$
$$\gamma_3 = \left[-\frac{3}{\sqrt{40}}, -\frac{1}{\sqrt{40}}, \frac{1}{\sqrt{40}}, -\frac{2}{\sqrt{40}}, \frac{\sqrt{5}}{\sqrt{8}}\right].$$

那么 $\gamma_1,\gamma_2,\gamma_3$ 就是该齐次线性方程组的解空间 W 的一个标准正交基.

再求 $W^\perp$.

由 ξ_1,ξ_2,ξ_3 是 W 的一个基，得齐次线性方程组
$$\begin{cases} x_2 + x_3 = 0 \\ -x_1 + x_2 + x_4 = 0 ,\\ -x_1 + x_5 = 0 \end{cases}$$

解得其基础解系为
$$\eta_1 = (1,0,0,1,1),\ \eta_2 = (0,1,-1,-1,0).$$
则，η_1,η_2 是 $W^\perp$ 的一个基，且 $W^\perp = L(\eta_1,\eta_2)$.

把 η_1,η_2 正交化单位化，得
$$\zeta_1 = \left[\frac{1}{\sqrt{3}}, 0, 0, \frac{1}{\sqrt{3}}, \frac{1}{\sqrt{3}}\right],\ \zeta_2 = \frac{\sqrt{3}}{\sqrt{8}}\left(\frac{1}{3}, 1, -1, -\frac{2}{3}, \frac{1}{3}\right).$$

那么 ζ_1,ζ_2 就是 $W^\perp$ 的一个标准正交基.

5. 正交矩阵

设 n 维欧氏空间 V 的两个标准正交基 $\{\alpha_1,\alpha_2,\cdots,\alpha_n\}$ 和 $\{\beta_1,\beta_2,\cdots,\beta_n\}$，现在来研究由 $\{\alpha_1,\alpha_2,\cdots,\alpha_n\}$ 到 $\{\beta_1,\beta_2,\cdots,\beta_n\}$ 的过渡矩阵 $U = (u_{ij})$ 的性质. 由
$$(\beta_1,\beta_2,\cdots\beta_n) = (\alpha_1,\alpha_2,\cdots,\alpha_n)U.$$
可知
$$\beta_i = \sum_{k=1}^{n} u_{ki}\alpha_k,\ 1 \leqslant i \leqslant n.$$
且

$$(\beta_i,\beta_j)=\begin{cases}1, & \text{若 } i=j \\ 0, & \text{若 } i\neq j\end{cases}.$$

又由 $\{\alpha_1,\alpha_2,\cdots,\alpha_n\}$ 也是标准正交基，有

$$(\beta_i,\beta_j)=(\sum_{k=1}^{n}u_{ki}\alpha_k,\sum_{l=1}^{n}u_{lj}\alpha_l)=\sum_{k=1}^{n}\sum_{l=1}^{n}u_{ki}u_{lj}(\alpha_k,\alpha_l)=\sum_{k=1}^{n}u_{ki}u_{kj}.$$

于是

$$\sum_{k=1}^{n}u_{ki}u_{kj}=u_{1i}u_{1j}+u_{2i}u_{2j}+\cdots+u_{ni}u_{nj}=\begin{cases}1, & i=j \\ 0, & i\neq j\end{cases}.$$

即

$$U'U=E.$$

从而对于可逆矩阵 U 来说，有

$$U^{-1}=U'.$$

定义 8.8 一个 n 级实矩阵 U 如果满足 $UU'=U'U=E$，那么这个实矩阵 U 叫做正交矩阵.

由以上的讨论我们得到定理 8.6.

定理 8.6 n 维欧氏空间一个标准正交基到另一标准正交基的过渡矩阵是一个正交矩阵.

下面来看看正交矩阵 U 的一些结论：

结论：(1) $|U|=\pm1$.

事实上，由 $U'U=E$，得 $|U'U|=|E|=1\Rightarrow|U'||U|=1\Rightarrow|U|^2=1\Rightarrow|U|=\pm1$.

(2) U 的特征根的模等于 1；

假设 λ 是 U 的特征根，ξ 是属于 λ 的特征向量，那么有 $U\xi=\lambda\xi$. 则

$$|U|\,|\xi|=|U\xi|=|\lambda\xi|=|\lambda|\,|\xi|.$$

所以有

$$|\lambda|=|U|=1$$

(3) 如果 λ 是 n 级正交矩阵 U 的一个特征根，那么 $\dfrac{1}{\lambda}$ 也是 U 的一个特征根.

事实上，由 $|\lambda E-U|=0\Rightarrow0=|\lambda U'U-U|$

$$=|\lambda U'-E|\,|U|$$

$$=|\lambda(U'-\frac{1}{\lambda}E)|\,|U|$$

$$=\lambda^n(-1)^n\left|\frac{1}{\lambda}E-U'\right|\,|U|$$

$$=\lambda^n(-1)^n\left|\left(\frac{1}{\lambda}E-U\right)'\right|\,|U|$$

$$=\lambda^n(-1)^n\left|\frac{1}{\lambda}E-U\right|\,|U|,$$

又因为 $\lambda \neq 0$，且 $|U| \neq 0$，所以有，$\left|\dfrac{1}{\lambda}E - U\right| = 0$，得证.

（4）U 的伴随矩阵 U^* 也是正交矩阵.

事实上，由 $U^{-1} = \dfrac{U^*}{|U|} \Rightarrow U^* = |U| U^{-1}$．那么有

$$(U^*)'U^* = (|U| U^{-1})'(|U| U^{-1}) = |U|^2 (U^{-1})'U^{-1} = (U'U)^{-1} = E.$$

得证.

6. 欧氏空间的同构

定义 8.9　欧氏空间 V 与 V' 说是同构的，如果

（1）作为实数域 $\mathbf{R}$ 上线性空间，存在 V 到 V' 的一个同构映射 $\sigma: V \rightarrow V'$.

（2）对于任意 $\xi, \eta \in V$，都有

$$(\xi, \eta) = (\sigma(\xi), \sigma(\eta)).$$

由上述定义可知，如果 σ 是欧氏空间 V 到 V' 的一个同构映射，那么 σ 也是 V 到 V' 作为线性空间的同构映射．因此有定理 8.7 和推论 8.1.

定理 8.7　两个有限维欧氏空间同构的充分且必要条件是它们的维数相等.

推论 8.1　任意 n 维欧氏空间都与 $\mathbf{R}^n$ 同构.

8.3　正　交　变　换

定义 8.10　欧氏空间 V 的线性变换 σ 叫做正交变换，如果对于任意 $\xi, \eta \in V$，有
$$(\sigma(\xi), \sigma(\eta)) = (\xi, \eta).$$
正交变换可以从以下几个不同的方面来加以刻画.

定理 8.8　设 σ 是 n 维欧氏空间 V 的一个线性变换，那么下面四个命题是相互等价的.

（1）σ 是正交变换.

（2）σ 保持向量的长度不变，即对于任意 $\xi \in V$ 都有
$$|\sigma(\xi)| = |\xi|.$$

（3）σ 把 V 的标准正交基变为标准正交基，即如果 $\{\alpha_1, \alpha_2, \cdots, \alpha_n\}$ 是 V 的标准正交基，那么 $\{\sigma(\alpha_1), \sigma(\alpha_2), \cdots, \sigma(\alpha_n)\}$ 也是 V 的标准正交基.

（4）σ 关于任一个标准正交基的矩阵是正交矩阵.

证　首先来证明（1）与（2）等价.

如果 σ 保持向量的长度不变，那么对任意 $\xi, \eta \in V$，有
$$(\sigma(\xi), \sigma(\xi)) = (\xi, \xi),$$
$$(\sigma(\eta), \sigma(\eta)) = (\eta, \eta),$$
$$(\sigma(\xi+\eta), \sigma(\xi+\eta)) = (\xi+\eta, \xi+\eta).$$
展开最后一个等式得

$$(\sigma(\xi),\sigma(\xi)) + (\sigma(\eta),\sigma(\eta)) + 2(\sigma(\xi),\sigma(\eta)) = (\xi,\xi) + (\eta,\eta) + 2(\xi,\eta),$$

利用前两个等式有

$$(\sigma(\xi),\sigma(\eta)) = (\xi,\eta),$$

即 σ 是正交变换.

反过来，如果 σ 是正交变换，那么对于任意 $\xi,\eta \in V$，有

$$(\sigma(\xi),\sigma(\eta)) = (\xi,\eta),$$

取 $\xi = \eta$，就得到 $|\sigma(\xi)|^2 = |\xi|^2$，从而 $|\sigma(\xi)| = |\xi|$.

再证（1）与（3）等价.

如果 σ 是正交变换. 令 $\{\alpha_1,\alpha_2,\cdots,\alpha_n\}$ 是 V 的任意一个标准正交基. 则

$$(\sigma(\alpha_i),\sigma(\alpha_j)) = (\alpha_i,\alpha_j) = \begin{cases} 1, \text{当 } i = j, \\ 0, \text{当 } i \neq j, \end{cases} \quad (i,j = 1,2,\cdots,n).$$

因此，$\{\sigma(\alpha_1),\sigma(\alpha_2),\cdots,\sigma(\alpha_n)\}$ 也是 V 的一个标准正交基.

反过来，假设 V 的一个线性变换 σ 把某一标准正交基 $\{\alpha_1,\alpha_2,\cdots,\alpha_n\}$ 变成标准正交基 $\{\sigma(\alpha_1),\sigma(\alpha_2),\cdots,\sigma(\alpha_n)\}$.

令

$$\xi = \sum_{i=1}^{n} x_i \alpha_i \in V$$

$$\eta = \sum_{i=1}^{n} y_i \alpha_i \in V,$$

则

$$\sigma(\xi) = \sum_{i=1}^{n} x_i \sigma(\alpha_i) \in V$$

$$\sigma(\eta) = \sum_{i=1}^{n} y_i \sigma(\alpha_i) \in V.$$

因此

$$(\sigma(\xi),\sigma(\eta)) = x_1 y_1 + x_2 y_2 + \cdots + x_n y_n = (\xi,\eta).$$

所以，σ 是正交变换.

最后来证（3）与（4）等价.

设 σ 关于标准正交基 $\{\alpha_1,\alpha_2,\cdots,\alpha_n\}$ 的矩阵是 U. 即

$$(\sigma(\alpha_1),\sigma(\alpha_2),\cdots,\sigma(\alpha_n)) = (\alpha_1,\alpha_2,\cdots,\alpha_n)U.$$

如果 $\{\sigma(\alpha_1),\sigma(\alpha_2),\cdots,\sigma(\alpha_n)\}$ 是标准正交基，那么 U 就是由标准正交基 $\{\alpha_1,\alpha_2,\cdots,\alpha_n\}$ 到标准正交基 $\{\sigma(\alpha_1),\sigma(\alpha_2),\cdots,\sigma(\alpha_n)\}$ 的过渡矩阵，因而 U 是正交矩阵.

反过来，如果 U 是正交矩阵，那么 $\{\sigma(\alpha_1),\sigma(\alpha_2),\cdots,\sigma(\alpha_n)\}$ 也是标准正交基.

例 8.14 在欧氏空间 $\mathbf{R}^n$ 中，令 $\sigma(\xi) = U\xi$，其中 U 是一个 n 级正交矩阵，ξ 是 $\mathbf{R}^n$ 中任一列向量. 证明：σ 是 $\mathbf{R}^n$ 的一个正交变换.

证 设任意向量 $\xi,\eta \in \mathbf{R}^n$，因为 U 是一个 n 级正交矩阵，所以，有

$$U'U = E.$$

那么
$$(\sigma(\xi),\sigma(\eta))=(U\xi,U\eta)=(U\xi)'U\eta=\xi'U'U\eta=\xi'\eta=(\xi,\eta).$$
即，σ 是 $\mathbf{R}^n$ 的一个正交变换.

例 8.15　在欧氏空间 $\mathbf{R}^3$ 中，定义线性变换 σ 为
$$\sigma(x_1,x_2,x_3)=\left(\frac{1}{3}x_1+\frac{2}{3}x_2+\frac{2}{3}x_3,-\frac{2}{3}x_1-\frac{1}{3}x_2+\frac{2}{3}x_3,-\frac{2}{3}x_1+\frac{2}{3}x_2-\frac{1}{3}x_3\right).$$

证明：σ 是 $\mathbf{R}^3$ 的一个正交变换.

证　取 $\mathbf{R}^3$ 的一个标准正交基
$$\varepsilon_1=(1,0,0),\varepsilon_2=(0,1,0),\varepsilon_3=(0,0,1),$$
则 σ 关于这一标准正交基的矩阵为
$$A=\begin{pmatrix}\dfrac{1}{3}&\dfrac{2}{3}&\dfrac{2}{3}\\[2mm]-\dfrac{2}{3}&-\dfrac{1}{3}&\dfrac{2}{3}\\[2mm]-\dfrac{2}{3}&\dfrac{2}{3}&-\dfrac{1}{3}\end{pmatrix}.$$

由于 $A'A=E$，所以 A 是正交矩阵，即得 σ 是 $\mathbf{R}^3$ 的一个正交变换.

正交变换除了定理 8.6 的几个等价命题，还可以得到，**正交变换保持向量的夹角不变，以及正交变换不改变两向量间的距离**. 又因为正交矩阵可逆，所以**正交变换是可逆的，其逆变换仍是正交变换**；而由正交矩阵的性质，可得**两个正交变换的乘积也是正交变换**.

由上一节，我们知道，正交矩阵的行列式等于 ±1. 行列式等于 $+1$ 的正交变换通常称为**旋转**，或称为**第一类正交变换**；行列式等于 -1 的正交变换称为**第二类正交变换**.

例 8.16　证明奇数维欧氏空间中的旋转必以 1 作为它的一个特征值.

证　设 A 是正交矩阵，且 $|A|=1$.

因为
$$|E-A|=|A'A-A|=(-1)^n|A|\,|E-A'|.$$
又因为 n 为奇数，所以
$$|E-A|=-|E-A'|=-|(E-A)'|=-|E-A|.$$
即
$$|E-A|=0.$$
得证 1 是它的一个特征值.

8.4　对称变换和对称矩阵

上节我们学习了正交变换，现在我们来学习欧氏空间的另一类重要的线性变换——

对称变换.

定义 8.11 欧氏空间 V 的线性变换 σ 叫做对称变换,如果对于任意 $\xi, \eta \in V$,有

$$(\sigma(\xi), \eta) = (\xi, \sigma(\eta)).$$

定理 8.9 设 n 维欧氏空间 V 的线性变换 σ 关于 V 的标准正交基 $\alpha_1, \alpha_2, \cdots, \alpha_n$ 的矩阵是 $A = (\alpha_{ij})$. 那么 σ 是对称变换 $\Leftrightarrow A = (\alpha_{ij})$ 是对称矩阵,即 $A' = A$,这里 A' 表示 A 的转置.

证 先证必要性

由已知我们有

$$\sigma(\alpha_1, \alpha_2, \cdots, \alpha_n) = (\alpha_1, \alpha_2, \cdots, \alpha_n)A,$$

即

$$\sigma(\alpha_j) = \sum_{k=1}^{n} a_{kj}\alpha_k, 1 \leqslant j \leqslant n.$$

而 $\alpha_1, \alpha_2, \cdots, \alpha_n$ 是一个标准正交基,那么有

$$(\alpha_j, \sigma(\alpha_i)) = (\alpha_j, \sum_{k=1}^{n} a_{ki}\alpha_k) = a_{ji},$$

$$(\alpha_i, \sigma(\alpha_j)) = (\alpha_i, \sum_{k=1}^{n} a_{kj}\alpha_k) = a_{ij}.$$

又因为 σ 是对换变换,所以 $a_{ij} = a_{ji}$,即 $A' = A$.

再证充分性.

设 σ 关于 V 的一个标准正交基 $\alpha_1, \alpha_2, \cdots, \alpha_n$ 的矩阵 $A = (\alpha_{ij})$ 是对称矩阵.

令 ξ, η 是 V 的任意向量. 那么

$$\xi = \sum_{i=1}^{n} x_i\alpha_i = (\alpha_1, \alpha_2, \cdots, \alpha_n)\begin{bmatrix} x_1 \\ x_2 \\ \vdots \\ x_n \end{bmatrix} = (\alpha_1, \alpha_2, \cdots, \alpha_n)X,$$

$$\eta = \sum_{i=1}^{n} y_i\alpha_i = (\alpha_1, \alpha_2, \cdots, \alpha_n)\begin{bmatrix} y_1 \\ y_2 \\ \vdots \\ y_n \end{bmatrix} = (\alpha_1, \alpha_2, \cdots, \alpha_n)Y.$$

则

$$\sigma(\xi) = \sum_{i=1}^{n} x_i\sigma(\alpha_i) = (\sigma(\alpha_1), \sigma(\alpha_2), \cdots, \sigma(\alpha_n))\begin{bmatrix} x_1 \\ x_2 \\ \vdots \\ x_n \end{bmatrix}$$

$$= (\alpha_1, \alpha_2, \cdots, \alpha_n)AX.$$

$$\sigma(\eta) = \sum_{i=1}^{n} y_i \sigma(\alpha_i) = (\sigma(\alpha_1), \sigma(\alpha_2), \cdots, \sigma(\alpha_n)) \begin{pmatrix} y_1 \\ y_2 \\ \vdots \\ y_n \end{pmatrix}$$

$$= (\alpha_1, \alpha_2, \cdots, \alpha_n) AY .$$

那么，由在标准正交基下，向量的内积表示法可得

$$(\sigma(\xi), \eta) = \Big(\sum_{i=1}^{n} x_i \sigma(\alpha_i), \sum_{j=1}^{n} y_j \alpha_j \Big) = (AX)'Y = X'A'Y = X'AY .$$

$$(\xi, \sigma(\eta)) = \Big(\sum_{i=1}^{n} x_i \alpha_i, \sum_{j=1}^{n} y_j \sigma(\alpha_j) \Big) = X'(AY) = X'AY .$$

因此

$$(\sigma(\xi), \eta) = (\xi, \sigma(\eta)) .$$

即 σ 是一个对换变换.

由上述定理 8.7 可知，对称变换与对称矩阵相对应. 而我们又有定理 8.10.

定理 8.10　实对称矩阵的特征根都是实数.

证　设 λ 是 A 的一个特征根, $\xi = \begin{pmatrix} x_1 \\ x_2 \\ \vdots \\ x_n \end{pmatrix}$ 是 A 的属于 λ 的一个特征向量，那么

$$A\xi = \lambda \xi .$$

令

$$\bar{\xi} = \begin{pmatrix} \overline{x_1} \\ \overline{x_2} \\ \vdots \\ \overline{x_n} \end{pmatrix}, \overline{x_i} \text{ 是 } x_i \text{ 的共轭复数}.$$

则

$$\overline{A\xi} = \overline{\lambda \xi} = \bar{\lambda} \bar{\xi} ,$$

因 A 是实对称矩阵，于是

$$\bar{\xi}'(A\xi) = \bar{\xi}'(A'\xi) = (A\bar{\xi})'\xi = (\overline{A} \bar{\xi})'\xi ,$$

故

$$\lambda \bar{\xi}'\xi = \bar{\xi}'(\lambda \xi) = \bar{\xi}'(A\xi) = (\overline{A} \bar{\xi})'\xi = \bar{\lambda} \bar{\xi}'\xi .$$

而 $\bar{\xi}'\xi$ 是不为零的实数，所以 $\lambda = \bar{\lambda}$. 即 λ 是个实数.

定理 8.11　n 维欧氏空间的一个对称变换的属于不同特征值的特征向量彼此正交.

证　设 λ, μ 是 n 维欧氏空间 V 的对称变换 σ 的特征值，且 $\lambda \neq \mu$. 令 α 和 β 分别是属于 λ 和 μ 的特征向量：

$$\sigma(\alpha) = \lambda\alpha, \sigma(\beta) = \mu\beta.$$

因为

$$(\sigma(\alpha), \beta) = (\alpha, \sigma(\beta)).$$

所以, 我们有

$$\begin{aligned} \lambda(\alpha, \beta) = (\lambda\alpha, \beta) &= (\sigma(\alpha), \beta) \\ &= (\alpha, \sigma(\beta)) = (\alpha, \mu\beta) \\ &= \mu(\alpha, \beta). \end{aligned}$$

又因为 $\lambda \neq \mu$, 所以必须 $(\alpha, \beta) = 0$.

定理 8.12 设 σ 是 n 维欧氏空间 V 的一个对称变换. 那么存在 V 的一个标准正交基, 使得 σ 关于这个基的矩阵是对角形式. (即对称变换一定可对角化).

由定理 8.9, 定理 8.10 以及线性变换可对角化的充要条件可得推论 8.2.

推论 8.2 设 σ 是 n 维欧氏空间 V 的一个线性变换, 则 σ 是对称变换 $\Leftrightarrow \sigma$ 有 n 个两两正交的特征向量.

例 8.17 设欧氏空间 $\mathbf{R}^4$ 的线性变换 σ 为

$$\begin{aligned} \sigma(x_1, x_2, x_3, x_4) = (&x_1 - x_2 - x_3 + x_4, -x_1 + x_2 - x_3 + x_4 \\ &-x_1 - x_2 + x_3 + x_4, x_1 + x_2 + x_3 + x_4). \end{aligned}$$

试问 σ 是不是对称变换? 如果是, 求 $\mathbf{R}^4$ 的一个标准正交基, 使得 σ 关于这个基的矩阵是对角形矩阵.

解 在 $\mathbf{R}^4$ 中取标准正交基

$$\varepsilon_1 = (1,0,0,0), \varepsilon_2 = (0,1,0,0),$$
$$\varepsilon_3 = (0,0,1,0), \varepsilon_4 = (0,0,0,1).$$

那么 σ 关于基 $\varepsilon_1, \varepsilon_2, \varepsilon_3, \varepsilon_4$ 的矩阵是

$$A = \begin{pmatrix} 1 & -1 & -1 & 1 \\ -1 & 1 & -1 & 1 \\ -1 & -1 & 1 & 1 \\ 1 & 1 & 1 & 1 \end{pmatrix}.$$

因为 A 是实对称矩阵, 所以 σ 是对称变换. 并且, 由 σ 的特征多项式

$$f_\sigma(x) = |\lambda E - A| = (\lambda - 2)^3(\lambda + 2).$$

可得 σ 的特征值为 $\lambda_1 = 2$ (三重), $\lambda_2 = -2$.

属于特征值 $\lambda_1 = 2$ 的特征向量为

$$\alpha_1 = \begin{pmatrix} -1 \\ 1 \\ 0 \\ 0 \end{pmatrix}, \alpha_2 = \begin{pmatrix} -1 \\ 0 \\ 1 \\ 0 \end{pmatrix}, \alpha_3 = \begin{pmatrix} 1 \\ 0 \\ 0 \\ 1 \end{pmatrix}.$$

把它们正交化, 单位化得

$$\beta_1 = \begin{pmatrix} -\dfrac{1}{\sqrt{2}} \\[2mm] \dfrac{1}{\sqrt{2}} \\[2mm] 0 \\[1mm] 0 \end{pmatrix}, \beta_2 = \begin{pmatrix} -\dfrac{1}{\sqrt{6}} \\[2mm] -\dfrac{1}{\sqrt{6}} \\[2mm] \dfrac{2}{\sqrt{6}} \\[2mm] 0 \end{pmatrix}, \beta_3 = \begin{pmatrix} \dfrac{1}{2\sqrt{3}} \\[2mm] \dfrac{1}{2\sqrt{3}} \\[2mm] \dfrac{1}{2\sqrt{3}} \\[2mm] \dfrac{3}{2\sqrt{3}} \end{pmatrix}.$$

属于特征值 $\lambda_2 = -2$ 的特征向量为

$$\alpha_4 = \begin{pmatrix} 1 \\ 1 \\ 1 \\ -1 \end{pmatrix}.$$

把 α_4 单位化，得

$$\beta_4 = \begin{pmatrix} -\dfrac{1}{2} \\[2mm] \dfrac{1}{2} \\[2mm] \dfrac{1}{2} \\[2mm] -\dfrac{1}{2} \end{pmatrix}.$$

由此，σ 关于标准正交基 $\beta_1, \beta_2, \beta_3, \beta_4$ 的矩阵为对角形矩阵

$$\begin{pmatrix} 2 & & & \\ & 2 & & \\ & & 2 & \\ & & & -2 \end{pmatrix}.$$

由对称变换的可对角化，以及定理 8.7 可得定理 8.13.

定理 8.13 设 A 是一个 n 级实对称矩阵. 那么存在一个 n 级正交矩阵 U，使得 $U'AU$ 是对角形.（即对称矩阵可对角化）

$U'AU$ 称为对称矩阵 A 的**相似标准形**.

例 8.18 设

$$A = \begin{pmatrix} 5 & 0 & 0 \\ 0 & 3 & -2 \\ 0 & -2 & 3 \end{pmatrix}.$$

找出求一个正交矩阵 U，使 $U'AU$ 是对角形矩阵.（即求 A 的相似标准形）

解 第一步，先求 A 的全部特征根. 我们有

$$f_A(\lambda) = |\lambda E - A| = \begin{vmatrix} \lambda - 5 & 0 & 0 \\ 0 & \lambda - 3 & 2 \\ 0 & 2 & \lambda - 3 \end{vmatrix} = (\lambda - 5)^2(\lambda - 1).$$

所以 A 的特征根是 5，5，1.

第二步，对于特征根 5，求出齐次线性方程组

$$\begin{cases} 0x_1 = 0 \\ 2x_2 + 2x_3 = 0 \\ 2x_2 + 2x_3 = 0 \end{cases}$$

的一个基础解系

$$\eta_1 = \begin{pmatrix} 1 \\ 0 \\ 0 \end{pmatrix}, \eta_2 = \begin{pmatrix} 0 \\ -1 \\ 1 \end{pmatrix}.$$

再把 $\{\eta_1, \eta_2\}$ 正交化，单位化，得

$$\gamma_1 = \begin{pmatrix} 1 \\ 0 \\ 0 \end{pmatrix}, \gamma_2 = \begin{pmatrix} 0 \\ -\dfrac{1}{\sqrt{2}} \\ \dfrac{1}{\sqrt{2}} \end{pmatrix}.$$

对于特征根 1，同样求出齐次线性方程组

$$\begin{cases} -4x_1 = 0 \\ -2x_2 + 2x_3 = 0 \\ 2x_2 - 2x_3 = 0 \end{cases}$$

的一个基础解系为 $\eta_3 = \begin{pmatrix} 0 \\ 1 \\ 1 \end{pmatrix}$，再单位化得

$$\gamma_3 = \begin{pmatrix} 0 \\ \dfrac{1}{\sqrt{2}} \\ \dfrac{1}{\sqrt{2}} \end{pmatrix}.$$

第三步，以 $\gamma_1, \gamma_2, \gamma_3$ 为列，作一个矩阵

$$U = \begin{pmatrix} 1 & 0 & 0 \\ 0 & -\dfrac{1}{\sqrt{2}} & \dfrac{1}{\sqrt{2}} \\ 0 & \dfrac{1}{\sqrt{2}} & \dfrac{1}{\sqrt{2}} \end{pmatrix}.$$

那么 U 是正交矩阵，并且

$$U'AU = \begin{pmatrix} 5 & 0 & 0 \\ 0 & 5 & 0 \\ 0 & 0 & 1 \end{pmatrix} \quad (A\text{ 的相似标准形}).$$

习　题　8

1. 以下线性空间对于所规定的内积是否构成一个欧几里得空间.

(1) 对于欧氏空间 $\mathbf{R}^3$ 任意两个向量 $\alpha = (x_1, x_2, x_3), \beta = (y_1, y_2, y_3)$，规定的内积为

① $(\alpha, \beta) = (x_1 y_3 + x_2 y_2 + x_3 y_1)$;

② $(\alpha, \beta) = (x_1^2 y_1 + x_2^2 y_2 + x_3^2 y_3)$.

(2) 设 $M_2(\mathbf{R})$ 表示实数域上一切 2 级矩阵构成的线性空间，对于 $M_2(\mathbf{R})$ 中任意两个矩阵 $A = \begin{pmatrix} a_1 & a_2 \\ a_3 & a_4 \end{pmatrix}, B = \begin{pmatrix} b_1 & b_2 \\ b_3 & b_4 \end{pmatrix}$，规定内积为

① $(A, B) = 4a_1 b_1 + 3a_2 b_2 + 2a_3 b_3 + a_4 b_4$;

② $(A, B) = a_1 b_1 + a_2 b_2 + 2a_3 b_3 + 3a_4 b_4 - a_3 b_2 - a_2 b_3$.

2. 在欧氏空间 $\mathbf{R}^4$ 中，求 α, β 之间的夹角和距离.

(1) $\alpha = (2, 1, 3, 2), \beta = (1, 2, -2, 1)$;

(2) $\alpha = (1, 2, 2, 3), \beta = (3, 1, 5, 1)$.

3. 在欧氏空间 $\mathbf{R}^4$ 里找出两个单位向量，使它们同时与向量

$$\alpha = (2, 1, -4, 0), \beta = (-1, -1, 2, 2), \gamma = (3, 2, 5, 4)$$

中每一个正交.

4. 设 $\alpha_1, \alpha_2, \cdots, \alpha_n$ 是欧氏空间 V 的一组基，证明

(1) 如果 $\gamma \in V$，使 $(\gamma, \alpha_i) = 0, i = 1, 2, \cdots, n$. 那么 $\gamma = 0$,

(2) 如果 $\gamma_1, \gamma_2 \in V$ 使对任一 $\alpha \in V$ 有 $(\gamma_1, \alpha) = (\gamma_2, \alpha)$，那么 $\gamma_1 = \gamma_2$.

5. 设 ξ, η 是一个欧氏空间里彼此正交的向量. 证明

$$|\xi + \eta|^2 = |\xi|^2 + |\eta|^2. \quad (勾股定理)$$

6. 设 $\alpha_1, \alpha_2, \cdots, \alpha_n, \beta$ 都是一个欧氏空间的向量，且 β 是 $\alpha_1, \alpha_2, \cdots, \alpha_n$ 的线性组合，证明：如果 β 与每一个 α_i 正交，$i = 1, 2, \cdots, n$，那么 $\beta = 0$.

7. 设 $\varepsilon_1, \varepsilon_2, \varepsilon_3$ 是三维欧氏空间中一组标准正交基，证明

$$\alpha_1 = \frac{1}{3}(2\varepsilon_1 + 2\varepsilon_2 - \varepsilon_3), \alpha_2 = \frac{1}{3}(2\varepsilon_1 - \varepsilon_2 + 2\varepsilon_3), \alpha_3 = \frac{1}{3}(\varepsilon_1 - 2\varepsilon_2 - 2\varepsilon_3)$$

也是一组标准正交基.

8. 设 $\varepsilon_1, \varepsilon_2, \varepsilon_3, \varepsilon_4, \varepsilon_5$ 是五维欧氏空间 V 的一组标准正交基，$V_1 = L(\alpha_1, \alpha_2, \alpha_3)$，其中 $\alpha_1 = \varepsilon_1 + \varepsilon_5, \alpha_2 = \varepsilon_1 - \varepsilon_2 + \varepsilon_4, \alpha_3 = 2\varepsilon_1 + \varepsilon_2 + \varepsilon_3$，求 V_1 的一组标准正交基.

9. 试把欧氏空间 $\mathbf{R}^4$ 的子空间 W 的标准正交基

$$\alpha_1 = \left(\frac{1}{2}, \frac{1}{2}, \frac{1}{2}, \frac{1}{2}\right), \alpha_2 = \left(\frac{1}{2}, \frac{1}{2}, -\frac{1}{2}, -\frac{1}{2}\right)$$

扩充成 $\mathbf{R}^4$ 的标准正交基.

10. 求

$$\begin{cases} x_1 + x_2 - 2x_3 + x_4 = 0 \\ 2x_1 + x_2 - x_3 - 3x_4 = 0 \end{cases}$$

的解空间的一个标准正交基.

11. 设 V 是一个 n 维欧氏空间. 证明

(1) 如果 W 是 V 的一个子空间, 那么 $(W^\perp)^\perp = W$;

(2) 如果 W_1, W_2 是 V 的一个子空间, 且 $W_1 \subseteq W_2$ 那么 $W_2^\perp \subseteq W_1^\perp$;

(3) 如果 W_1, W_2 是 V 的一个子空间, 那么 $(W_1 + W_2)^\perp = W_1^\perp \cap W_2^\perp$.

12. 设 σ 是 n 维欧氏空间 V 的一个正交变换. 那么 σ 的不变子空间的正交补也是 σ 的不变子空间.

13. 证明：第二类正交变换一定以 -1 作为它的一个特征值.

14. 设 V 是一个欧氏空间, $\alpha \in V$ 是一个非零向量, 对于 $\xi \in V$, 规定

$$\tau(\xi) = \xi - \frac{2(\xi, \alpha)}{(\alpha, \alpha)}\alpha.$$

证明：τ 是 V 的一个正交变换, 且 $\tau^2 = \iota$, ι 是单位变换.

这样的线性变换 τ 叫做由向量 α 所决定的一个**镜面反射**. 当 V 是一个 n 维欧氏空间时，证明：存在 V 的一个标准正交基, 使得 τ 关于这个基的 n 级矩阵有形状：

$$\begin{bmatrix} -1 & & & & \\ & 1 & & & \\ & & 1 & & \\ & & & \ddots & \\ & & & & 1 \end{bmatrix}.$$

15. 假设 $\alpha_1, \alpha_2, \alpha_3$ 是欧氏空间 V 的标准正交基, 试求 V 的一个正交变换 σ, 使

$$\sigma(\alpha_1) = \frac{2}{3}\alpha_1 + \frac{2}{3}\alpha_2 - \frac{1}{3}\alpha_3,$$

$$\sigma(\alpha_2) = \frac{2}{3}\alpha_1 - \frac{1}{3}\alpha_2 + \frac{2}{3}\alpha_3.$$

16. 设 σ_1, σ_2 是 n 维欧氏空间 V 的两个对称变换, 试证 $\sigma_1 + \sigma_2$ 也是对称变换. $\sigma_1\sigma_2$ 是不是对称变换？

17. 假设欧氏空间 R^3 的线性变换 σ 为

$$\sigma(x_1, x_2, x_3) = (x_1 + 2x_2 + 4x_3, 2x_1 - 2x_2 + 2x_3, 4x_1 + 2x_2 + x_3).$$

试证：σ 为对称变换, 并求一个标准正交基, 使 σ 关于这个在的矩阵为对角形矩阵.

18. 假设 σ 是欧氏空间 V 的一个正交变换, 试证：假如 $\sigma^2 = \iota$, ι 是单位变换. 那么 σ 是对称变换.

19. 求正交矩阵 U，使 $U'AU$ 是对角形矩阵，其中对称矩阵 A 为

(1) $A = \begin{bmatrix} 3 & 1 & 2 \\ 1 & 3 & -2 \\ 2 & -2 & 0 \end{bmatrix}$；

(2) $A = \begin{bmatrix} 2 & -2 & 0 \\ -2 & 1 & -2 \\ 0 & -2 & 0 \end{bmatrix}$；

(3) $A = \begin{bmatrix} 0 & 0 & 4 & 1 \\ 0 & 0 & 1 & 4 \\ 4 & 1 & 0 & 0 \\ 1 & 4 & 0 & 0 \end{bmatrix}$；

(4) $A = \begin{bmatrix} 1 & 1 & 1 & 1 \\ 1 & 1 & 1 & 1 \\ 1 & 1 & 1 & 1 \\ 1 & 1 & 1 & 1 \end{bmatrix}$.

20. 欧氏空间 V 的线性变换 σ 称为**反对称变换**，如果对于任意 $\xi, \eta \in V$，有
$$(\sigma(\xi), \eta) = -(\xi, \sigma(\eta)).$$

证明：(1) σ 是反对称变换 $\Leftrightarrow \sigma$ 关于 V 的标准正交基的矩阵是反对称矩阵；

(2) 反对称变换 σ 的不变子空间的的正交补也是 σ 的不变子空间；

(3) 反对称变换的特征值或者是零，或者是纯虚数.

实　验

实验1　矩阵的基本运算

问题： 已知 n 级矩阵 A , B ，如何用 Mathcad 进行矩阵的加法、减法、乘法及矩阵的转置、求逆、矩阵的行列式等运算.

【实验目的】

应用 Mathcad 软件进行矩阵的输入及矩阵的各种基本运算.

【预备知识】

（1）矩阵（Matrx）是人们用数学方法解决实际问题的重要工具，也是高等代数中一个基本概念. 矩阵是由 $m \times n$ 个数排成的一个 m 行 n 列的表，也称为 $m \times n$ 矩阵. 常用大写的英文字母如 A , B , C , ⋯ 来表示.

（2）矩阵的运算比较繁琐. Mathcad 让用户可以在其中进行公式的书写推导、计算、数值显示等操作.

【实验内容】

（1）打开电脑，启动 Windows 桌面.

（2）在"MathcadProfessional"的窗口下，View 的下拉菜单 Toolbars（工具栏）选项可以显示各个工具栏. 将常用辅助工具栏 MathCalculator 打开.

（3）输入矩阵

$$A_: = \begin{bmatrix} 2 & 1 & 2 \\ 3 & 1 & 2 \\ -1 & 0 & 1 \end{bmatrix}, B_: = \begin{bmatrix} 1 & 2 & 3 \\ 4 & 5 & 6 \\ -3 & -2 & -1 \end{bmatrix}.$$

（4）作 $A + B$, $A - B$, $A \cdot B$, A^{-1} , A' , $|A|$.

（5）得到如下结果：

$$A + B = \begin{bmatrix} 3 & 3 & 5 \\ 7 & 6 & 8 \\ -4 & -2 & 0 \end{bmatrix}, A - B = \begin{bmatrix} 1 & -1 & -1 \\ -1 & -4 & -4 \\ 2 & 2 & 2 \end{bmatrix}, A \cdot B = \begin{bmatrix} 0 & 5 & 10 \\ 1 & 7 & 13 \\ -4 & -4 & -4 \end{bmatrix},$$

$$A^{-1} = \begin{pmatrix} -1 & 1 & 0 \\ 5 & -4 & -2 \\ -1 & 1 & 1 \end{pmatrix}, A' = \begin{pmatrix} 2 & 3 & -1 \\ 1 & 1 & 0 \\ 2 & 2 & 1 \end{pmatrix}, |A| = -1$$

【思考与练习】

（1）输入矩阵 $A: = \begin{pmatrix} 1 & 2 \\ 3 & 4 \end{pmatrix}$，$B: = \begin{pmatrix} -5 & -6 \\ 7 & 8 \end{pmatrix}$，求 $A+B$，$A-B$，$A \cdot B$，A^2，A'．

（2）已知矩阵 $A = \begin{pmatrix} 1 & 1 & 1 & 1 \\ 1 & 2 & 3 & 4 \\ 1 & 3 & 6 & 10 \\ 1 & 4 & 10 & 20 \end{pmatrix}$，求 A^{-1}，$|A|$．

实验 2　矩阵函数的运算

【实验目的】

在 Mathcad 软件中熟练掌握矩阵的输入和矩阵函数的运算．

【实验内容】

例 1　使用 augment（M_1，M_2）函数，合并矩阵 $M_1 = \begin{pmatrix} 13 & 6 \\ 8 & 5 \end{pmatrix}$，$M_2 = \begin{pmatrix} 6 & 6 \\ 7 & 7 \end{pmatrix}$．

解　augment（M_1，M_2）函数为扩增函数，它把 M_1，M_2 这两个矩阵按照把 M_2 矩阵放在 M_1 的右边的方法而生成一个新矩阵．

输入：$M_1: = \begin{pmatrix} 13 & 6 \\ 8 & 5 \end{pmatrix}$，$M_2: = \begin{pmatrix} 6 & 6 \\ 7 & 7 \end{pmatrix}$，augment（$M_1$，$M_2$）$= \begin{pmatrix} 13 & 6 & 6 & 6 \\ 8 & 5 & 7 & 7 \end{pmatrix}$

例 2　使用 identity（n）函数来产生一个 n 级单位矩阵．

解　输入：identity（3）$= \begin{pmatrix} 1 & 0 & 0 \\ 0 & 1 & 0 \\ 0 & 0 & 1 \end{pmatrix}$．

例 3　使用 rank（B）函数来求向量或矩阵的秩．

已知 $B = \begin{pmatrix} 1 & 2 & 3 \\ 3 & 1 & 2 \\ 2 & 3 & 1 \\ -6 & -6 & -6 \end{pmatrix}$，求秩（$B$）．

解　输入：rank（B）$= 3$．

【思考与练习】

求矩阵秩 (A)，其中 $A = \begin{pmatrix} 0 & 1 & -2 & 1 \\ 1 & 0 & 1 & -2 \\ -2 & 1 & 0 & 1 \\ 1 & -2 & 1 & 0 \end{pmatrix}$.

实验 3　线性方程组的解

问题：对已给的线性方程组，如何判定它的解情况及求它的全部解.

【实验目的】

应用数学软件 Mathcad，求线性方程组的解.

【预备知识】

（1）根据线性方程组的理论，线性方程组的解分为三种情形：唯一解、无解、无穷多解.

（2）当线性方程组 $AX = B$ 中方程个数等于未知量个数，且它的系数矩阵可逆时，这个方程组有唯一解. 求解方法有克莱姆法则、消元法、矩阵运算等.

（3）当线性方程组 $AX = B$ 中方程个数不等于未知量个数时，它的解分二种情形考虑：

① 当它的系数矩阵的秩等于增广矩阵的秩且小于未知量的个数时，线性方程组有无穷解.

② 当它的系数矩阵的秩不等于增广矩阵的秩，线性方程组无解.

（4）在 Mathcad 的主菜单栏 Insert 中，选择 Function 可用命令 rref（A）将矩阵 A 的行进行简化，写出线性方程组的一般解.

【实验内容】

例 1　解线性方程组

$$\begin{cases} 4x_1 + 8x_2 + 9x_3 = -3 \\ 8x_1 + 3x_2 + 4x_3 = -7 \\ 3x_1 - 7x_2 + 3x_3 = 7 \end{cases}.$$

解法一　因为它的系数行列式不等于零，所以可选克莱姆法则来求解.
输入

$$D := \begin{vmatrix} 4 & 8 & 9 \\ 8 & 3 & 4 \\ 3 & -7 & 3 \end{vmatrix}, D_1 := \begin{vmatrix} -3 & 8 & 9 \\ -7 & 3 & 4 \\ 7 & -7 & 3 \end{vmatrix}, D_2 := \begin{vmatrix} 4 & -3 & 9 \\ 8 & -7 & 4 \\ 3 & 7 & 3 \end{vmatrix}, D_3 := \begin{vmatrix} 4 & 8 & -3 \\ 8 & 3 & -7 \\ 3 & -7 & 7 \end{vmatrix},$$

得 $|D| = -533$，$|D_1| = 533$，$|D_2| = 533$，$|D_3| = -533$．
所求方程组的解为

$$x_1 = -1，x_2 = 1，x_3 = -1．$$

解法二   输入

$A := \begin{bmatrix} 4 & 8 & 9 \\ 8 & 3 & 4 \\ 3 & -7 & 3 \end{bmatrix}$，$B := \begin{bmatrix} -3 \\ -7 \\ 7 \end{bmatrix}$，用公式 $X := A^{-1} \cdot B$，可得线性方程组的解为

$X = \begin{bmatrix} -1 \\ 1 \\ -1 \end{bmatrix}$．

例 2   求齐次线性方程组

$$\begin{cases} x_1 + 2x_2 - x_3 + 2x_4 = 0 \\ 2x_1 + 4x_2 + x_3 + x_4 = 0 \\ -x_1 - 2x_2 - 2x_3 + x_4 = 0 \end{cases}$$

的一个基础解系，并写出其解．

解   输入

$A := \begin{bmatrix} 1 & 2 & -1 & 2 \\ 2 & 4 & 1 & 1 \\ -1 & -2 & -2 & 1 \end{bmatrix}$，对系数矩阵 A 作行初等变换，将 A 化为简化阶梯形矩阵．

$\mathrm{rref}(A) = \begin{bmatrix} 1 & 2 & 0 & 1 \\ 0 & 0 & 1 & -1 \\ 0 & 0 & 0 & 0 \end{bmatrix}$，它的一般解为

$$\begin{cases} x_1 = -x_2 - x_4 \\ x_2 = x_2 \\ x_3 = x_4 \\ x_4 = x_4 \end{cases}，$$

其中 x_2, x_4 是自由未知量，即可得齐次线性方程组的一个基础解系

$$\alpha = \begin{bmatrix} -1 \\ 1 \\ 0 \\ 0 \end{bmatrix}，\beta = \begin{bmatrix} -1 \\ 0 \\ 1 \\ 1 \end{bmatrix}，$$

所求齐次线性方程组的通解为 $X = k \cdot \alpha + m \cdot \beta$，$k, m$ 是任意数．

【思考与练习】

（1）用命令 $\mathrm{rref}(A)$ 求矩阵 $A = \begin{bmatrix} -1 & 2 & 1 & 0 \\ 1 & -2 & -1 & 0 \\ -1 & 0 & 1 & 1 \\ -2 & 0 & 2 & 2 \end{bmatrix}$．

（2）用克莱姆法则解线性方程组

$$\begin{cases} x_1 + 3x_2 + x_3 + 2x_4 = 4 \\ 3x_1 + 4x_2 + 2x_3 - 3x_4 = 6 \\ -1x_1 - 5x_2 + 4x_3 + x_4 = 11 \\ 2x_1 + 7x_2 + x_3 - 6x_4 = -5 \end{cases}.$$

（3）求齐次线性方程组

$$\begin{cases} 5x_1 - 2x_2 + 4x_3 - 3x_4 = 0 \\ -3x_1 + 5x_2 - x_3 + 2x_4 = 0 \\ x_1 - 3x_2 + 2x_3 + x_4 = 0 \end{cases}$$

的一个基础解系及通解.

实验 4 多 项 式

【实验目的】

（1）从函数图象了解多项式的根的概念.

（2）如何求多项式的根以及通过多项式的根来进行多项式的因式分解和求最大公因式.

【预备知识】

（1）函数的图象、多项式的根、曲线的交点，多项式的公因式.

（2）Mathcad 语句：Polyroots，Factor，root.

【实验内容】

1. 多项式的根的概念

观察 $f(x) = 2x^5 - 10x^4 + 16x^3 - 16x^2 + 14x - 6$ 的图像

步骤：输入

$$f(x) := 2x^5 - 10x^4 + 16x^3 - 16x^2 + 14x - 6$$

$$x := 5.5$$

输入 $f(x)$ 得

从左图中可以看出多项式根的情况.

2. 求多项式的根

输入向量

$$v := \begin{pmatrix} -6 \\ 14 \\ -16 \\ 16 \\ -10 \\ 2 \end{pmatrix}.$$

Mathcad 语句：　　　　Polyroots (v) = , 得结果

$$polyroots\ (v) = \begin{pmatrix} -2.608 \times 10^{-}8 - 1i \\ -2.608 \times 10^{-}8 + 1i \\ 1 - 3.101i \times 10^{-}4 \\ 1 + 3.102i \times 10^{-}4 \\ 3 \end{pmatrix}.$$

【思考与练习】

求多项式 $f(x) = x^5 - x^4 - 2x^3 + 2x^2 + x - 1$ 的根.

3. 多项式的因式分解

例　在有理数域上分解多项式　　　$f(x) = x^3 + x^2 - 2x - 2$

方法一　直接用 Symbolics 菜单中的 Factor 选项.

(1) 输入：$x^3 + x^2 - 2x - 2$

(2) 从 Symbolics 菜单中选择 Factor，得

$$(x+1)(x^2-2)$$

方法二　求函数的根.

(1) 定义函数 $f(x)$

输入

$$f(x) = x^3 + x^2 - 2x - 2$$

(2) 确定 x 的大致范围 $[-3, 3]$

利用 Mathcad 画图

输入 $f(x)$@ 得

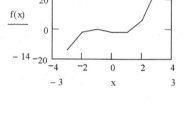

从图中可以看出三个解分别在 -2、-1、$+1$ 附近.

(3) 输入

$$x：= -1$$
$$root\ (f(x),\ x) = -1$$
$$x：= -2$$
$$root\ (f(x),\ x) = -1.414$$
$$x：= 1$$
$$root\ (f(x),\ x) = 1.414$$

所以也得 $f(x) = (x+1)(x^2-2)$.

方法三：直接用 Polyroots 语句.

定义向量 v，其中第一个元素为常数项系数，第二个元素为多项式的一次项系数，第三个元素为多项式的二次项系数，依此类推

输入

$$v := \begin{pmatrix} -2 \\ -2 \\ 1 \\ 1 \end{pmatrix},$$

$$\text{polyroots}(v) = \begin{pmatrix} -1.414 \\ -1 \\ 1.414 \end{pmatrix}.$$

同样也能得结果.

【思考与练习】

分解多项式 $f(x) = 2x^5 - 10x^4 + 16x^3 - 16x^2 + 14x - 6$.

4. 最大公因式

（1）通过图形来了解多项式的公因式.

例 $f(x) = 4x^4 - 2x^3 - 16x^2 + 5x + 9$, $g(x) = 2x^3 - x^2 - 5x + 4$.

先定义函数

$$f(x) := 4x^4 - 2x^2 - 16x^2 + 5x + 9,$$
$$g(x) := 2x^3 - x^2 - 5x + 4,$$
$$x := -5.5.$$

从图中可知 $f(x)$, $g(x)$ 有公因式, 在 1 附近.

（2）求最大公因式.

用 Mathcad 命令 Polyroots

定义向量

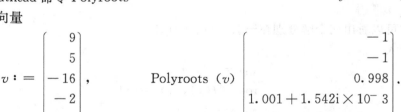

$$v := \begin{pmatrix} 9 \\ 5 \\ -16 \\ -2 \\ 4 \end{pmatrix}, \qquad \text{Polyroots}(v) \begin{pmatrix} -1 \\ -1 \\ 0.998 \\ 1.001 + 1.542i \times 10^{-3} \\ 1.001 - 1.542i \times 10^{-3} \end{pmatrix}.$$

由此可得 $f(x)$ 的根的情况

$$\alpha := \begin{pmatrix} 4 \\ -5 \\ -1 \\ 2 \end{pmatrix}, \qquad \text{Polyroots}(v) \begin{pmatrix} -1.686 \\ 1 \\ 1.186 \end{pmatrix}.$$

由此可得 $g(x)$ 的根的情况.

由 $f(x)$, $g(x)$ 的根的情况就可得它们的最大公因式为 $(X-1)$.

【思考与练习】

求多项式 f（x）＝$x^4+3x^3-x^2-4x-3$，g（x）＝$3x^3+10x^2+2x-3$ 的最大公因式.

【实验小结】

本实验主要目的是学习通过画函数的图形来观察图象与 $x=0$ 的交点位置，同时利用 Mathcad 语句 Polyroots 或 root 来求多项式的根以及如何对多项式进行因式分解和求最大公因式.

实验 5　向量组的线性相关性分析

问题： 如何判断向量组是线性相关还是线性无关?

【实验目的】

应用 Mathcad 软件分析向量组的线性相关性.

【预备知识】

（1）向量组的线性相关性是向量组数据结构所表现的性质，它的线性相关性是由它本身的数据所决定的.

（2）判断向量组是否线性相关步骤如下：

① 将向量组中向量数据以列的形式排成 $n \times m$ 矩阵 A.

② 用命令 rref(A) 将矩阵化为简化阶梯形矩阵.

③ 观察简化阶梯形矩阵中非零行向量的数目是否小于向量组全部向量数目 m，若小于 m，则向量组线性相关；否则线性无关.

【实验内容】

例 判断下列向量组的线性相关性

$$\alpha_1 = (1,-2,0,3)，\alpha_2 = (2,5,-1,0)，\alpha_3 = (3,4,1,2).$$

解法一 先在 Mathcad 中将上面三个向量以行向量数据形式输入，再转置为列向量组成的矩阵. 然后用 rref(A) 将矩阵化为简化阶梯形矩阵. 操作如下

$$A:=\begin{pmatrix} 1 & -2 & 0 & 3 \\ 2 & 5 & -1 & 0 \\ 3 & 4 & 1 & 2 \end{pmatrix}，A'=\begin{pmatrix} 1 & 2 & 3 \\ -2 & 5 & 4 \\ 0 & -1 & 1 \\ 3 & 0 & 2 \end{pmatrix}，$$

$$\mathrm{rref}(A') = \begin{pmatrix} 1 & 0 & 0 \\ 0 & 1 & 0 \\ 0 & 0 & 1 \\ 0 & 0 & 0 \end{pmatrix}$$，因为它的非零行的行数是 3，等于向量组的个数 3，所

以向量组线性无关.

解法二 在 Mathcad 中用命令 rank(A) 求出秩(A) 即可判断.

由秩(A) 等于向量组的个数，得向量组线性无关.

【思考与练习】

(1) 判断向量组的线性相关性.

$\alpha_1 = (1,1,2,2)$，$\alpha_2 = (0,2,1,5)$，$\alpha_3 = (2,0,5,-1)$，$\alpha_4 = (1,1,0,4)$.

(2) 求向量组的秩，并求出它的最大无关组.

$\alpha_1 = (1,1,2,-1)$，$\alpha_2 = (0,2,1,4)$，$\alpha_3 = (1,1,0,-1)$，$\alpha_4 = (2,0,3,2)$

实验 6 基 和 维 数

【实验目的】

(1) 了解向量空间的基和维数的概念.
(2) 如何求基和维数.

【预备知识】

(1) 向量空间基的概念，维数的概念，矩阵的秩.
(2) Mathcad 语句：rank.

【实验过程】

例 求下列子空间的基和维数

$$\mathrm{L}((2,-3,1),(1,4,2),(5,-2,4)).$$

定义矩阵

$$A := \begin{pmatrix} 2 & -3 & 1 \\ 1 & 4 & 2 \\ 5 & -2 & 4 \end{pmatrix},$$

rank(A) $=2$.

再定义矩阵

$$B := \begin{pmatrix} 2 & -3 & 1 \\ 1 & 4 & 2 \end{pmatrix},$$

rank(B) $=2$.

所以基为（2，-3，1），（1，4，2），维数为 2.

【思考与练习】

求子空间 L（（2，1，3，−1），（−1，1，−3，1），（4，5，3，−1），（1，5，−3，1））基和维数.

【实验小结】

本实验主要是运用 Mathcad 语言中矩阵的秩来求向量空间的基和维数.

实验 7 坐 标

【实验目的】

(1) 向量坐标的概念.

(2) 学会利用 Mathcad 语言来求坐标.

【预备知识】

(1) 向量坐标的概念，线性方程组.

(2) Mathcad 语句：Given，Find.

【实验内容】

向量空间 V 的基为 $\alpha_1, \alpha_2, \cdots, \alpha_n$，

$$\xi = x_1\alpha_1 + x_2\alpha_2 + \cdots + x_n\alpha_n$$

$$= (\alpha_1, \alpha_2, \cdots, \alpha_n) \begin{pmatrix} x_1 \\ x_2 \\ \vdots \\ x_n \end{pmatrix},$$

则向量 ξ 的坐标为

$$\begin{pmatrix} x_1 \\ x_2 \\ \vdots \\ x_n \end{pmatrix}.$$

例 求向量 $\xi = (4, 12, 6)$ 关于基 $\alpha_1 = (-2, 1, 3)$，$\alpha_2 = (-1, 0, 1)$，$\alpha_3 = (-2, -5, -1)$ 的坐标.

设 $\xi = x_1\alpha_1 + x_2\alpha_2 + x_3\alpha_3$

$$\begin{pmatrix} 4 \\ 12 \\ 6 \end{pmatrix} = x_1 \begin{pmatrix} -2 \\ 1 \\ 3 \end{pmatrix} + x_2 \begin{pmatrix} -1 \\ 0 \\ 1 \end{pmatrix} + x_3 \begin{pmatrix} -2 \\ -5 \\ -1 \end{pmatrix},$$

得

$$\begin{cases} -2x_1 - x_2 - 2x_3 = 4 \\ x_1 - 5x_3 = 12 \\ 3x_1 + x_2 - x_3 = 6 \end{cases},$$

即

$$\begin{pmatrix} -2 & -1 & -2 \\ 1 & 0 & -5 \\ 3 & 1 & -1 \end{pmatrix} \begin{pmatrix} x_1 \\ x_2 \\ x_3 \end{pmatrix} = \begin{pmatrix} 4 \\ 12 \\ 6 \end{pmatrix}.$$

方法一 用矩阵

输入

$$A_: = \begin{pmatrix} -2 & -1 & -2 \\ 1 & 0 & -5 \\ 3 & 1 & -1 \end{pmatrix}, B_: = \begin{pmatrix} 4 \\ 12 \\ 6 \end{pmatrix}, X_: = A^{-1} \cdot B.$$

得结果

$$X_: = \begin{pmatrix} 7 \\ -16 \\ -1 \end{pmatrix}.$$

方法二 用 Given 和 Find 语句

```
x₁:= 1    x₂:= 1    x₃:= 1
Given
- 2x₁- x₂- 2x₃= 4
x₁- 5x₃= 12
3x₁+ x₂- x₃= 6

Find (x₁, x₂, x₃) = ⎛  7 ⎞
                    ⎜-16⎟
                    ⎝ -1⎠
```

【思考与练习】

求向量 $\xi = (5, 0, 7)$ 关于基 $\alpha_1 = (1, -1, 0)$, $\alpha_2 = (2, 1, 3)$ $\alpha_3 = (3, 1, 2)$ 的坐标.

注：本实验主要是学习利用 Mathcad 语言来求向量的坐标.

实验 8 矩阵的特征根和特征向量

问题：已知矩阵 A，如何求它的特征根、特征向量及它的迹.

【实验目的】

应用数学软件 Mathcad，求矩阵的特征根、特征向量及它的迹.

【预备知识】

（1）矩阵的特征根和特征向量：设 A 是 n 级方阵，λ 是一个数，如果存在非零的列向量 ξ，使得 $A\xi = \lambda\xi$，成立，则称数 λ 为方阵 A 的特征根，非零的列向量 ξ 为方阵 A 的特征向量.

（2）用 Mathcad 中的命令求出矩阵的特征根和特征向量.

命令 eig 的使用：①求矩阵 A 的特征根用命令 eigenvecs（A）；②求矩阵 A 的特征向量用命令 eigenvals（A）.

（3）使用 tr（A）函数求矩阵的迹.

【实验内容】

例 1 求方阵 $A = \begin{pmatrix} 3 & 0 & 4 \\ 0 & 6 & 0 \\ 4 & 0 & 3 \end{pmatrix}$ 的特征根和特征向量.

解 输入：$A := \begin{pmatrix} 3 & 0 & 4 \\ 0 & 6 & 0 \\ 4 & 0 & 3 \end{pmatrix}$，命令的计算结果为：eigenvecs（$A$）$= \begin{pmatrix} 6 \\ -1 \\ 7 \end{pmatrix}$.

所以 A 的特征根为 6，-1，7.

接着求 A 的特征向量

$$\text{eigenvals（}A\text{）} = \begin{pmatrix} 0 & 0.707 & 0.707 \\ 1 & 0 & 0 \\ 0 & -0.707 & 0.707 \end{pmatrix}.$$

这个数据块是由列向量形成的矩阵，分别表示三个特征向量

$$\alpha_1 = \begin{pmatrix} 0 \\ 1 \\ 0 \end{pmatrix}, \alpha_2 = \begin{pmatrix} 0.707 \\ 0 \\ -0.707 \end{pmatrix}, \alpha_3 = \begin{pmatrix} 0.707 \\ 0 \\ 0.707 \end{pmatrix}.$$

显然，α_1 是 A 属于特征根 6 的特征向量，α_2 是 A 属于特征根 -1 的特征向量，α_3 是 A 属于特征根 7 的特征向量.

特征向量乘一非零数仍是特征向量，故也可取这三个特征向量

$$\beta_1 = \begin{pmatrix} 0 \\ 1 \\ 0 \end{pmatrix}, \beta_2 = \begin{pmatrix} 1 \\ 0 \\ -1 \end{pmatrix}, \beta_3 = \begin{pmatrix} 1 \\ 0 \\ 1 \end{pmatrix}.$$

例 2 使用 tr（A）函数，A 为方阵，求 $A = \begin{pmatrix} 8 & 96 & 5 \\ 3 & -4 & 0 \\ 8 & 7 & 33 \end{pmatrix}$ 的迹.

解 输入：$A := \begin{pmatrix} 8 & 96 & 5 \\ 3 & -4 & 0 \\ 8 & 7 & 33 \end{pmatrix}$，tr（$A$）$= 37$.

【思考与练习】

求方阵

$$A = \begin{pmatrix} 4 & 6 & 0 \\ -3 & 5 & 0 \\ -3 & -6 & 1 \end{pmatrix}$$

的特征根、特征向量及它的迹，并求 A^{10}.

附录 2

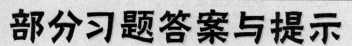

部分习题答案与提示

第 1 章

1. (1) 奇，(2) 偶，(3) 偶，(4) $\begin{cases} \text{偶} \dfrac{n(n-1)}{2} \text{为偶} \\ \text{奇} \dfrac{n(n-1)}{2} \text{为奇} \end{cases}$.

2. $12345 \xrightarrow{(5,1)} 52341 \xrightarrow{(3,2)} 53241 \xrightarrow{(2,3)} 52341$.

3. 反序数为 n^2，当 n 为奇时，它为奇排列，当 n 为偶时，它为偶排列.

4. 负，正.

5. 提示：只需说明此行列式中必有一行或一列全为 0.

7. x^4 与 x^3 的系数分别为 2，-3.

8. 提示：由行列式等于 0，可知正项个数与负项个数相等.

9. (1) -30；(2) $(x-1)^2(x^2+2x-(3)$；(3) 160；(4) 0.

12. (1) $2(x+y)(-x^2+xy-y^2)$；(2) x^2y^2.

13. (1) 0；(2) $(-m)(\sum\limits_{i=1}^{n} x_i-m)$；(3) (-2) (n−2)!；(4) 依第 1 行展开得到一个递推式 $D_n-D_{n-1}=a_0 x^{n-1}$，可得 $D_n=a_0 x^{n-1}+a_1 x^{n-2}+\cdots+a_{n-2}x+a_{n-1}$；(5) 依第一行展开得到一个递推式 $D_n+a_1 D_{n-1}=D_{n-1}+a_2 D_{n-2}$，继而得到递推式 $D_n+a_1 D_{n-1}=1$，（也可把所有行加到第一行，再依第一行展开，就得到递推式 $D_n+a_1 D_{n-1}=1$）所以，$D_n=1-a_1+a_1 a_2+\cdots+(-1)^n a_1 a_2\cdots a_n$.

14. (1) -483；(2) $\dfrac{3}{8}$.

15. (1) $\begin{cases} x_1=-1 \\ x_2=-1 \\ x_3=0 \\ x_4=-1 \end{cases}$；(2) $\begin{cases} x_1=1 \\ x_2=1 \\ x_3=-1 \\ x_4=1 \\ x_5=-1 \end{cases}$.

16. 提示：设出这 $n+1$ 个不同的根，代入 $f(x)=c_0+c_1 x+\cdots+c_n x^n$，则 $f(x)=$

$c_0 + c_1 x + \cdots + c_n x^n = 0$. 从而求系数 $c_0, c_1, \cdots, c_n$.

第 2 章

1. $AB = \begin{pmatrix} 6 & 2 & -2 \\ 6 & 1 & 0 \\ 8 & -1 & 2 \end{pmatrix}$; $AB - BA = \begin{pmatrix} 2 & 2 & -2 \\ 2 & 0 & 0 \\ 4 & -4 & -2 \end{pmatrix}$.

2. (1) $\begin{pmatrix} 7 & 4 & 4 \\ 9 & 4 & 3 \\ 3 & 3 & 4 \end{pmatrix}$; (2) $\begin{pmatrix} 3 & -2 \\ 4 & 8 \end{pmatrix}$; (3) $\begin{pmatrix} 1 & n \\ 0 & 1 \end{pmatrix}$; (4) 0, $\begin{pmatrix} 2 & 3 & -1 \\ -2 & -3 & 1 \\ -2 & -3 & 1 \end{pmatrix}$;

(5) $(a_{11}x^2 + b_{12}xy + b_1 x + a_{12}xy + a_{22}y^2 + b_2 y + b_1 x + b_2 y + c)$.

4. 提示：把 A 代入，计算 A^2.

6. 因为若 AB 对称，则有 $(AB)' = AB$，那么 $B'A' = BA = AB$；反过来也一样.

9. 因为

$(E - A)(E + A + A^2 + \cdots + A^{m-1}) = E + A + A^2 + \cdots + A^{m-1} - A - A^2 - \cdots A^n = E - A^m$.

10. 提示：$A^n = (B'C)(B'C) \cdots (B'C) = B'(CB')(CB') \cdots (CB')C = 3^n \begin{pmatrix} 1 & \dfrac{1}{2} & \dfrac{1}{3} \\ 2 & 1 & \dfrac{2}{3} \\ 3 & \dfrac{3}{2} & 1 \end{pmatrix}$.

11. (1) 秩为 2；(2) 秩为 2；(3) 秩为 3；(4) 秩为 2；(5) 秩为 3.

12. (1) $\dfrac{1}{2} \begin{pmatrix} 2 & 6 & -4 \\ -3 & -6 & 5 \\ 2 & 2 & -2 \end{pmatrix}$; (2) $\dfrac{1}{2} \begin{pmatrix} 6 & -1 & -1 \\ 4 & 0 & -2 \\ -8 & 1 & 3 \end{pmatrix}$;

(3) $\begin{pmatrix} \dfrac{1}{4} & \dfrac{1}{4} & \dfrac{1}{4} & \dfrac{1}{4} \\ \dfrac{1}{4} & \dfrac{1}{4} & -\dfrac{1}{4} & -\dfrac{1}{4} \\ \dfrac{1}{4} & -\dfrac{1}{4} & \dfrac{1}{4} & -\dfrac{1}{4} \\ \dfrac{1}{4} & -\dfrac{1}{4} & -\dfrac{1}{4} & \dfrac{1}{4} \end{pmatrix}$; (4) $\begin{pmatrix} 22 & -6 & -26 & 17 \\ -17 & 5 & 20 & -13 \\ -1 & 0 & 2 & -1 \\ 4 & -1 & -5 & 3 \end{pmatrix}$.

13. (1) $X = \begin{pmatrix} 2 & -23 \\ 0 & 8 \end{pmatrix}$. (2) $X = \begin{pmatrix} 5 & -3 \\ 4 & -2 \\ 3 & -3 \end{pmatrix}$.

14. $B = \begin{pmatrix} 0 & 3 & 3 \\ -1 & 2 & 3 \\ 1 & 1 & 0 \end{pmatrix}$.

15. $AB - BA = \begin{pmatrix} 4 & 12 & 0 & 0 \\ -20 & -4 & 0 & 0 \\ 0 & 0 & 13 & 0 \\ 0 & 0 & -26 & -13 \end{pmatrix}$, $A^{-1} = \begin{pmatrix} 1 & -2 & 0 & 0 \\ -2 & 5 & 0 & 0 \\ 0 & 0 & 2 & -3 \\ 0 & 0 & -5 & 8 \end{pmatrix}$.

16. (1) $\begin{pmatrix} 2 & -1 & 0 & 0 \\ -3 & 2 & 0 & 0 \\ -5 & 7 & -3 & -4 \\ 2 & -2 & \dfrac{1}{2} & \dfrac{1}{2} \end{pmatrix}$; (2) $\begin{pmatrix} \dfrac{1}{2} & -\dfrac{1}{4} & \dfrac{1}{8} & -\dfrac{1}{16} & \dfrac{1}{32} \\ 0 & \dfrac{1}{2} & -\dfrac{1}{4} & \dfrac{1}{8} & -\dfrac{1}{16} \\ 0 & 0 & \dfrac{1}{2} & -\dfrac{1}{4} & \dfrac{1}{8} \\ 0 & 0 & 0 & \dfrac{1}{2} & -\dfrac{1}{4} \\ 0 & 0 & 0 & 0 & \dfrac{1}{2} \end{pmatrix}$;

(3) $\begin{pmatrix} 1 & -3 & 11 & -38 \\ 0 & 1 & -2 & 7 \\ 0 & 0 & 1 & -2 \\ 0 & 0 & 0 & 1 \end{pmatrix}$.

17. $|A^8| = 10^{16}$, $A^4 = \begin{pmatrix} A_1^4 & \\ & A_2^4 \end{pmatrix} = \begin{pmatrix} 25^2 & 0 & 0 & 0 \\ 0 & 25^2 & 0 & 0 \\ 0 & 0 & 4^2 & 0 \\ 0 & 0 & 64 & 4^2 \end{pmatrix}$.

18. 提 示：$\begin{vmatrix} A & B \\ C & D \end{vmatrix} \xrightarrow{-CA^{-1}\times(1)+(2)} \begin{vmatrix} A & B \\ O & D-CA^{-1}B \end{vmatrix} = |A||D-CA^{-1}B| = |AD - ACA^{-1}B|$.

19. 提示：设 $H_1 = \begin{pmatrix} A & O \\ E & B \end{pmatrix}$，对 H_1 进行广义初等变换.

20. 提示：设 $H_1 = \begin{pmatrix} A & O \\ E & B \end{pmatrix}$，对 H_1 进行广义初等变换.

21. (1) 提示：$\begin{vmatrix} E_m & B \\ A & E_n \end{vmatrix} \xrightarrow{-A\times(1)+(2)} \begin{vmatrix} E_m & B \\ O & E_n-AB \end{vmatrix}$.

$\begin{vmatrix} E_m & B \\ A & E_n \end{vmatrix} \xrightarrow{-B\times(2)+(1)} \begin{vmatrix} E_m-BA & 0 \\ A & E_n \end{vmatrix}$.

(2) 提示：运用（1）以及 $\left|\lambda E_n - AB\right| = \lambda^n \left|E_n - \frac{1}{\lambda}AB\right|$ 可得

第 3 章

1. (1) $X = \begin{pmatrix} \frac{3}{5} \\ 0 \\ 1 \\ 0 \\ -\frac{3}{5} \end{pmatrix} + k_1 \begin{pmatrix} 1 \\ 4 \\ 0 \\ 5 \\ 4 \end{pmatrix} + k_2 \begin{pmatrix} 0 \\ -7 \\ -5 \\ -7 \\ -4 \end{pmatrix}$; (2) $\begin{cases} x_1 = 1 \\ x_2 = 2 \\ x_1 = 1 \end{cases}$ ；(3) 无解；

(4) $X = \begin{pmatrix} 7 \\ 0 \\ 2 \\ 0 \end{pmatrix} + k_1 \begin{pmatrix} 1 \\ 1 \\ 0 \\ 0 \end{pmatrix} + k_2 \begin{pmatrix} 11 \\ 0 \\ 4 \\ 1 \end{pmatrix}$.

2. (1) 有无穷多解；(2) 无解.

3. 提示：只需证秩(B)＝秩($\overline{A}$).

4. 提示：根据线性方程组有解的充要条件系数矩阵的秩等于增广矩阵的秩即可得证.

5. 提示：考虑增广矩阵只比系数矩阵多一列.

6. (1) $\lambda \neq 0, 1, -\frac{1}{2}$ 时，秩(A) ＝秩($\overline{A}$) ＝3＜未知量个数，方程组有无穷多解；当 $\lambda = 1$ 时，无解；当 $\lambda = 0$ 时，无解；当 $\lambda = -\frac{1}{2}$ 时，无解.

(2) $\lambda \neq 1, -2$ 时，秩(A) ＝秩($\overline{A}$) ＝3＝未知量个数，方程组有唯一解；当 $\lambda = 1$ 时，有无穷多解；当 $\lambda = -2$ 时，无解.

(3) $ab = b \neq \frac{1}{2}$ 时，无解；；当 $ab = b = \frac{1}{2}$ 时，有无穷多解；当 $ab - b \neq 0$ 时，有唯一解.

7. (1) 原方程组的一个基础解系为

$$\xi_1 = \begin{pmatrix} 1 \\ -2 \\ 1 \\ 0 \\ 0 \end{pmatrix}, \xi_2 = \begin{pmatrix} 1 \\ -2 \\ 0 \\ 1 \\ 0 \end{pmatrix}, \xi_3 = \begin{pmatrix} 5 \\ -6 \\ 0 \\ 0 \\ 1 \end{pmatrix}.$$

所以，原方程组的通解为 $X = k_1\xi_1 + k_2\xi_2 + k_3\xi_3$（$k_1, k_2, k_3 \in \mathbf{R}$).

(2) $X = k_1 \begin{pmatrix} -1 \\ 1 \\ 1 \\ 0 \\ 0 \end{pmatrix} + k_2 \begin{pmatrix} \frac{7}{6} \\ \frac{5}{6} \\ 0 \\ \frac{1}{3} \\ 1 \end{pmatrix}$.   (3) $X = k \begin{pmatrix} 2 \\ 4 \\ \frac{8}{3} \\ \frac{13}{3} \\ 1 \end{pmatrix}$.   (4) $X = k \begin{pmatrix} \frac{7}{8} \\ \frac{5}{8} \\ -\frac{5}{8} \\ 0 \\ 1 \end{pmatrix}$.

9. $a = 0, b = 2$ 时，方程组有解，$\begin{cases} x_1 = -2 + x_3 + x_4 + 5x_5 \\ x_2 = 3 - 2x_3 - 2x_4 - 6x_5 \end{cases}$.

10. 提示：由 $A\eta_1 = A\eta_2 = \cdots = A\eta_t = B$ 可得.

11. 提示：把增广矩阵用行初等变换化为阶梯形矩阵.

12. 提示：由 $0 = D = a_{i1}A_{i1} + a_{i2}A_{i2} + \cdots + a_{in}A_{in}$ 可得.

第 4 章

1. $f(x) + g(x) = x^3 + x^2 + 2x - 2$，$f(x) - g(x) = -x^3 + x^2 - 6x + 8$，
$f(x)g(x) = x^5 - 2x^4 + 7x^3 - 13x^2 + 22x - 15$.

2. 提示：根据等式左右两边的次数相等.

3. (1) $q(x) = \frac{1}{3}x - \frac{7}{9}$，$r(x) = -\frac{26}{9}x - \frac{2}{9}$；

(2) $q(x) = x^2 + x - 1$，$r(x) = -5x + 7$.

4. 提示：设 $f(x) = xq(x) + r$.

5. (1) $p + 1 = -m^2$，$q = m$.

(2) $p - 2 = -m^2$，$q = 1$ 或 $m = 0$，$q = p - 1$.

7. (1) $k = 2$；(2) 是.

8. (1) $f(x) = (x-1)^5 + 5(x-1)^4 + 10(x-1)^3 + 10(x-1)^2 + 5(x-1) + 1$；
(2) $f(x) = (x+2)^4 - 8(x+2)^3 + 22(x+2)^2 - 24(x+2) + 11$.

9. (1) $(f(x), g(x)) = x + 1$；
(2) $(f(x), g(x)) = 1$.

10. (1) $f(x)(-x-1) + g(x)(x+2) = (f(x), g(x)) = x^2 - 2$；

(2) $f(x)(-\frac{1}{3}x + \frac{1}{3}) + g(x)(\frac{2}{3}x^2 - \frac{2}{3}x - 1) = (f(x), g(x)) = x - 1$.

11. $\begin{cases} u = 0 \\ t = 2 \end{cases}$ 或 $\begin{cases} u = -2 \\ t = 3 \end{cases}$.

12. 提示：假设 $(f(x), g(x)) = d(x)$，因而有 $d(x)h(x)$ 是 $f(x)h(x)$，$g(x)h(x)$ 的公因式.

13. 提示：最大公因式的性质 $f(x)u(x)+g(x)v(x)=(f(x),g(x))$.

14. 提示：根据 $f(x)u(x)+g(x)v(x)=1$.

15. 提示：根据第 13 题.

16. 提示：根据 $f(x)u(x)+g(x)v(x)=1$ 和 $f(x)p(x)+h(x)q(x)=1$.

17. 复数域：$x^n-1=\prod\limits_{k=0}^{n-1}(x-\cos\dfrac{2k\pi}{n}-i\sin\dfrac{2k\pi}{n})$；

实数域：n 为奇时，$x^n-1=(x-1)(x^2-\varepsilon x-\varepsilon^{n-1}x+1)\cdots(x^2-\varepsilon^{\frac{n-1}{2}}x-\varepsilon^{n-\frac{n-1}{2}}x+1)$；

当 n 为偶时，$x^n-1=(x-1)(x+1)(x^2-\varepsilon x-\varepsilon^{n-1}x+1)\cdots(x^2-\varepsilon^{\frac{n}{2}-1}x-\varepsilon^{n-\frac{n}{2}+1}x+1)$.

18. 必要性提示：设 $(f(x),g(x))=d(x)$，则 $f^2(x)=d^2(x)f_1^2(x)$，$g^2(x)=d^2(x)g_1^2(x)$，又根据 $g(x)^2\mid f(x)^2\Rightarrow g_1^2(x)\mid f_1^2(x)\Rightarrow g_1(x)\mid f_1^2(x)\Rightarrow g_1(x)\mid f_1(x)$.

19. 提示：假设 $p(x)$ 可约，则 $p(x)=p_1(x)p_2(x)\Rightarrow p(x)\mid p_1(x)p_2(x)$ 推出矛盾.

21. 只需判断 $f(x)$ 与 $f'(x)$ 是否互质.

22. $f'(x)=1+x+\dfrac{x^2}{2!}+\cdots+\dfrac{x^{n-1}}{(n-1)!}$，则 $f(x)=f'(x)+\dfrac{x^n}{n!}$，

由于 0 不是 $f'(x)$ 的根，所以 $(x^n,f'(x))=1$，

从而 $(f(x),f'(x))=(f'(x)+\dfrac{x^n}{n!},f'(x))=(\dfrac{x^n}{n!},f'(x))=1$，

即 $f(x)=1+x+\dfrac{x^2}{2!}+\cdots+\dfrac{x^n}{n!}$ 没有重根.

23. $a=b=0$，x 是四重因式；$a\neq 0$，$27a^4-b^3=0x+\dfrac{b}{3a}$ 是 2 重因式.

24. 当 $t=3$ 或 $t=-\dfrac{15}{4}$ 时，$f(x)$ 有重根. 当 $t=3$ 时，1 是 $f(x)$ 的三重根；当 $t=-\dfrac{15}{4}$ 时，$-\dfrac{1}{2}$ 是 $f(x)$ 的二重根.

25. $a=-11$，$b=4$.

26. 提示：由已知，得 1 是 Ax^4+Bx^2+1 的二重根，用综合除法可得 A,B 的值.

27. 提示：只需验证 $f_1(1)=0$，$f_2(1)=0$. 而由已知可得，$(x-\varepsilon_i)\mid f_1(x^3)+xf_2(x^3)$，$i=1,2$，$\varepsilon_1=-\dfrac{1}{2}+\dfrac{\sqrt{3}}{2}i$，$\varepsilon_2=-\dfrac{1}{2}-\dfrac{\sqrt{3}}{2}i$. 再由 $\varepsilon_i^3=1$，即可得.

28. $f(x)=\dfrac{(x+1)(x-2)}{(1+1)(1-2)}+\dfrac{3(x-1)(x-2)}{(-1-1)(-1-2)}+\dfrac{3(x-1)(x+1)}{(2-1)(2+1)}=x^2-x+1$.

29. (1) $f(x)=a_nx^n+ca_{n-1}x^{n-1}+\cdots+c^{n-1}a_1x+c^na_0$；

(2) $f(x)=a_0x^n-a_1x^{n-1}+a_2x^{n-2}\cdots+(-1)^{n-1}a_{n-1}x+(-1)^na_n$.

31. 提示：令 $x=\sqrt[n]{p}$，只需证 x^n-p 没有有理根.

33. 反证法，设 k 是 $f(x)$ 的一个整数根，令 $f(x) = (x-k)(x-\alpha)g(x)$ 由 $(x-k) \mid f(x)$，知 $(0-k) \mid f(0)$，$(1-k) \mid f(1)$，而 $f(0)$ 和 $f(1)$ 是奇数，则 $(0-k)(1-k)$ 必是奇数，这是不可能的.

第 5 章

1. (1) $\begin{pmatrix} 0 & -2 & 1 \\ -2 & 0 & 1 \\ 1 & 1 & 0 \end{pmatrix}$；(2) $\begin{pmatrix} 1 & 1 & -\dfrac{1}{2} \\ 1 & 0 & 0 \\ -\dfrac{1}{2} & 0 & 2 \end{pmatrix}$；(3) $\begin{pmatrix} 1 & \dfrac{1}{2} & \dfrac{1}{2} \\ \dfrac{1}{2} & 1 & \dfrac{1}{2} \\ \dfrac{1}{2} & \dfrac{1}{2} & 1 \end{pmatrix}$；

(4) $\begin{pmatrix} 0 & \dfrac{1}{2} & 0 & 0 \\ \dfrac{1}{2} & 0 & 0 & 0 \\ 0 & 0 & 0 & -\dfrac{1}{2} \\ 0 & 0 & -\dfrac{1}{2} & 0 \end{pmatrix}$.

2. (1) $C = \begin{pmatrix} 1 & -2 & \dfrac{1}{3} \\ 0 & 1 & -\dfrac{1}{3} \\ 0 & 0 & 1 \end{pmatrix}$, $\begin{pmatrix} 1 & & \\ & -3 & \\ & & \dfrac{7}{3} \end{pmatrix}$；

(2) $C = \begin{pmatrix} 1 & -\dfrac{1}{2} & -1 & -\dfrac{1}{2} \\ 1 & \dfrac{1}{2} & -1 & -\dfrac{1}{2} \\ 0 & 0 & 1 & -\dfrac{1}{2} \\ 0 & 0 & 0 & 1 \end{pmatrix}$, $\begin{pmatrix} 2 & & \\ & 0 & \\ & & -2 \end{pmatrix}$.

3. 提示：由 $A = A'A^{-1}A$.

4. (1) $X = \begin{pmatrix} 1 & -1 & 2 \\ 0 & 1 & -2 \\ 0 & 0 & 1 \end{pmatrix} Y$, $f = y_1^2 + y_2^2$；

$$(2)\ X=\begin{pmatrix} 1 & 1 & -\dfrac{3}{2} \\ 0 & 1 & -\dfrac{1}{2} \\ 0 & 0 & 1 \end{pmatrix}Y,\quad f=y_1^2-4y_2^2;$$

$$(3)\ X=\begin{pmatrix} 1 & -\dfrac{1}{2} & -1 & -\dfrac{1}{2} \\ 1 & \dfrac{1}{2} & -1 & -\dfrac{1}{2} \\ 0 & 0 & 1 & -\dfrac{1}{2} \\ 0 & 0 & 0 & 1 \end{pmatrix}Y,\quad f=y_1^2-\dfrac{1}{4}y_2^2-y_3^2-\dfrac{3}{4}y_4^2;$$

$$(4)\ X=\begin{pmatrix} 1 & -\dfrac{1}{2} & -\dfrac{9}{4} & -\dfrac{7}{4} \\ 0 & 1 & \dfrac{9}{4} & \dfrac{7}{4} \\ 0 & 0 & 1 & -1 \\ 1 & -\dfrac{1}{2} & -\dfrac{1}{4} & \dfrac{1}{4} \end{pmatrix}Y,\quad f=8y_1^2-2y_2^2+4y_3^2-4y_4^2.$$

5. 提示：由对称矩阵合同于对角阵，即存在可逆矩阵 C ，使

$$C'AC=\begin{pmatrix} d_1 & & & & & & \\ & d_2 & & & & & \\ & & \ddots & & & & \\ & & & d_r & & & \\ & & & & 0 & & \\ & & & & & \ddots & \\ & & & & & & 0 \end{pmatrix}.$$

9. （1） $0>t>-\dfrac{4}{5}$ ；

（2）取任何值都不正定；

（3） $t>1$.

10. 提示：由 $tE+A=\begin{pmatrix} t+a_{11} & a_{12} & \cdots & a_{1n} \\ a_{12} & t+a_{22} & \cdots & a_{2n} \\ \vdots & \vdots & & \vdots \\ a_{1n} & a_{2n} & \cdots & t+a_{nn} \end{pmatrix}$

取 t_1 ， $t\geqslant t_1, t+a_{11}>0$.

取 t_2 ， $t\geqslant t_2,\ \begin{vmatrix} t+a_{11} & a_{12} \\ a_{12} & t+a_{22} \end{vmatrix}>0,$

依此类推下去.

11. 提示：由 A 正定，可得存在可逆矩阵 P ，使 $A=p'p$.

12. 提示：先证 $A+B$ 对称，再证 $f+g=X'(A+B)X>0$.

14. 提示：由 $|A|<0$ ，知存在可逆矩阵 C ，使 $C'AC=\begin{pmatrix} 1 & & & & & & \\ & \ddots & & & & & \\ & & 1 & & & & \\ & & & -1 & & & \\ & & & & \ddots & & \\ & & & & & -1 \end{pmatrix}$.

第 6 章

1. C_n^k.

2. 只证互相包含.

4. 不是，0 没有像.

6. (1) 否；(2) 是；(3) 是；(4) 否.

9. (1) 线性无关；(2) 线性相关；(3) 线性相关.

12. 提示：反证法，假设线性相关，推出矛盾.

13. 反证法，设存在一个等式 $k_1\alpha_1+k_2\alpha_2+\cdots+k_r\alpha_r=0$ ，从后面往前找出第一个非零的系数.

14. 提示：证互相线性表示.

15. $n+1$ 维. (1) 不是，(2) 是.

16. (1) 维数 n^2 ，基 $E_{11},\cdots,E_{1n},E_{21},\cdots,E_{2n},E_{n1},\cdots,E_{nn}$ ；

(2) 对称矩阵所作成的线性空间维数 $\dfrac{n(n+1)}{2}$ ，　基 $E_{ii},i=1,\cdots,n,E_{ij}+E_{ji},1\leqslant i<j\leqslant n$ ；

反对称矩阵所作成的线性空间维数 $\dfrac{n(n-1)}{2}$ ，　基 $E_{ii}-E_{ji},i,j=1,\cdots,n,i\neq j$ ；

上三角矩阵所作成的线性空间维数 $\dfrac{n(n+1)}{2}$ ，　基 $E_{ij}1\leqslant i<j\leqslant n$.

17. 1.

18. 略.

19. (1) $\left(\dfrac{5}{4},\dfrac{1}{4},\dfrac{1}{4}\ \dfrac{1}{4}\right)$ ；

(2) $\left(1,-\dfrac{1}{5},-\dfrac{3}{5},-\dfrac{1}{5}\right)$.

20. 过渡矩阵为 $\begin{bmatrix} \dfrac{7}{4} & \dfrac{1}{2} & \dfrac{7}{4} \\ \dfrac{9}{4} & \dfrac{1}{2} & -\dfrac{5}{4} \\ \dfrac{1}{4} & -\dfrac{5}{2} & -\dfrac{3}{4} \end{bmatrix}.$

21. 坐标为 $(1, -3, 3)$.

22. (1) $\begin{bmatrix} 2 & 0 & 5 & 6 \\ 1 & 3 & 3 & 6 \\ -1 & 1 & 2 & 1 \\ 1 & 0 & 1 & 3 \end{bmatrix}$;

(2) 坐标为

$\dfrac{4}{9}x_1 + \dfrac{1}{3}x_2 - x_3 - \dfrac{11}{9}x_4, \dfrac{1}{27}x_1 + \dfrac{4}{9}x_2 - \dfrac{1}{3}x_3 - \dfrac{23}{27}x_4, \dfrac{1}{3}x_1 - \dfrac{2}{3}x_4, -\dfrac{7}{27}x_1 - \dfrac{2}{9}x_2$

$+ \dfrac{1}{3}x_3 + \dfrac{26}{27}x_4.$

23. 提示：设 W 中任意 $\alpha = (a_1, a_2, \cdots, a_m)$，$\beta = (b_1, b_2, \cdots, b_m)$，且 $\beta \neq 0, a_1 = kb_1$，那么由 W 是子空间，得 $\alpha - k\beta \in W$.

24. 维数是 2，基：$\left(\dfrac{3}{2}, \dfrac{3}{2}, 1, 0\right), \left(\dfrac{3}{4}, \dfrac{7}{4}, 0, 1\right)$.

25. (1) 2 维，基 $(2, -3, 1), (1, 4, 2)$；

(2) 2 维，基 $x - 1, 1 - x^2$，

27. 提示：只需证 $W_2 \subseteq W_1$，对任意 $\beta \subseteq W_2 \subseteq W + W_2 = W + W_1$，则存在 $\alpha \in W_1, \gamma \in W$，使 $\beta = \gamma + \alpha$.

28. (1) 反证法，假设有一个 k，使 $\beta + k\alpha \in W_2$，推出矛盾；

(2) 反证法，假设有二个 k_1, k_2，使 $\beta + k_1\alpha \in W_1$，$\beta + k_2\alpha \in W_1$.

29. (1) 交的维数 1，基：$4\alpha_2 - \alpha_1$；

和的维数 3，基：$\alpha_2, \alpha_1, \beta_1$.

(2) 交为零空间

和的维数 4，基：$\alpha_2, \alpha_1, \beta_1, \beta_2$.

(3) 交的维数 1，基：$3\alpha_2 - \alpha_1 - 2\alpha_3$；

和的维数 4，基：$\alpha_2, \alpha_1, \beta_1, \beta_2$.

32. 提示：证明维数相等.

33. 提示：利用子空间的定义.

第7章

1. (1) 当 $\alpha = 0$ 时，是；当 $\alpha \neq 0$ 时，不是.

(2) 当 $\alpha = 0$ 时，是；当 $\alpha \neq 0$ 时，不是.

(3) 不是. (4) 是. (5) 是. (6) 是.

3. 提示：先由定义证明 σ 是线性变换，再求 σ 的像 $L(\sigma(\varepsilon_1), \sigma(\varepsilon_2), \sigma(\varepsilon_3), \sigma(\varepsilon_4))$ 的维数.

5. "$\Leftarrow$" 若 $k_1\sigma(\varepsilon_1) + k_2\sigma(\varepsilon_2) + \cdots + k_n\sigma(\varepsilon_n) = 0$，两端作 σ^{-1}，有 $k_1\varepsilon_1 + k_2\varepsilon_2 + \cdots + k_n\varepsilon_n = 0$，而 $\varepsilon_1, \varepsilon_2, \cdots, \varepsilon_n$ 是线性空间 V 的一组基，由此可得证.

"$\Rightarrow$" 由 $\sigma(\varepsilon_1), \sigma(\varepsilon_2), \cdots, \sigma(\varepsilon_n)$ 线性无关，知它线性空间 V 的一组基，由此得 σ 的像的维数是 n，从而 σ 的核的维数是 0，由此知 σ 双射. 得证.

6. 设 $a_1\xi + a_2\sigma(\xi) + \cdots + a_k\sigma^{k-1}(\xi) = 0$，两端作 σ^{k-1}，再利用 $\sigma^k(\xi) = 0$ 依次作下去.

7. (2) σ 的核维数是 1 像的维数是 $n-1$.

8. (1) $\begin{bmatrix} 2 & -1 & 0 \\ 0 & 1 & 1 \\ 1 & 0 & 0 \end{bmatrix}$；(2) $\begin{bmatrix} -1 & 1 & -2 \\ 2 & 2 & 0 \\ 3 & 0 & 2 \end{bmatrix}$；(3) $\dfrac{1}{7}\begin{bmatrix} -5 & 20 & -20 \\ -4 & -5 & -2 \\ 27 & 18 & 24 \end{bmatrix}$；

(4) $\begin{bmatrix} 2 & 3 & 5 \\ -1 & 0 & -1 \\ -1 & 1 & 0 \end{bmatrix}$.

9. 提示：由 $(\alpha_1, \alpha_2, \cdots, \alpha_n) = (\gamma_1, \gamma_2, \cdots, \gamma_n)A \Rightarrow (\alpha_1, \alpha_2, \cdots, \alpha_n)A^{-1} = (\gamma_1, \gamma_2, \cdots, \gamma_n)$；又 $\sigma(\gamma_1, \gamma_2, \cdots, \gamma_n) = \sigma(\alpha_1, \alpha_2, \cdots, \alpha_n)A^{-1} = (\beta_1, \beta_2, \cdots, \beta_n)A^{-1}$.

10. $\sigma(\xi) = (x_1 + 2x_2 + x_3, 2x_1 + x_3, 3x_1 + x_3)$.

11. (1) $A = \begin{bmatrix} 1 & 3 & 2 \\ 2 & 1 & 1 \\ 3 & 2 & 3 \end{bmatrix}$.

(2) 提示：由 $(\alpha_1, \alpha_2, \alpha_3) = (\varepsilon_1, \varepsilon_2, \varepsilon_3)B$，$B = \begin{bmatrix} 1 & 3 & 4 \\ 1 & -1 & 0 \\ 1 & 4 & 5 \end{bmatrix}$，$\sigma(\alpha_1, \alpha_2, \alpha_3) = (\varepsilon_1, \varepsilon_2, \varepsilon_3)AB$ 可得.

12. (1) σ 关于基 $\beta_1, \beta_2, \beta_3$ 的矩阵为 $\begin{bmatrix} 1 & & \\ & 2 & \\ & & 3 \end{bmatrix}$；(2) $\sigma(\xi)$ 关于基 $\beta_1, \beta_2, \beta_3$ 的坐标为 $\begin{bmatrix} -5 \\ 8 \\ 0 \end{bmatrix}$.

13. (1) $\dfrac{1}{3}\begin{bmatrix} 6 & -9 & 9 & 6 \\ 2 & -4 & 10 & 10 \\ 8 & -16 & 40 & 40 \\ 0 & 3 & -21 & -24 \end{bmatrix}$；(2) σ 的核 $L((-2, -\dfrac{3}{2}, 1, 0), (-1, -2, 0,$

1))与值域 $L(\sigma(\varepsilon_1),\sigma(\varepsilon_2))$;(3) σ 关于基 $\varepsilon_1,\varepsilon_2,(-2,-\dfrac{3}{2},1,0),(-1,-2,0,1)$ 的矩阵

为 $\begin{bmatrix} 5 & 2 & 0 & 0 \\ \dfrac{9}{2} & 1 & 0 & 0 \\ 1 & 2 & 0 & 0 \\ 2 & -2 & 0 & 0 \end{bmatrix}$;(4) σ 关于基 $\sigma(\varepsilon_1),\sigma(\varepsilon_2),\varepsilon_3,\varepsilon_4$ 的矩阵为 $\begin{bmatrix} 5 & 2 & 2 & 1 \\ \dfrac{9}{2} & 1 & \dfrac{3}{2} & 2 \\ 0 & 0 & 0 & 0 \\ 0 & 0 & 0 & 0 \end{bmatrix}$;

14. (1) $\begin{bmatrix} -2 & -\dfrac{3}{2} & \dfrac{3}{2} \\ 1 & \dfrac{3}{2} & \dfrac{3}{2} \\ 1 & \dfrac{1}{2} & -\dfrac{5}{2} \end{bmatrix}$; (2) $\begin{bmatrix} 1 & 2 & 1 \\ 0 & 1 & 1 \\ 1 & 0 & 1 \end{bmatrix}^{-1} \begin{bmatrix} 1 & 2 & 2 \\ 2 & 2 & -1 \\ -1 & -1 & -1 \end{bmatrix}$;

(3) $\begin{bmatrix} 1 & 2 & 1 \\ 0 & 1 & 1 \\ 1 & 0 & 1 \end{bmatrix}^{-1} \begin{bmatrix} 1 & 2 & 2 \\ 2 & 2 & -1 \\ -1 & -1 & -1 \end{bmatrix}$.

15. 如果 $\lambda=0$,则 $|\lambda E-A|=0 \Rightarrow |A|=0$,即 σ 不可逆,反之由 $|\lambda E-A|=\lambda^n-(a_{11}+a_{22}+\cdots+a_m)\lambda^{n-1}+\cdots+(-1)^n|A|E=0$,知 $\lambda=0$.

16. (1) 特征值为 $7,-2$;属于 7 的特征向量为 $\xi_1=\varepsilon_1+\varepsilon_2$;属于 -2 的特征向量为 $\xi_2=4\varepsilon_1-5\varepsilon_2$.

(2) 特征值为 $2,1+\sqrt{3}$;$1-\sqrt{3}$ 属于 2 的特征向量为 $\xi_1=2\varepsilon_1-\varepsilon_2$;属于 $1+\sqrt{3}$ 的特征向量为 $\xi_2=3\varepsilon_1-\varepsilon_2+(2-\sqrt{3})\varepsilon_3$;属于 $1-\sqrt{3}$ 的特征向量为 $\xi_3=3\varepsilon_1-\varepsilon_2+(2+\sqrt{3})\varepsilon_3$.

(3) 特征值为 $1,1,-1$;属于 1 的特征向量为 $\xi_1=\varepsilon_1-\varepsilon_3,\xi_2=\varepsilon_2$;属于 -1 的特征向量为 $\xi_3=\varepsilon_1-\varepsilon_3$.

(4) 特征值为 4,;属于 4 的特征向量为 $\xi=\varepsilon_1-\varepsilon_3,+\varepsilon_2$.

(5) 特征值为 $1,1,-2$;属于 1 的特征向量为 $\xi_1=3\varepsilon_1+20\varepsilon_3-6\varepsilon_2$;属于 -2 的特征向量为 $\xi_2=\varepsilon_3$.

(6) 特征值为 $2,2,2,-2$;属于 2 的特征向量为 $\xi_1=\varepsilon_1+\varepsilon_2$,$\xi_2=\varepsilon_1+\varepsilon_3$,$\xi_3=\varepsilon_1+\varepsilon_4$;属于 -2 的特征向量为;$\xi_4=-\varepsilon_1+\varepsilon_2+\varepsilon_3+\varepsilon_4$.

18. 提示:设 λ 是 σ 的一特征值,ξ 是 σ 的属于特征值 λ 的特征向量.则,$\sigma(\xi)=\lambda\xi$;又 $\sigma^m(\lambda\xi)=\lambda^m\xi=\theta(\xi)=0$.

19. 参照 18 题.

20. 参照 18 题.

21. $x=3$.

22. $\begin{bmatrix} 1 & 4\times5^9 & -1+3\times5^9 \\ 0 & -3\times5^9 & 4\times5^9 \\ 0 & 4\times5^9 & 3\times5^9 \end{bmatrix}$.

23. 18.

24. （1）参数 $a = -3, b = 0$ 及特征向量 α 所属的特征值 -1.

（2）A 不能对角化，因为 A 没有 3 个线性无关的特征向量.

26. 设 V 是一个 n 维线性空间，$\varepsilon_1, \varepsilon_2, \cdots, \varepsilon_n$ 是 V 的一个基，则一定存在一个线性变换 σ，使得 $\sigma(\varepsilon_1, \varepsilon_2, \cdots, \varepsilon_n) = (\varepsilon_1, \varepsilon_2, \cdots, \varepsilon_n) A$.

又由 $A^2 = A$，可得 $\sigma^2 = \sigma$. 对任意 $\alpha \in \mathrm{Im}(\sigma)$，有 $\beta \in V$，使 $\sigma(\beta) = \alpha$，则 $\sigma(\alpha) = \sigma(\sigma(\beta)) = \sigma(\beta) = \alpha$. 所以 $\mathrm{Im}(\sigma) \bigcap \mathrm{Ker}(\sigma) = \{0\}$，故 $V = \mathrm{Im}(\sigma) \oplus \mathrm{Ker}(\sigma)$.

分别在 $\mathrm{Im}(\sigma)$ 和 $\mathrm{Ker}(\sigma)$ 中取一个基，合起来是 V 的一个基，计算 σ 关于这个基的矩阵就可证.

第 8 章

1. （1）①不是；②不是.

（2）①是；②不是.

2. （1）α, β 之间的夹角为 $\dfrac{\pi}{2}$，距离 $2\sqrt{7}$；

（2）α, β 之间的夹角为 $\dfrac{\pi}{4}$，距离 4.

3. $\pm \dfrac{1}{5}(2, 4, 2, 1)$.

4. （1）提示：设 $\gamma = a_1\alpha_1 + a_2\alpha_2 + \cdots + a_n\alpha_n$，只证 $(\gamma, \gamma) = 0$ 就可.

（2）由 $(\gamma_1 - \gamma_2, \alpha) = 0$，参照（1）

6. 参照第 4 题（1）.

7. 提示：先证 $(\alpha_i, \alpha_j) = 0, i \neq j, i, j = 1, 2, 3$。再证 $(\alpha_i, \alpha_i) = 0, i = 1, 2, 3$.

8. $\gamma_1 = \dfrac{\sqrt{2}}{2}(\varepsilon_1 + \varepsilon_5), \gamma_2 = \dfrac{\sqrt{10}}{10}(\varepsilon_1 - 2\varepsilon_2 + 2\varepsilon_3 - \varepsilon_5), \gamma_3 = \dfrac{1}{2}(\varepsilon_1 + \varepsilon_2 + \varepsilon_3 - \varepsilon_5)$.

9. 提示：先把 α_1, α_2 扩充成基 $\alpha_1, \alpha_2, \varepsilon_2, \varepsilon_4$，再把它正交化，单位化即可.

10. $\eta_1 = \dfrac{1}{\sqrt{35}}(-3, 5, 1, 0), \eta_2 = \dfrac{1}{\sqrt{35}}(29, 10, 37, 35)$.

12. 提示：利用不变子空间的定义.

13. 提示：只需证 $|-E - A| = 0$.

14. 先证 τ 是 V 的一个线性变换. 对任意 $a, b \in R, \xi, \eta \in V$，有

$$\tau(a\xi + b\eta) = a\xi + b\eta - \frac{2(a\xi + b\eta, \alpha)}{(\alpha, \alpha)}\alpha$$

$$= a\xi + b\eta - \frac{2a(\xi, \alpha) + 2b(\eta, \alpha)}{(\alpha, \alpha)}\alpha$$

$$=a\left(\xi-\frac{2a\ (\xi,\ \alpha)}{(\alpha,\ \alpha)}\alpha\right)+b\left(\eta-\frac{2\ (\eta,\ \alpha)}{(\alpha,\ \alpha)}\alpha\right)$$

$$=a\tau\ (\xi)\ +b\tau\ (\eta).$$

再证 τ 是 V 的一个正交变换. 验证：$(\tau(\xi),\tau(\xi))=(\xi,\xi)$.

先验证 $\tau^2=\iota$，即证 $\tau^2(\xi)=\xi=\iota(\xi)$. 再取 $\gamma_1=\frac{\alpha}{|\alpha|}$，于是 $\tau(\gamma_1)=\tau(\frac{\alpha}{|\alpha|})=\frac{\tau(\alpha)}{|\alpha|}=\frac{-\alpha}{\alpha}=-\gamma_1$，再将 γ_1 扩充成 V 的一个标准正交基 $\gamma_1\gamma_2,\cdots,\gamma_n$，那么 τ 关于这个基 $\gamma_1\gamma_2,\cdots,\gamma_n$ 的矩阵就是所求.

15. 提示：设 σ 关于标准正交基 $\alpha_1,\alpha_2,\alpha_3$ 的矩阵是 $A=\begin{bmatrix}\frac{2}{3}&\frac{2}{3}&x_1\\\frac{2}{3}&-\frac{1}{3}&x_2\\-\frac{1}{3}&\frac{2}{3}&x_3\end{bmatrix}$，再由

A 是正交矩阵，可求出 x_i 的值，$(i=1,2,3)$. 从而得到两个正交矩阵 A_1,A_2，故所求正交变换为，

$$\sigma(\xi)=(\alpha_1,\alpha_2,\alpha_3)A_i\begin{bmatrix}y_1\\y_2\\y_3\end{bmatrix},i=1,2.$$

16. 提示：$((\sigma_1+\sigma_2)(\alpha),\beta)=(\sigma_1(\alpha)+\sigma_2(\alpha),\beta)=(\sigma_1(\alpha),\beta)+(\sigma_2(\alpha),\beta)$，再根据 σ_1,σ_2 是 n 维欧氏空间 V 的两个对称变换，即可得.

$\sigma_1\sigma_2$ 不是对称变换.

17. 标准正交基 $\gamma_1=\frac{1}{\sqrt{5}}(1,-2,0),\gamma_2=\frac{\sqrt{5}}{3}(-\frac{4}{5},-\frac{2}{5},1),\gamma_3=(0,1,0)$.

对角形矩阵为 $\begin{bmatrix}-3&&\\&-3&\\&&6\end{bmatrix}$.

18. 提示：由 $\sigma^2=\iota$，可得 $(\sigma(\sigma(\xi)),\eta)=(\sigma(\sigma(\xi)),\sigma(\eta))=(\xi,\sigma(\eta))$；

又由 σ 是欧氏空间 V 的一个正交变换，有 $(\sigma(\sigma(\xi)),\eta)=(\sigma(\sigma(\xi)),\sigma(\eta))=(\sigma(\xi),\eta)$.

19. (1) $U=\frac{1}{\sqrt{6}}\begin{bmatrix}\sqrt{3}&\sqrt{2}&-1\\\sqrt{3}&-\sqrt{2}&1\\0&\sqrt{2}&2\end{bmatrix}$，$U'AU=\begin{bmatrix}1&&\\&4&\\&&-2\end{bmatrix}$.

(2) $U=\frac{1}{3}\begin{bmatrix}-2&2&1\\-1&-2&2\\2&1&2\end{bmatrix}$，$U'AU=\begin{bmatrix}1&&\\&4&\\&&-2\end{bmatrix}$；

$(3)\ U=\begin{bmatrix}1&1&-1&1\\1&1&-1&-1\\1&-1&-1&-1\\1&-1&1&1\end{bmatrix},U'AU=\begin{bmatrix}5&&&\\&-5&&\\&&3&\\&&&-3\end{bmatrix}.$

$(4)\ U=\begin{bmatrix}\dfrac{1}{2}&-\dfrac{1}{\sqrt{2}}&-\dfrac{1}{\sqrt{6}}&-\dfrac{\sqrt{3}}{6}\\[2mm]\dfrac{1}{2}&\dfrac{1}{\sqrt{2}}&-\dfrac{1}{\sqrt{6}}&-\dfrac{\sqrt{3}}{6}\\[2mm]\dfrac{1}{2}&0&\dfrac{\sqrt{6}}{3}&-\dfrac{\sqrt{3}}{6}\\[2mm]\dfrac{1}{2}&0&0&\dfrac{\sqrt{3}}{2}\end{bmatrix},U'AU=\begin{bmatrix}4&&&\\&0&&\\&&0&\\&&&0\end{bmatrix}.$

20.　(1) 提示：设 σ 关于 V 的标准正交基 $\alpha_1,\alpha_2,\cdots,\alpha_n$ 的矩阵是 $A=(\alpha_{ij})$，然后参照定理 9 的证明.

(2) 提示：设反对称变换 σ 的不变子空间为 W，对任意 $\xi\in W^{\perp},\eta\in W$，有 $\sigma(\beta)\in W$，且 $(\sigma(\beta),\alpha)=0$，又 σ 是反对称的，有 $(\sigma(\beta),\alpha)=-(\beta,\sigma(\alpha))=0$.

(3) 提示：如果 A 是反对称矩阵，λ 是 A 的一个特征根，ξ 是 A 的属于 λ 的一个特征向量，那么 $A\xi=\lambda\xi$，参照定理 8.10 的证明.

主要参考文献

北京大学数学系. 2003. 高等代数 [M]. 北京：高等教育出版社.

霍元极. 1988. 高等代数 [M]. 北京：北京师范大学出版社.

钱芳华. 1990. 高等代数方法选讲 [M]. 桂林：广西师范大学出版社.

王尊芳. 1984. 高等代数讲义 [M]. 北京：北京大学出版社.

张禾瑞. 2007. 高等代数 [M]. 北京：高等教育出版社.